半導體基礎工學 入江泰三 遠藤三郎 共著

반도체 공학

유순재 편저

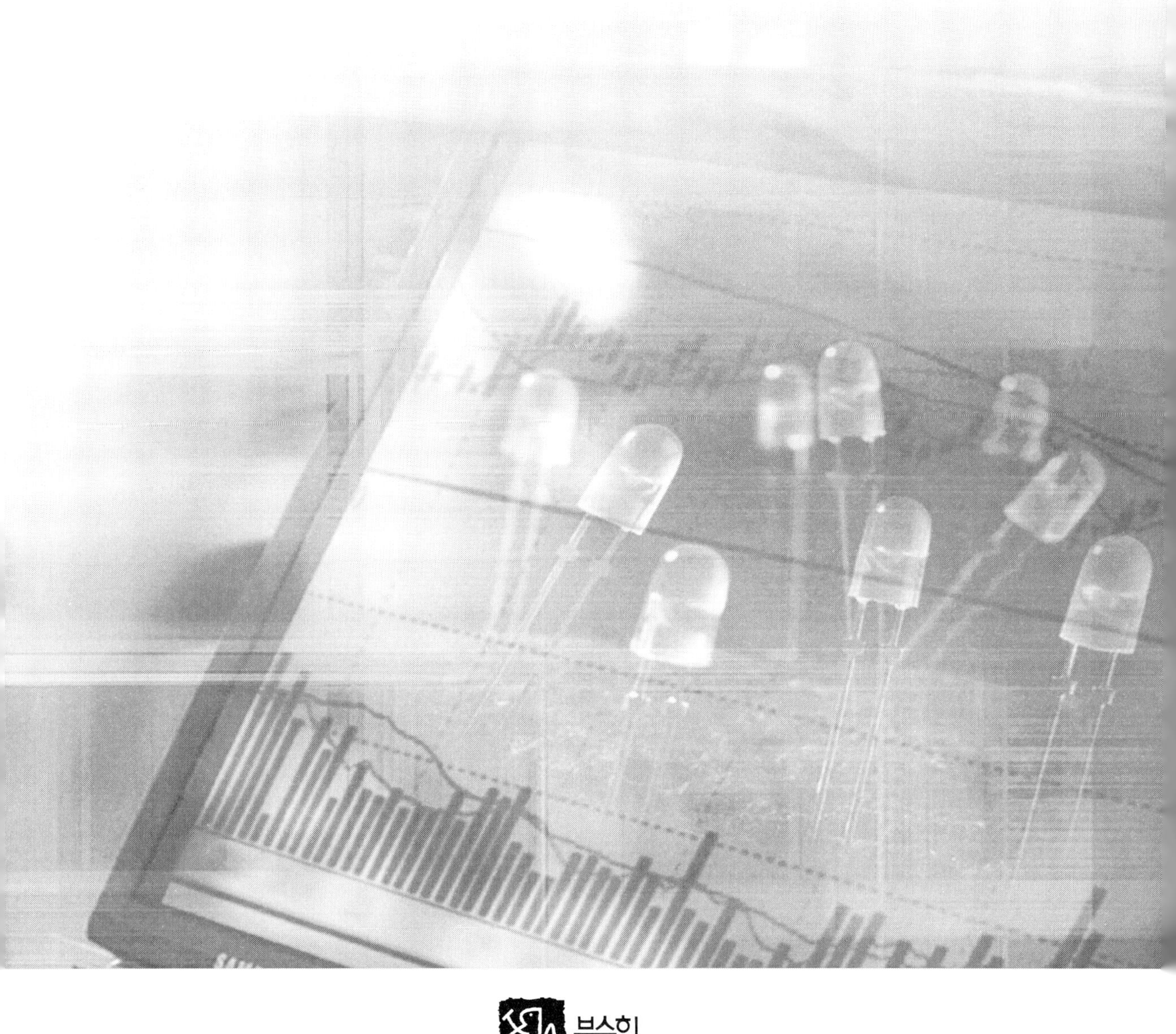

북스힐

「HANDOTAI NO KISOKOGAKU I」「HANDOTAI NO KISOKOGAKU II」
by Taizo Irie, Saburo Endo
Copyright ⓒ 1988, 1993 by Taizo Irie, Saburo Endo
All rights reserved.
Original Japanese edition published by Kogakutosho, Publishers, Ltd.
Korean translation rights arranged with Kogakutosho, Publishers, Ltd.
through Tony International
Korean translation copyright ⓒ 2010 by Book's Hill Publishers Co.,Inc..

이 책의 한국어판 저작권은 토니 인터내셔널을 통해 Kogakutosho, Publishers, Ltd.와의 독점계약으로 "북스힐"에 있습니다. 저작권법에 의해 한국 내에서 보호를 받는 저작물이므로 무단전재와 무단 복제를 금합니다.

머리말

반도체가 개발되던 1960~70년대에는 반도체 물성공부는 대부분 물리학과 학생들의 차지였다. 그러나 최근에는 전기공학, 혹은 전자공학에서도 반도체 물성을 배우지 않는 대학이 없다 해도 과언이 아니다. 이러한 커다란 변화의 시작은 물론 트랜지스터의 발명이다. 트랜지스터 발명이후, 트랜지스터 혹은 유사한 반도체 소자들이 전자공학 분야에서 그 위치를 확고히 구축하였다. 계속 새롭게 IC가 만들어지고, LSI, VLSI로 발전 되었으며, Si과 Ge 만으로 다룰 수 없었던 기술분야에 화합물 반도체가 대두되었으며, 최근에는 Optoelectronics가 전자공학의 중요한 부분을 차지하게 되었다. 따라서 반도체 전자물성과 전자공학이 일체가 되어 미래의 기술을 구축하는 시대가 도래 하였다.

본서는 필자가 대학에서 강의에 사용하였던 자료를 정리한 것이다. 양자역학에 대한 상세한 지식은 없지만 전자공학과 2, 3학년생을 대상으로, 반도체에 대한 이해를 목표로 고체물성의 매우 기본적인 사안을 교수하기 위함이었다. 이 도서에 상권에 해당하는 (Ⅰ)권은, [전기저항이란 무엇인가?] 라는 단순한 의문에서 반도체 공학을 배우기 위하여 필요한 물성론을 이해하는 것을 목적으로 하였다. "전기저항이란 무엇인가?"를 물성이론으로 설명할 수 있으려면, 고체물성에 대하여 잘 이해하여야 할 것이다. 많은 양의 얇은 지식을 학습하는 것보다, 하나로 학문을 체계화시켜, 그 흐름이나 과정을 총괄적으로 공부하는 것이 중요하다. 아울러 수식의 수학적 이해보다는 그것이 가지는 물리적 의미를 정확히 이해하는 것이 필요하다는 점을 염두에 두고 집필하였다. 따라서 가능하면, 그림이나 그래프를 풍부하게 사용하려고 노력하였으며, 또한 연습문제와 해답을 책속에 실어, 독자가 스스로 자기 이해도를 확인하고, 응용할 수 있을 정도로 지식수준을 높일 수 있도록 하였다. (Ⅰ)권이 에너지띠 이론을 중심으로서 본질적인 사안을 취급하는 것에 반해, 하권에 해당하는 (Ⅱ)권은 약간 고도의 문제로 알려져 있는 살창진동을 취급하는 등, 고체물성의 본질을 깊게 이해하는 기초가 될 수 있도록 하였다. 또한 최근의 Optoelectronics의 발달에 대응할 수 있도록 Optoelectronics Semiconductor에 대해서도 기술하였다. (Ⅱ)권의 나머지 부분에서는 물성 분야에서 소자 (Device) 응용분야에 가장 밀접한 p-n 접합 등에 대해서 그 기본적인 사항을 정리하였다. 이 책에서는 결정 고체만을 대상으로 하였으며, 최근 새로운 재료로 주목받는 Amorphous 반도체에 대해서는 기술하지 않았다.

이 도서를 집필하기위해, 이 분야의 많은 저서를 참고하였음에도, 필자가 부족하여 내용상 불충분한 기술이나 오점이 많다고 생각합니다. 본 도서를 보면서 잘못된 부분이나 빠뜨린 부분에 대하여 지적하여 주실 것을 독자들께 부탁드립니다.

강의용 자료를 교과서로서 정리하는 초기부터 항상 협조와 격려를 해주신 Showa 공업사의 Hirai Yoshi씨에게 깊은 감사를 드리며, 아울러 출판을 위해 노력해주신 Kougaku 도서 편집장 Kobayashi Yasuaki씨에게 감사의 뜻을 표하고자 합니다.

저 자

편저자서문

현대 정보통신산업은 눈부신 발전을 거듭하고 있으며, 가종 정보통신 기기 및 장치의 고성능화가 끊임없이 요구되고 있다. 이에 따라 정보처리 장치 및 통신기기의 성능향상을 위한 반도체 물성 및 소자의 역할이 과거 어느 때보다 중요하게 되었다.

20세기 초반에는 양자역학의 발전으로 미시적 세계의 올바른 역학이 탄생됨으로써 물성물리학의 유력한 방법인 양자통계역학이 확립되었으며, 이로부터 20세기 중엽에 이르러서는 물성물리학의 한 부문인 고체물리학이 비약적으로 발전하였다. 고체물리학은 금속, 비금속 또는 그 화합물의 결정을 주로 다루는데, 특히 20세기 후반에는 반도체 소자의 발전으로 인해 고체 전자공학 (Solid State Electronics)이라 하는 전자기술 분야가 눈부시게 발달하기에 이르렀는데 이것이 바로 오늘날의 정보산업사회의 동기라고 볼 수 있다. 저자가 서문에서 언급하였듯이, 반도체 소자의 중요성과 이러한 소자들의 원리를 이해하기 위한 반도체 물성의 중요성은 아무리 강조하여도 지나침이 없다. 특히 최근의 발광다이오드 LED를 비롯한 광전자 반도체 소자 및 화합물반도체 분야의 산업화는 반도체소자 및 물성의 필요성을 더욱 증대시키고 있다.

이 책은 역자에게는 복잡하고 애매모호하였던 반도체 소자에 대한 이론을 매우 쉽게 이해할 수 있게 해 주었던 매우 감명 깊은 추억을 가진 도서이다. 반도체 공학의 기초적인 물성과 주요 소자분야를 체계적으로 간명하게 기술한 것으로서 전자기학, 물리전자 혹은 고체 물성을 이수한 학생들이 쉽게 이해 할 수 있도록 하였으며, 특히 복잡한 물리적 이론을 쉽고 간결하게 풀어 정리하고 있어, 전기물성에 많은 지식을 가지지 못한 전자공학, 반도체공학, 재료공학 등의 분야를 전공하는 학생들도 이해하기 쉬워 이 분야를 학습하는데 큰 도움이 되고 아울러 즐거운 동반자가 되리라 믿는다. 다만 원서에서 전기물성, 결정, 살창 진동 및 반도체 광물성 분야는 한 학기를 배우는 학생들에게 너무 많은 양이라 생각되며, 물리전자 혹은 최근 교과과정에 도입되는 광전자 공학 등의 학문에서 배울 수 있을 것이라 생각되어 번역본에서는 제외하였다.

마지막으로 독자 여러분들은 이 책에서 번역에 무리가 있거나, 잘못 번역되었거나 뜻이 애매한 부분이 있다고 생각되면 언제라도 충고와 조언을 해주시기 바란다. 아울러 이 책의 번역 및 교정을 비롯하여 여러모로 도움을 주신 (주)도서출판 북스힐 조승식 사장님께 감사드린다. 아울러 많은 격려와 자금지원을 도와주신 (주)희성전자 류철곤 사장님, 유희종 부사장님, 고영길 상무님, 어려운 물리적 사안의 번역에 조언을 해준 후배 삼성전자(주) 김희태 박사, 선문대학교 이용곤 박사, 타이핑 및 그림 그리기 등 많은 도움을 준 제자 김도형군과 김호영군에게 고마움을 표시하는 바이다.

2010. 12

편저자

차 례

Chapter 04 전자의 운동

Chapter 05 반도체의 전자상태

Chapter 06 반도체중의 수송현상

Chapter 07 p-n 접합과 정류성

Chapter 08 금속-반도체 접합

Chapter 09 바이폴라 트랜지스터

Chapter 10 전기장효과 트랜지스터(FET)

CHAPTER 1

결정중의 전자파동

1.1 전자파동

원자 크기의 미립자의 문제를 다루려면 양자역학에 의존해야 하는데, 양자역학에 대한 자세한 지식은 다른 서적을 참고하기 바라며, 여기서는 전자를 입자보다는 파동으로 다룰 필요가 있다는 점과 **전자파동의 개념**에 대해서만 공부하기로 하자. 과거 19세기까지 광은 파동으로 여겨져 왔다. 그러나 1905년 아인슈타인은 광전효과를 설명하려면 광을 입자로 생각해야 한다고 하며, 광이 입사성을 가지고 있다고 제안하였다. 그 후, 광이 **파동성과 입자성** 이중성을 가졌다는 점에 착안하여, 1924년 드브로이는 물질을 구성하는 입자도 파동성을 가지고 있다고 제안하고, 입자로서의 운동량 p와 파동으로서의 파장 λ 사이에는

$$\lambda = \frac{h}{p} \tag{1.1}$$

의 관계가 있다고 제안하였다. 여기에서 h는 플랑크 상수이다. 이는 실험적으로도 확인되어 양자역학의 확립으로 발전해 나갔다. 이리하여 과거에는 입자로서만 여겨졌던 전자도 입자성과 동시에 파동성을 가지고 있다는 것을 알게 되었고, 전자파동에 대한 개념이 생겨나게 되었다. 그렇다면 광이나 전자는 실제로 입자일까 아니면 파동일까? 이러한 질문은 별로 의미가 없다. 굳이 말하자면, 입자도 파동도 아니다. 원래부터 우리들이 생각하는 입자거니 파동이거니 하는 개념은 고전적 개념이기 때문이다. 고전 물리학으로 기술하자면 입자로서 기술하는 편이 편리한 경우가 있고, 파동으로서 기술하는 편이 편리한 경우도 있다고 생각할 수 있다.

한편, 우리들이 알고 있는 파동 방정식은 1차원 모델에서는

$$\frac{\partial^2 \Psi}{\partial x^2} = \frac{1}{v^2}\frac{\partial^2 \Psi}{\partial t^2} \tag{1.2}$$

이며, Ψ는 파의 진폭, v는 파의 전파속도를 나타낸다. 일반적으로 Ψ은 위치와 시간의 함수 ($\Psi(x,t)$)이다. 이 해는 일반적으로

$$\Psi(x,t) = \psi(x)\exp(-iwt) \tag{1.3}$$

형태로 표시할 수 있다. 여기에서 ω는 각진동수로, 진동수를 ν라고 하면 $\omega = 2\pi\nu$이다. 식 (1.3)을 식 (1.2)에 대입하면 x만의 함수 $\psi(x)$에 관한 미분 방정식으로

$$\frac{d^2\psi(x)}{dx^2} + \left(\frac{\omega}{v}\right)^2 \psi(x) = 0 \tag{1.4}$$

을 얻을 수 있다. 파장을 λ라고 하면 $v = \lambda\nu$이기 때문에, 식 (1.4)는

$$\frac{d^2\psi(x)}{dx^2} + \left(\frac{2\pi}{\lambda}\right)^2 \psi(x) = 0 \tag{1.5}$$

이 된다. 지금 $k = \dfrac{2\pi}{\lambda}$라고 하면,

$$\frac{d^2\psi(x)}{dx^2} + k^2\psi(x) = 0 \tag{1.6}$$

이 되기 때문에, 해는

$$\psi(x) = A\exp(ikx) \tag{1.7}$$

형태를 가진다. k는 2π[m] 사이에 파장 λ[m]가 몇 개 들어 있는지를 나타내는 양으로 **파수**라 한다. 파의 진행 방향까지 포함하면 k는 일반적으로 벡터 $\boldsymbol{k}$ (**파수 벡터**라고 한다)로 주어진다.

여기까지는 일반적인 파동에 대해 항상 성립하는 관계이다. 여기서 **드브로이 관계식** (1.1)을 적용해 보자. 운동량 p를 가지는 전자는 $\lambda = h/p$의 파장 λ를 가진 파로서 생각할 수 있으므로, 전자의 진동 에너지를 E_k라고 하면 전자의 전체 에너지는 E, 포텐셜 에너지를 $V(x)$, 전자의 질량을 m으로 하여,

$$E_k = \frac{p^2}{2m} = E - V(x) \tag{1.8}$$

로 표시할 수 있으므로, 전자파동의 파장 λ는

$$\lambda = \frac{h}{[2m\{E - V(x)\}]^{1/2}} \tag{1.9}$$

가 되고, 이를 파동의 식 (1.5)에 대입하면

$$\frac{d^2\psi(x)}{dx^2} + \frac{8\pi^2 m}{h^2}\{E - V(x)\}\psi(x) = 0 \tag{1.10}$$

의 미분 방정식을 얻을 수 있다. 이는 전자파동이 만족해야 할 파동방정식이며, **슈레딩거의 파동 방정식**이라 한다. 그러나 $\psi(x)$는 파의 진폭이라는 고전적 개념 대신 전자의 상태를 나타내는 함수로서 **파동함수**라 불린다.

일반적으로 **시간을 포함한 파동함수** $\Psi(x,t)$는 식 (1.3)의 형태로 쓸 수 있기 때문에,

$$E = h\nu \tag{1.11}$$

이라는 **아인슈타인의 관계식**을 이용하면, 식 (1.1)을 도입하여

$$\Psi(x,t) - \exp\left\{\frac{2\pi i}{h}(px - Et)\right\} \tag{1.12}$$

라 힐 수 있다. 일빈직으로 E, 그리고 V도 시간 함수로 생각하면

$$\frac{\partial\Psi}{\partial t} = -\frac{2\pi i}{h}E\Psi = -\frac{2\pi i}{h}\left\{\frac{p^2}{2m} + V(x,t)\right\}\Psi \tag{1.13}$$

$$\frac{\partial\Psi}{\partial x} = \frac{2\pi i}{h}p\Psi \tag{1.14}$$

$$\frac{\partial^2\Psi}{\partial x^2} = -\frac{4\pi^2}{h^2}p^2\Psi \tag{1.15}$$

이므로,

$$-\frac{h}{2\pi i}\frac{\partial\Psi(x,t)}{\partial t} = -\frac{h^2}{8\pi^2 m}\frac{\partial^2\Psi(x,t)}{\partial x^2} + V(x,t)\Psi(x,t) \tag{1.16}$$

을 얻을 수 있다. 이것이 **시간을 포함한 슈레딩거 파동방정식**이다. 이와 대응하여, 식 (1.10)은 **정상상태의 슈레딩거 파동방정식이라** 한다.

이제 식 (1.10), 식 (1.16)은 **연산자**를 이용해 표현해 보자. 식 (1.13), 식 (1.14)는 각각

$$-\frac{h}{2\pi i}\frac{\partial}{\partial t}\Psi = E\Psi \tag{1.17}$$

$$\frac{h}{2\pi i}\frac{\partial}{\partial x}\Psi = p\Psi \tag{1.18}$$

이라고 할 수 있으므로, 일반적으로 E, x, p를 각각 다음과 같은 연산자로 생각할 수 있다.

$$E \rightarrow -\frac{h}{2\pi i}\frac{\partial}{\partial t} \tag{1.19}$$

$$x \rightarrow x \times (\text{단순히 } x\text{를 곱한다}) \tag{1.20}$$

$$p \rightarrow \frac{h}{2\pi i}\frac{\partial}{\partial x} \tag{1.21}$$

그러면 고전적인 해밀토니안

$$H = \frac{p^2}{2m} + V(x,t) \tag{1.22}$$

도 하나의 연산자라고 생각할 수 있으므로

$$p^2 \rightarrow -\frac{h^2}{4\pi^2}\frac{\partial^2}{\partial x^2} \tag{1.23}$$

이 되는 것을 고려하면, 식 (1.16)은

$$-\frac{h}{2\pi i}\frac{\partial \Psi(x,t)}{\partial t} = H\Psi(x,t) \tag{1.24}$$

로 쓸 수 있다. 특히 포텐셜이 시간에 의존하지 않는 값 $V(x)$를 가질 때에는 식 (1.24)에서 출발하여

$$H\psi(x) = E\psi(x) \tag{1.25}$$

여기서 E는 시간에 의존하지 않는 일정 값으로, 정상 상태의 파동방정식 (1.10)을 얻을 수 있음을 증명할 수 있다.

파동함수 $\Psi(x, t)$가 고전적인 파의 진폭에 대응 관계를 가지고 있기 때문에, $\Psi(x, t) = 0$은 파가 존재하지 않는 곳에 입자가 존재하지 않음을 의미하며, 반대로 $\Psi(x, t)$가 큰 곳에서는 입자의 존재 확률도 크다는 것이 된다. 파동함수 $\Psi(x, t)$는 일반적으로 복소수이기 때문에, $\Psi(x, t)$는 존재확률을 나타낼 수 없으므로 그 절대값의 2승을 취하여,

$$\Psi^*(x,t)\Psi(x,t)dx \tag{1.26}$$

으로 입자가 시각 t에서, 위치 $x \sim x+dx$의 영역에 **존재할 확률**을 나타낸다. 입자는 전체 공간 어딘가에 존재해야 하기 때문에,

$$\int_{-\infty}^{\infty} \Psi^*(x,t)\Psi(x,t)dx = 1 \tag{1.27}$$

이어야 한다. 식 (1.27)을 **파동함수의 규격화 조건**이라고 한다. 식 (1.27)은 $\psi(x)$에 대해서도 성립한다.

한편, 양자역학에 관한 사항들은 이 정도로 하고, 마지막으로 3차원 모델에서의 슈레딩거 방정식에 대하여 정리하기로 하자. 일반적으로 프랑크 상수 h는 $h/2\pi$ 형태로 등장하는 경우가 많으므로 앞으로는,

$$\hbar = \frac{h}{2\pi} \tag{1.28}$$

이라는 기호를 사용하는 것이 편리하다. 그러면 시간을 포함한 슈레딩거 방정식은

$$\begin{aligned} &-\frac{\hbar}{i}\frac{\partial\Psi(x,y,z,t)}{\partial t} \\ &= -\frac{\hbar^2}{2m}\left(\frac{\partial^2}{\partial x^2}+\frac{\partial^2}{\partial y^2}+\frac{\partial^2}{\partial z^2}\right)\Psi(x,y,z,t) + V(x,y,z,t)\Psi(x,y,z,t), \end{aligned} \tag{1.29}$$

시간에 의존하지 않는 슈레딩거 방정식은

$$\left(\frac{\partial^2}{\partial x^2}+\frac{\partial^2}{\partial y^2}+\frac{\partial^2}{\partial z^2}\right)\psi(x,y,z) + \frac{2m}{\hbar^2}\{E - V(x,y,z)\}\psi(x,y,z) = 0 \tag{1.30}$$

으로 된다.

1.2 일정한 포텐셜 중의 전자

이제 결정 중의 전자상태나 에너지를 알아보도록 하자. 여기서 발상의 전환이 필요하다. 고전역학에 익숙해져 있는 우리들은, 전자의 상태는 뉴턴 운동방정식을 풀어 전자의

좌표와 속도로 정해진다고 생각해 왔다. 그러나 양자역학에 따르면, 전자의 상태나 에너지는 슈레딩거 방정식을 풀어 전자의 파동함수와 에너지 고유값을 구하여야 한다. 출발점은 항상 슈레딩거 방정식이라는 것을 잊어서는 안된다. 우리들은 정상상태를 가정하기 때문에, 시간을 포함하지 않는 슈레딩거 방정식에서 출발하면 충분하다.

우선 전자에 대한 포텐셜 $V(x, y, z)$ 형태를 알아야 한다. 한 예로 수소원자의 경우에 대해 생각해 보자. 전자는 양자로부터의 쿨롱 포텐셜 힘을 받고 있으므로, 식은 양자와 전자의 상대거리로 극좌표를 이용해 슈레딩거 방정식을 푼다. 그 결과는 잘 알려져 있는 바와 같이 전자의 에너지 E는 **주양자수** $n(n=1, 2, 3, \cdots)$에 의해 결정되는 이산적인 값을 취하며, 파동함수 ψ는 n 외에 **방위 양자수** $l(l=0, 1, \cdots\ n-1)$, **자기 양자수** m_l $(m_l=-l, \cdots, -1, 0, +1, \cdots +l)$, **스핀 양자수** $m_s(m_s=-1/2, +1/2)$로 결정되는 값을 취한다.

수소 이외의 원소에 대해서는 에너지는 n만으로 결정되지 않고 l에 따라 달라진다. 자기장 중에서는 더욱이 m_l, m_s의 차이에 따라 에너지가 달라진다. 이는 m_l이 전자의 궤도운동에 의한 자기능률, m_s가 전자의 스핀에 의한 자기능률에 관계하고 있다는 점에 따른다. 결국, 하나의 원자중의 전자상태는 일반적으로 네 개의 양자수 n, l, m_l, m_s에 따라 결정된다. $l=0, 1, 2, 3, \cdots$ 상태는 $s, p, d, f, \cdots$라 명명되어, 예를들면 $n=1, l=0$인 상태는 $1s$ 상태, $n=2$, $p=1$인 상태는 $2p$ 상태 등이다.

한편, 우리가 대상으로 하는 계는 하나의 원자와 그 중의 전자가 아니다. 원자가 많이 모여 주기적으로 늘어서 있는 결정 중의 전자이다. 예를들면, 금속결정을 생각해 보자. 금속결합을 하고 있는 금속 중에는 원자와 거의 같은 수의 자유전자 (약 $10^{28}\mathrm{m}^{-3}$)가 있고 그러한 자유 전자의 바다 속에 양이온이 주기적으로 떠있는 모양과 비슷한 모델을 생각할 수 있다. 그때, 이러한 자유전자가 받는 포텐셜은, 물론 양이온이 구성하는 **주기적 포텐셜**이지만, 그 밖에 자신 이외의 전자와도 **상호작용 포텐셜**에 영향을 받는다. 따라서 하나의 전자에 주목해 다른 전자와의 상호작용을 주기적 포텐셜에 포함시켜 생각하자. 그리고 이 하나의 전자에 대한 슈레딩거 방정식을 푼다. 나중에 알게 되겠지만, 파동함수는 하나의 원자에 대한 n, l, m과는 다른 어떤 양자수의 함수가 된다. 전체 전자는 양자수로 지정되는 다른 상태의 어떤 한곳을 차지하게 된다. 파울리의 배타율 때문에, 하나의 상태는 하나의 전자만이 차지할 수 있다 (여기에서는 스핀을 생각하지 않지만, 스핀을 고려하면 2개가 된다). 이와 같이 많은 전자에 대한 식을 푸는 대신에 하나의 전자에 대해 생각하는 근사를 **단 전자근사**라고 한다. 또, 살창원자는 열진동을 하고 있지만, 전자의 운동에 비해 매우 느린 운동이므로, 제1근사의 경우, 정지하고 있다고 생각한다. 이를 **단열근사**라 한다. 즉, 단 전자근사와 단열근사를 이용해 '주기적 포텐셜 중의 한 전자에 대한 슈레딩거 방정식을 푼다'는 문제로 정리할 수 있다.

우선, 제1단계로, 주기적 포텐셜이 매우 약한 경우를 생각하자. 이는 금속의 경우에는 충분히 좋은 근사가 될 것이라고 예상된다. 그런 까닭으로 주기적 포텐셜을 **일정 포텐셜**로 치환하자. 또한 원래 포텐셜이라는 것은 그 차이만을 문제로 삼으므로, 원점을 어디로 취할 것인가는 큰 문제가 되지 않는다. 따라서 간단히 하기위해 일정 포텐셜을 원점으로 하여 $V(x) = \mathrm{const} = 0$ 으로 하고, 전자는 결정 밖으로는 나가지 못하므로, 결정 끝에 무한히 높은 포텐셜의 장벽이 있다고 가정하면, 결국, 1차원 모델에서는 그림 1.1과 같은 **무한 포텐셜 우물** 속에 갇힌 전자의 슈레딩거 방정식을 푸는 문제로 귀착된다. 그림 속의 L은 1차원 결정의 길이이다.

한편, 1차원의 슈레딩거 방정식은

$$\frac{d^2\psi(x)}{dx^2} + \frac{2m}{\hbar^2}\{E - V(x)\}\psi(x) = 0 \tag{1.31}$$

이다. $V(x) = 0$ 이므로,

$$\frac{d^2\psi(x)}{dx^2} + \frac{2mE}{\hbar^2}\psi(x) = 0 \tag{1.32}$$

가 된다. 여기서

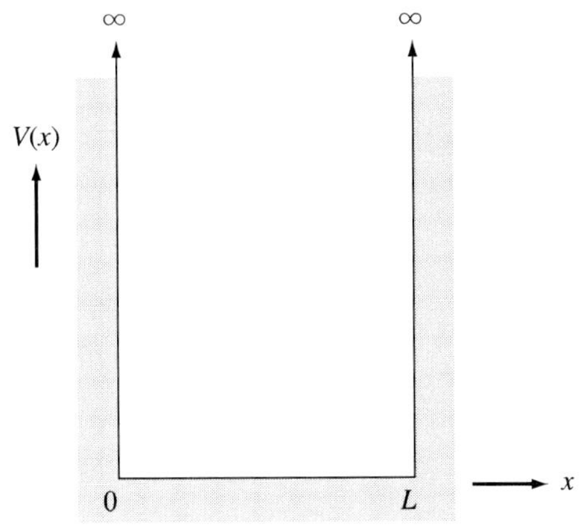

그림 1.1 • 무한 포텐셜 우물

$$k^2 \equiv \frac{2mE}{\hbar^2} \tag{1.33}$$

라 하면 식 (1.6)과 같은 형태가 되며, k가 파수에 해당한다는 것을 알 수 있다. 이 때 일반해는

$$\psi(x) = A\exp(ikx) + B\exp(-ikx) \tag{1.34}$$

가 된다.

시간을 포함한 파동 함수는 $\Psi(x,t) = \psi(x)\exp(-iwt)$이므로, 식 (1.34)의 우변 제1항은 $+x$방향으로 진행하는 파, 제2항은 $-x$방향으로 진행하는 파를 나타낸다. A와 B는 적분상수이며, 경계조건에 의해 결정된다. 그림 1.1에 나타낸 경계조건은 '무한 포텐셜 우물 문제'로서 양자역학의 연습문제에 많이 나온다.

아울러 그 해는 $\psi(x) = C\sin kx$의 형태로 **정상파**이다. 정상파는 우측으로도 좌측으로도 진전하지 않는 파이기 때문에, 결정 중을 움직이는 전자파동으로서는 적당한 해가 아님을 알 수 있다. 이는 경계조건이 부적절하게 적용되었기 때문에 생겨난 결과이다. 즉, 결정의 표면에서 반사된 파가 간섭하여 정상파를 만들기 때문이며, 표면의 영향을 특별히 생각하는 경우에는 적당하지만, 지금은 결정 중을 움직이는 전자를 생각하고 있으므로, 무한히 펼쳐진 결정 중을 생각해야한다. 그러나 $L = \infty$라 하면 수학적으로 발산되어 풀 수 없기 때문에, 우리는 여기서 **주기적 경계조건**을 이용하기로 하자. 이는 1차원일 경우에는 그림 1.2와 같은 결정이 링 모양이라고 가정하는 것과 같다. 3차원적으로는 매우 큰 한 변 L의 입방체의 모임이라 생각해, L을 주기로 같은 상태가 반복된다고 가정하는 것이다. 해는 **진행파**이어야 하므로, 식 (1.34) 우변의 어느 한 항만을 취하면 된다.

따라서

$$\psi(x) = C\exp(ikx) \tag{1.35}$$

라 하면, 주기적 경계 조건은

$$\psi(x) = \psi(x+L) \tag{1.36}$$

이므로, 식 (1.35)에서

$$C\exp(ikx) = C\exp(ikx)\cdot\exp(ikL) \tag{1.37}$$

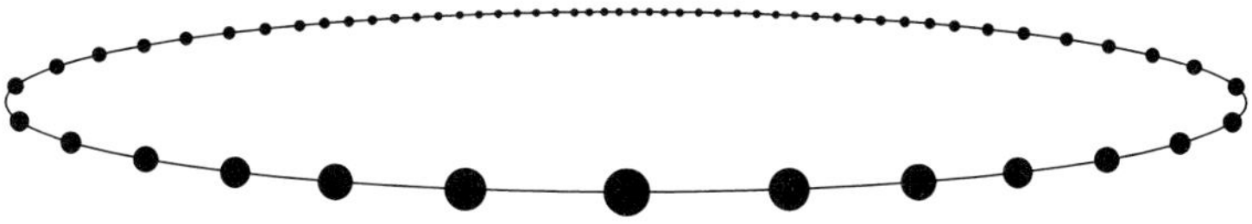

그림 1.2 • 1차원 환 상의 결정 (주기적 경계 조건)

이 되어

$$\exp(ikL) = 1 \tag{1.38}$$

$$\therefore k = 2n\pi/L \qquad n = 0,\ \pm 1,\ \pm 2 \cdots\cdots \tag{1.39}$$

이어야 한다. 따라서 파동함수는

$$\psi_k(x) = C\exp(ikx) \tag{1.40}$$

단, $K = 2n\pi/L \quad (n = 0,\ \pm 1,\ \pm 2,\ \cdots\cdots)$

이다. $\psi(x)$에 첨자 k를 붙인 것은 k에 따라 파동상태 $\psi(x)$가 정해지기 때문이다. 규격화하면

$$\int_0^L |\psi_k|^2 dx = 1 \tag{1.41}$$

에서 $C = 1/\sqrt{L}$로 구해진다.

아울러 에너지는 식 (1.33)에서

$$E = \frac{\hbar^2 k^2}{2m} \tag{1.42}$$

단, $k = 2n\pi/L \quad (n = 0,\ \pm 1,\ \pm 2,\ \cdots\cdots)$

이 되며, k가 이산적인 값을 취하는 것에 대응하여 E도 불연속적인 즉 **에너지 준위**의 띠가 형성된다. 그림 1.3은 에너지 준위를 그림(b)에, $E-k$의 함수를 그림(a)에 나타내었다. $E-k$**곡선**은 실제로는 이처럼 연속이 아니라 $k = 2n\pi/L$ $(L = 0,\ \pm 1,\ \pm 2,\ \cdots)$에 대응하는 에너지 값의 다발이지만, 아래 그 이유를 설명하는 것처럼, 준 연속적이라고 생각할 수 있으므로, 이와 같이 곡선으로 나타냈다.

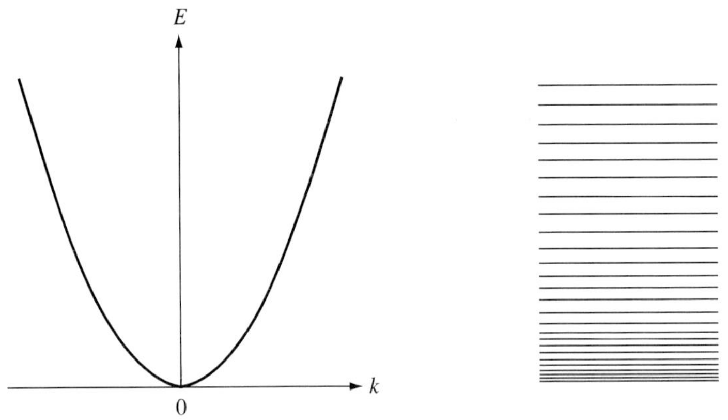

그림 1.3 ◉ (a) 1차원 자유전자의 에너지 상태 ($E \sim k$의 관계)와 (b) 이산적 에너지 준위도

즉, 준위와 준위 사이의 간격은 $\Delta E = \frac{\hbar^2}{2m}\Delta(k^2) = \frac{\hbar^2}{2m} \cdot \frac{4\pi^2}{L^2}\Delta(n^2) = \frac{2\hbar^2\pi^2}{mL^2}\Delta(n^2)$ 임을 생각하면, ΔE는 $h^2/2mL^2$ 정도의 크기라 생각할 수 있다. 가령 $L \simeq 1\ \mu\mathrm{m}$라 해도 $h^2/2mL^2 \simeq 10^{-31}\mathrm{J}\ (10^{-12}\ \mathrm{eV})$ 정도의 매우 작은 값이 된다. 즉, 준위 간 간격은 매우 접근해 있으며, **준 연속적인 에너지 준위**라 생각할 수도 있다.

이상을 3차원 모델로 확장하면, 슈레딩거 방정식은 식 (1.32)에 대응해

$$\left(\frac{\partial^2}{\partial x^2} + \frac{\partial^2}{\partial y^2} + \frac{\partial^2}{\partial z^2}\right)\psi(x, y, z) + \frac{2mE}{\hbar^2}\psi(x, y, z) = 0 \tag{1.43}$$

이 된다. 식 (1.33)과 마찬가지로 $k^2 = 2mE/\hbar^2$로 하여,

$$\psi(x, y, z) = X(x)Y(y)Z(z) \tag{1.44}$$

로 두고, 식 (1.43)에 대입하면, 변수 분리되어

$$\frac{d^2X(x)}{dx^2} + kx^2X(x) = 0 \tag{1.45}$$

$$\frac{d^2Y(y)}{dy^2} + ky^2Y(y) = 0 \tag{1.46}$$

$$\frac{d^2Z(z)}{dz^2} + kz^2Z(z) = 0 \tag{1.47}$$

단,

$$k^2 = k_x^2 + k_y^2 + k_z^2 \tag{1.48}$$

$$k_x^2 = \frac{2m}{\hbar^2} E_x \tag{1.49}$$

$$k_y^2 = \frac{2m}{\hbar^2} E_y \tag{1.50}$$

$$k_z^2 = \frac{2m}{\hbar^2} E_z \tag{1.51}$$

$$E = E_x + E_y + E_z \tag{1.51}$$

을 얻을 수 있다.

주기적 경계조건

$$\psi(x,\ y,\ z) = \psi(x+L,\ y,\ z) = \psi(x,\ y+L,\ z) = \psi(x,\ y,\ z+L) \tag{1.53}$$

을 만족시키는 해는

$$\psi_k(x, y, z) = C\ \exp\{i(k_x x + k_y y + k_z z)\} \tag{1.54}$$

단,

$$k_x = 2n_x\pi/L \qquad n_x = 0, \pm 1, \pm 2 \cdots\cdots \tag{1.55}$$

$$k_y = 2n_y\pi/L \qquad n_y = 0, \pm 1, \pm 2 \cdots\cdots \tag{1.56}$$

$$k_z = 2n_z\pi/L \qquad n_z = 0, \pm 1, \pm 2 \cdots\cdots \tag{1.57}$$

이 된다. 규격화하면 $C = 1/\sqrt{L^3}$ 이 된다. $\psi_k(x,\ y,\ z)$를 벡터 $\boldsymbol{r}(x,\ y,\ z)$, $\boldsymbol{k}(k_x,\ k_y,\ k_z)$를 써서 나타내면,

$$\psi_k(\boldsymbol{r}) = \left(\frac{1}{V}\right)^{1/2} \exp(i\boldsymbol{k} \cdot \boldsymbol{r}) \tag{1.58}$$

(V는 결정의 체적)

이 된다. 에너지는

$$\begin{aligned} E &= \frac{\hbar^2 \boldsymbol{k}^2}{2m} = \frac{\hbar^2}{2m}\left(k_x^2 + k_y^2 + k_z^2\right) \\ &= \frac{\hbar^2}{2m}\left(\frac{2\pi}{L}\right)^2 n^2 \\ &\left(n^2 = n_x^2 + n_y^2 + n_z^2\right) \end{aligned} \tag{1.59}$$

가 된다.

1.3 에너지 상태 수

전자의 상태는 n_x, n_y, n_z 한 쌍의 값에 대하여 하나씩 대응하기 때문에, k_x, k_y, k_z공간으로 생각하면, 그림 1.4에 나타낸 바와 같이 한 변 $2\pi/L$의 입방체 체적에 대해 하나의 상태가 대응된다. 따라서, k공간의 체적 Δk속에 있는 상태의 수는

$$\Delta k/(2\pi/L)^3 = \frac{V}{(2\pi)^3}\Delta \boldsymbol{k} \tag{1.60}$$

로 주어진다. 여기서 $V = L^3$은 결정의 체적이다. 또한, 식 (1.59)에 의해 $\boldsymbol{k}$의 각 성분값을 지정할 수 있으면 에너지 E를 결정할 수 있다. 아울러 식 (1.59)에서 E를 일정하게 하면, 등 에너지면은 구면이 된다. 따라서 k를 거의 연속적이라 생각하면 (실제는 k는 이산적인 불연속 값이라는 점에 주의), $\boldsymbol{k}$와 $\boldsymbol{k}+d\boldsymbol{k}$ 사이에 있는 상태의 수 – 이는 식 (1.59)에서 에너지 E와 $E+dE$ 사이에 있는 상태의 수라고도 생각할 수 있다 – 는 그림 1.5와 같이 $\boldsymbol{k}$와 $\boldsymbol{k}+d\boldsymbol{k}$ 사이의 구의 각안의 체적중의 상태 수이며 식 (1.60)에 의해,

$$\frac{V}{(2\pi)^3} \cdot 4\pi k^2 dk$$

이 된다. 하나의 k에 대해 스핀이 두 방향이 가능하므로 2배하고, 결정의 체적 V로 나누면, 결국 에너지 $E \sim E+dE$ 사이에 있는 상태의 수는 단위 체적당

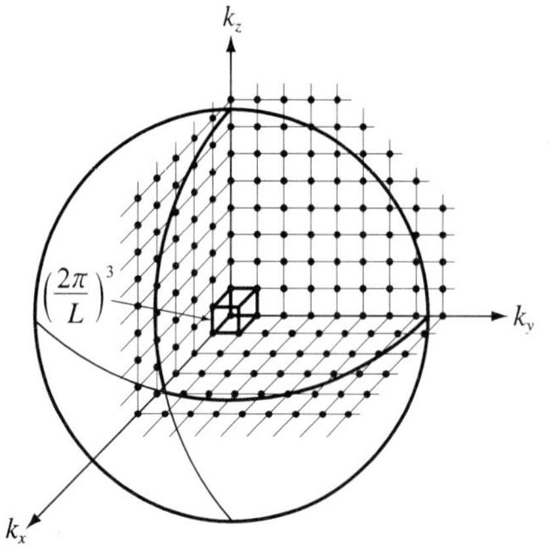

그림 1.4 • 자유전자의 k공간에 대한 에너지 상태

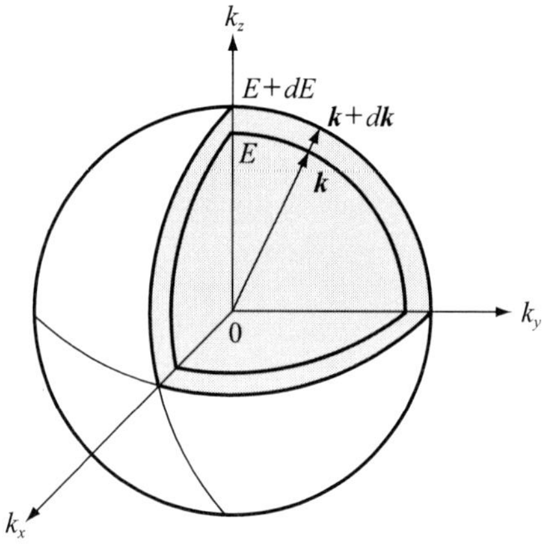

그림 1.5 • 자유전자의 $\boldsymbol{k}$공간에 대한 등 에너지면

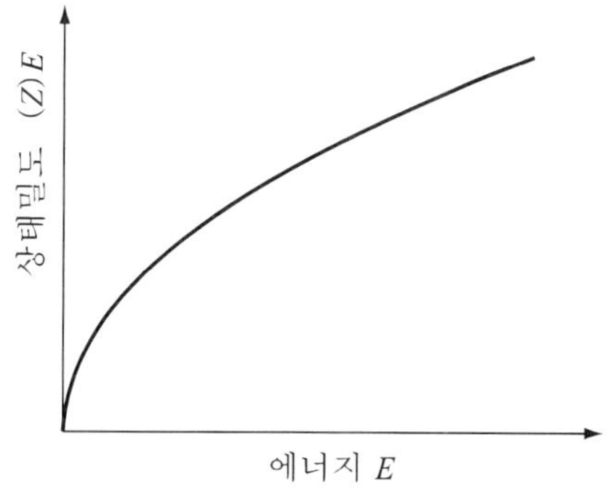

그림 1.6 ◦ 상태밀도와 에너지의 관계

$$Z(E)dE = 2 \cdot \frac{1}{8\pi^3} \cdot 4\pi k^2 dk$$

$$= 4\pi\left(\frac{2m}{h^2}\right)^{3/2} E^{1/2} dE \tag{1.61}$$

로 주어진다. $Z(E)$를 **상태밀도**라 한다. 그림 1.6에 $Z(E)$를 E의 함수로 나타내었다.

이제까지 $\boldsymbol{k}$공간에서 생각했지만, 전자의 운동량 $\boldsymbol{p}(p_x,\ p_y,\ p_z)$를 생각해, **운동량 공간**에서 $\boldsymbol{p} \sim \boldsymbol{p} + d\boldsymbol{p}$ 사이에 있는 상태의 수를 구해 보자. 일반적으로

$$\boldsymbol{p} = \hbar \boldsymbol{k} \tag{1.62}$$

의 관계가 있기 때문에, 식 (1.61)에서,

$$Z(E)dE = 2 \cdot \frac{1}{h^3} 4\pi p^2 dp \tag{1.63}$$

로 나타낼 수 있다. 이를 식 (1.60) 또는 식 (1.61)과 비교하면 알 수 있듯이, 결정의 단위 체적에서 생각하면, 운동량 공간에서는 h^3의 체적에 하나의 상태가 대응하고 있음을 나타낸다. 이는 **불확정성 원리**로부터 유도되는 것이다. 고전역학에서 입자의 상태는 위치와 운동량을 지정하면 정해진다. 즉, **위상공간** (위치와 운동량의 6차원 공간) 속의 한 점으로 표시된다. 그러나 양자역학에서는 위치와 운동량을 동시에 정확히 결정하는 것은 불가능하며, 두 개의 변수사이에 어떤 불확정성을 수반한다. 전자의 운동량의 불확정성을 $\Delta p_x,\ \Delta p_y,\ \Delta p_z$ 위치의 불확정성을 $\Delta x,\ \Delta y,\ \Delta z$라고 하면, 그 사이에

$$\Delta x \cdot \Delta p_x \geq h$$

$$\Delta y \cdot \Delta p_y \geq h \tag{1.64}$$
$$\Delta z \cdot \Delta p_z \geq h$$

인 관계가 있다. 따라서 고전역학에서 한 점으로 표시하는 한가지의 상태는 $\Delta x \Delta y \Delta z$ $\Delta p_x \Delta p_y \Delta p_z \simeq h^3$의 체적에 대응하게 된다.

연습문제

1.1 전자가 0.01 m인 1차원 공간에 갇혀있다. 전자가 가질 수 있는 최저의 양자화 된 속도를 구하라.

1.2 문제 1의 1차원 공간 안에 5×10^7개의 전자가 있으며, 이 전자가 1개 준위에 대해 2개씩, 에너지 준위를 낮은 쪽부터 차지해 갈 때, 분포된 상단에 위치하는 전자의 속도와 에너지를 구하라.

1.3 본문에서 식 (1.24)로 부터, 포텐셜이 시간에 의존하지 않을 때에는 식 (1.25)를 얻을 수 있음을 증명하라.

1.4 본문 식 (1.34)을 증명하라.

1.5 본문 식 (1.34)의 일반 해

$$\psi(x) = A\exp(ikx) + B\exp(-ikx)$$

는 그림 1.1과 같은 경계조건에서는 정상파의 해

$$\psi(x) = C\sin kx$$
$$k = \frac{n\pi}{L} \qquad n = 1, 2, 3, \cdots\cdots$$

이 됨을 증명하라. 또한, $\psi(x)$는 어떤 정상파인가?

1.6 본문 식 (1.34)의 제1항은 $+x$ 방향으로 진행하는 파, 제2항은 $-x$ 방향으로 진행하는 파에 대응하고 있음을 나타내라.

1.7 본문 식 (1.62)을 증명하라.

CHAPTER 2

에너지 띠

2.1 결정중의 전자

전자는 그림 2.1에 나타낸 바와 같은 주기적 포텐셜 중에서 운동하고 있는데, 이와 같은 **주기적 포텐셜의 영향**을 고려하여 전자의 파동함수에 대해 생각해 보기로 하자. 간단히 설명하기 위해 1차원 모델로 생각하면, 슈레딩거 파동방정식은 주기적 포텐셜 (1차원) 구조에서 다음과 같이 쓸수 있다.

$$\frac{d^2\psi(x)}{dx^2}+\frac{2m}{\hbar^2}\{E-V(x)\}\psi(x)=0 \tag{2.1}$$

$V(x)$는 결정살창 (lattice)과 같은 주기를 가지는 주기함수가 된다. 즉, 살창상수를 a로 하면

$$V(x+na)=V(x),\ (n=1,2,3\cdots\cdots) \tag{2.2}$$

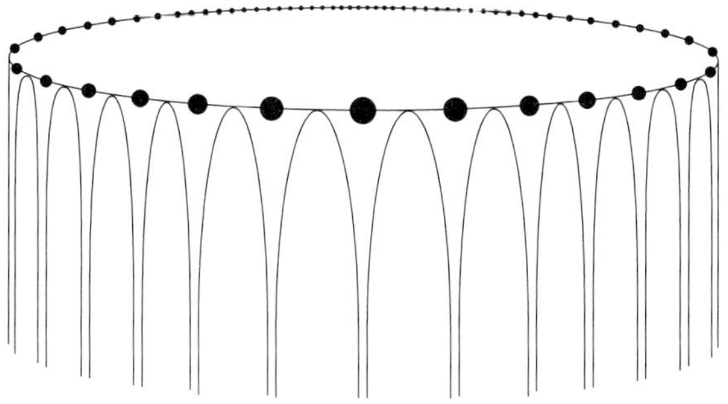

그림 2.1 • 전자가 영향을 받는 결정의 주기적 포텐셜 (1차원) 구조, 성상에 검은 구는 전자의 위치를 표시한다.

라고 할 수 있다. 여기서 식 (2.1)의 x를 $x+a$로 치환하면 식은

$$\frac{d^2\psi(x+a)}{d(x+a)^2}+\frac{2m}{\hbar^2}\{E-V(x+a)\}\psi(x+a)=0 \tag{2.3}$$

이 되는데, $d^2\psi(x+a)/d(x+a)^2=d^2\psi(x+a)/dx^2$이기 때문에 식 (2.2)를 고려하여

$$\frac{d^2\psi(x+a)}{dx^2}+\frac{2m}{\hbar^2}\{E-V(x)\}\psi(x+a)=0 \tag{2.4}$$

가 된다.

일반적으로 식 (2.1)과 식 (2.4)을 동시에 만족하는 $\psi(x)$는

$$\psi(x+a)=C\psi(x)\ \ (C\text{: 상수}) \tag{2.5}$$

의 특성을 가지는 함수를 생각할 수 있다. 한편, $\psi(x)$는 주기적 경계조건도 만족하여야 하므로, 원자 수를 N이라 하면 결정의 길이 $L=Na$가 되므로,

$$\psi(x+Na)=\psi(x) \tag{2.6}$$

을 만족되어야 한다. 식 (2.5), 식 (2.6)을 동시에 만족시키기 위해서는 $C^N=1$이라는 것을 쉽게 증명할 수 있다. 이로서

$$C=\exp(2\pi i n/N) \tag{2.7}$$

단, n은 $-N/2$와 $+N/2$사이에서 N개의 정수가 된다. 이를 식 (2.5)에 대입하여

$$\psi(x+a)=\exp(2\pi i n/N)\psi(x) \tag{2.8}$$

을 얻을 수 있다. 이 식의 양변에 $\exp\{-2\pi i n(x+a)/Na\}$을 곱해 정리하면

$$\psi(x+a)\exp\{-2\pi i n(x+a)/Na\}=\psi(x)\exp\{-2\pi i nx/Na\} \tag{2.9}$$

가 된다. 여기서

$$\frac{2\pi n}{Na}=\frac{2\pi n}{L}=k$$
$$(L\text{은 결정의 길이}) \tag{2.10}$$

를 고려하면, 식 (2.10)은

$$\psi(x+a)\exp\{-ik(x+a)\} = \psi(x)\exp(-ikx) \equiv u_k(x) \tag{2.11}$$

이 된다. 여기서 $u_k(x)$의 양을 새로 도입하였다. 식 (2.11)에서

$$\psi_k(x) = \exp(ikx)u_k(x) \tag{2.12}$$

$$u_k(x+a) = u_k(x) \tag{2.13}$$

을 얻을 수 있다.

이상으로 1차원 모델로 생각해 보았는데, 3차원으로 확장은 간단하므로 결과만 나타내면,

$$\psi_k(\boldsymbol{r}) = [\exp(i\boldsymbol{k} \cdot \boldsymbol{r})]u_k(\boldsymbol{r}) \tag{2.14}$$

단,

$$u_k(\boldsymbol{r}) = u_k(\boldsymbol{r} + \boldsymbol{T}) \tag{2.15}$$

가 된다.

여기서 $\boldsymbol{T}$는 결정 주기구조에서의 병진벡터이다. (2.12) 또는 (2.11)의 함수를 **브로크 함수**라고 한다. 규격화시키기 위해 임의의 상수 A를 도입하여

$$\psi_k(\boldsymbol{r}) = A[\exp(i\boldsymbol{k} \cdot \boldsymbol{r})] \cdot u_k(\boldsymbol{r}) \tag{2.16}$$

로 하면, 규격화 조건은 결정의 체적을 V라 하면,

$$\int_V \psi_k^* \psi_k d\boldsymbol{r} = A^2 \int_V u_k^*(\boldsymbol{r})u_k(\boldsymbol{r})dr = 1 \tag{2.17}$$

이 되지만, 지금 단위 단위세포에 대해

$$\int_{a^3} u_k^*(\boldsymbol{r})u_k(\boldsymbol{r})dr = 1 \tag{2.18}$$

과 같이 $u_k(\boldsymbol{r})$을 결정하면 $L = Na$이므로. 단위세포 수가 N^3 (1차원 모델에서는 N)이기 때문에 $A^2N^3 = 1$로부터 $A = 1/\sqrt{N^3}$ 이 되며

$$\psi_k(\boldsymbol{r}) = \frac{1}{\sqrt{N^3}}[\exp(i\boldsymbol{k} \cdot r)]u_k(\boldsymbol{r}) \tag{2.19}$$

이다. 아울러 1차원에서의 식 (2.14)는

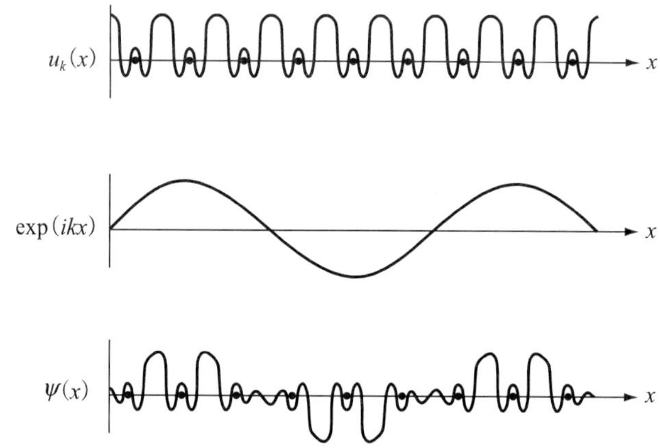

그림 2.2 ◦ (a)주기함수 $u_k(x)$, (b)평면파 $\exp(ikx)$, (c)브로크함수$[\exp(ikx)]u_k(x)$

$$\psi_k(x) = \frac{1}{\sqrt{N}}[\exp(ikx)]\,u_k(x)$$

이 된다.

결과적으로, 파동함수는 주기적 포텐셜을 고려하면 1차원의 경우 평면파 $\exp(ikx)$ 형태에서 (2.12)의 형태로 변하는 것을 알 수 있다. 즉, 일정한 포텐셜의 경우에는 단순한 평면파 $\exp(ikx)$였던 함수가 주기적 포텐셜장에서는 $u_k(x)$ 포텐셜과 같은 주기의 주기함수가 합쳐진 것이 된다. 이를 파동함수의 형태로 나타내면 그림 2.2와 같다.

즉, $u_k(x)$가 (a)와 같은 함수였다고 하면, 이것이 (b)에 나타내는 평면파 $\exp(ikx)$로 변조된 (c)와 같은 형태가 된다. 또한, k가 취할 수 있는 값은 일정한 포텐셜장의 경우 $k=2n\pi/L$, $n=0, \pm 1, \pm 2 \cdots\cdots$ 이지만, 주기적 포텐셜의 경우에는 $k=2n\pi/L$, n은 $-N/2$와 $+N/2$ 사이의 N개의 상수 (N은 결정내의 원자 수)이다. 예를들면, $N=6$ (실제로는 이와같이 작은 수는 없지만)으로 해 보사. 식 (2.7)에서 $C=\exp\left(i\frac{2\pi}{N}\cdot n\right)$이므로 C의 절대값은 1, 편각은 $2\pi n/N$이며, 지금 $N=6$이기 때문에 $2\pi/6=60°$라는 것을 고려하면, 그림 2.3과 같이 복소평면에서 $n=-2, -1, 0, 1, 2, 3$의 6개의 n이 가능하다. 즉 일반적으로

$$n=-\frac{N}{2}+1, \cdots\cdots 1, 0, 1, \cdots\cdots, \frac{N}{2} \tag{2.20}$$

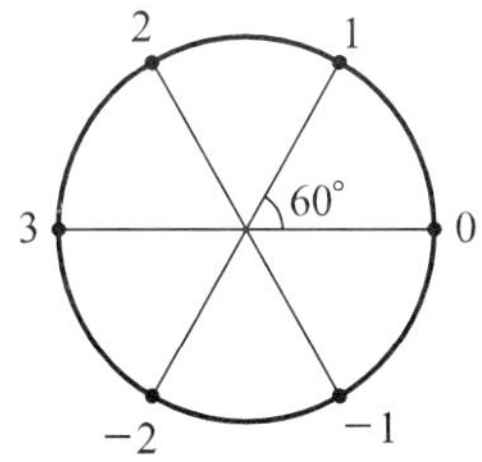

그림 2.3 • $\exp\left(i\frac{2\pi}{N}n\right)$ $(N=6, n=-2, -1, 0, 1, 2, 3)$을 복소평면으로 나타낸다

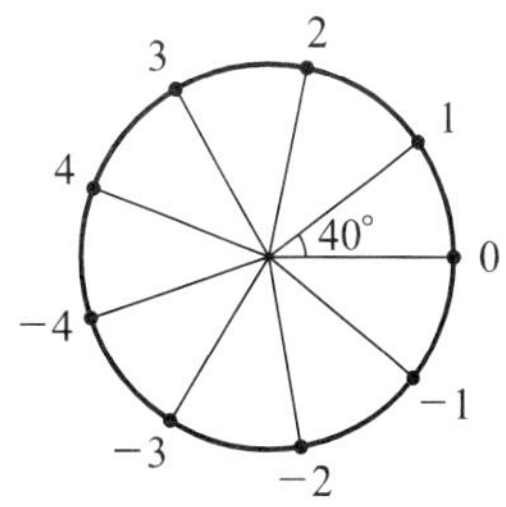

그림 2.4 • $\exp\left(i\frac{2\pi}{n}\cdot n\right)$ $(n=9; n=-4, -3, -2, -1, 0, 1, 2, 3, 4)$을 복소평면으로 나타낸다.

의 N개의 값이 가능해진다. 다음 N이 홀수일 때를 생각해 보자. 예를들면 $N=9$라 하면, $2\pi/9=40°$이기 때문에 그림 2.4와 같이 $n=-4, -3, -2, -1, 0, 1, 2, 3, 4$의 9개의 n이 가능하다.

따라서

$$n=-\frac{N-1}{2}\cdots\cdots-1, 0, 1, \cdots\cdots, \frac{N-1}{2} \tag{2.21}$$

의 N개의 값을 가지는 것이 가능하다.

한편, 그림 2.3에서 알 수 있듯이 $n=+3$ 또는 $n=-3$ 모두 생각할 수 있으며, $n=+3$과 $n=-3$은 같은 상태를 나타낸다. 일반적으로는 $n=+N/2$와 $n=-N/2$는 중첩되어 있어 동일상태이다.

이를 k 값으로 치환하면 $k=2n\pi/L=2n\pi/Na$이기 때문에 $n=-N/2$일 때에는 $k=-\pi/a$, $n=\frac{N}{2}$일 때에는 $k=+\frac{\pi}{a}$인 것을 알수 있다. 즉 상태수는 $k=-\frac{\pi}{a}$와 $k=+\pi/a$ 사이의 N개의 값이다. 아울러 상태 $-\pi/a$와 $+\pi/a$는 동일상태이다. N이 홀수일 때도 그림 2.4에서 알 수 있듯이 $N\gg 1$이라는 것을 생각하면, $-\frac{N-1}{2}\simeq-\frac{N}{2}$, $\frac{N-1}{2}\simeq\frac{N}{2}$이기 때문에 $k=-\pi/a$ 와 $k=+\pi/a$간의 N개의 상태라는 것을 알 수 있다.

2.2 크로닉-페니의 모델

앞 절에서 주기적 포텐셜의 영향을 고려하는 경우, 포텐셜이 일정한 경우에 비하여 파동함수가 새롭게 수정되는 점을 알았다. 그러면 주기적 포텐셜의 경우 에너지 띠는 어떻게 변하는지에 대해 생각해 보자. 그러기 위해서는 주기적 포텐셜 구조의 좀 더 구체적인 형태를 고려할 필요가 있다. 그렇지만 가능한 가장 단순한 모델을 가정하는 것이 편리하다. 1차원 구조로, 예를들면 그림 2.5(a)와 같은 주기적 포텐셜 구조를 (b)와 같이 간단한 직각 포텐셜로 근사하는 것이다. 단, 원점은 직각우물 형태 포텐셜 구조의 바닥으로 취한다. 포텐셜의 높이를 V_0, 폭을 b로 한다. 주기는 살창상수 a이다. 이처럼 단순화한 모델을 고안자의 이름을 따서 크로닉-페니의 모델이라 한다. 한편, 슈레딩거 방정식은

$$\frac{d^2\psi(x)}{dx^2}+\frac{2m}{\hbar^2}\{E-V(x)\}\psi(x)=0 \tag{2.22}$$

이다. 여기서 $V(x)$는 그림 2.5(b)에 나타낸 바와 같은 주기적 포텐셜이다.

주기적 포텐셜에서 $\psi(x)$는 브로크 함수 (식 (2.12))를 생각할 수 있으므로 식 (2.12)에서 첨자 k를 생략하여

$$\psi(x)=[\exp(ikx)]\cdot u(x) \tag{2.23}$$

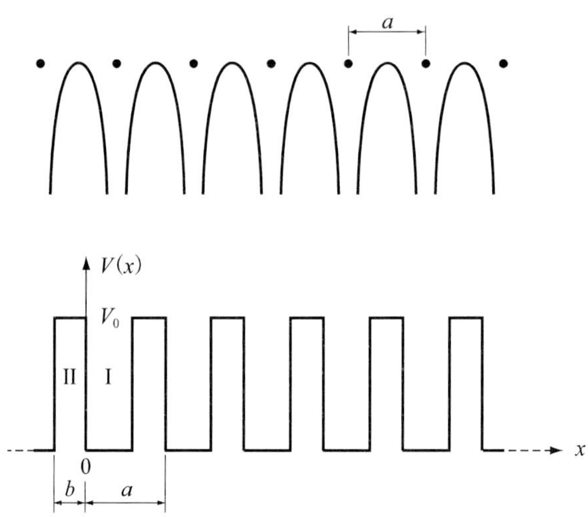

그림 2.5 • (a) 주기적 포텐셜, (b) (a)의 포텐셜 구조를 직각우물형 포텐셜로 치환한 것

로 하여 식 (2.22)에 대입하면, $u(x)$에 관한 미분방정식

$$\frac{d^2u(x)}{dx^2}+2ik\frac{du(x)}{dx}+\frac{2m}{\hbar^2}(E-E_k-V)u(x)=0 \tag{2.24}$$

단,

$$E_k=\frac{\hbar^2k^2}{2m} \tag{2.25}$$

을 얻을 수 있으므로 이를 풀면 된다.

이때, 그림 2.5(b)의 영역 I $(0\le x\le a-b)$와 영역 II $(-b\le x\le 0)$로 나누어 푸는 것이 편리하다. 우선 영역 I에서, $V=0$이므로

그 해는

$$u_1=A\exp[i(a-k)x]+B\exp[-i(a+k)x] \tag{2.26}$$

의 형태가 된다. 여기서

$$a\equiv(2mE/\hbar^2)^{1/2} \tag{2.27}$$

로 하였다.

다음 영역 II에서는 $V=V_0$이므로,

$$u_{\text{II}}=C\exp[(\beta-ik)x]+D\exp[-(\beta+ik)x] \tag{2.28}$$

이 된다.

단, $E<V_0$로 가정하였다. 또한,

$$\beta\equiv\{2m(V_0-E)/\hbar^2\}^{1/2} \tag{2.29}$$

로 하였다.

식 (2.26)과 식 (2.28)에서 적분 상수 A, B, C, D는 경계 조건에 따라 결정된다.

경계 조건은 $x=0$에서, u 및 du/dx가 연속일 것, 또한, u 및 du/dx가 주기함수인 것이다. 즉,

$$\text{(i)}\quad x=0,\ u_{\text{I}}=u_{\text{II}} \tag{2.30}$$

$$\text{(ii)}\quad x=0,\ du_{\text{I}}/dx=du_{\text{II}}/dx \tag{2.31}$$

$$\text{(iii)}\ \ (u_{\mathrm{I}})_{x=a-b} = (u_{\mathrm{II}})_{x=-b} \tag{2.32}$$

$$\text{(iv)}\ \ (du_{\mathrm{I}}/dx)_{x=a-b} = (du_{\mathrm{II}}/dx)_{x=-b} \tag{2.33}$$

이 된다.

여기서 다음의 네 가지 식이 유도된다.

(i)에서 $A+B-C-D=0$ (2.34)

(ii)에서 $i(\alpha-k)A-i(\alpha+k)B-(\beta-ik)C+(\beta+ik)D=0$ (2.35)

(iii)에서 $A\exp[i(\alpha-k)(a-b)]+B\exp[-i(\alpha+k)(a-b)]$ (2.36)

$-C\exp[-(\beta-ik)b]-D\exp[(\beta+ik)b]=0$

(iv)에서 $i(\alpha-k)A\exp[i(\alpha-k)(a-b)]-i(\alpha+k)B\exp[-i(\alpha+k)\times(a-b)]$ (2.37)

$-(\beta-ik)C\exp[-(\beta-ik)b]+(\beta+ik)D\exp[(\beta+ik)b]=0$

(2.34)~ (2.37)의 네 식에서 네 가지 적분 상수 A, B, C, D가 결정되며, 방정식의 해가 얻어지기 위해서는 이들 네 식의 A, B, C, D에 대한 계수가 만드는 행렬식이 0이어야 한다. 즉,

$$\begin{vmatrix} 1 & 1 & -1 & -1 \\ i(\alpha-k) & -i(\alpha+k) & -(\beta-ik) & (\beta+ik) \\ \exp[i(\alpha-k)(a-b)] & \exp[-i(\alpha+k)(a-b)] & -\exp[-(\beta-ik)b] & -\exp[(\beta+ik)b] \\ i(\alpha-k)\exp[i(\alpha-k)(a-b)] & -i(\alpha+k)\exp[-i(\alpha+k)(a-b)] & -(\beta-ik)\exp[-i(\beta-ik)b] & (\beta-ik)\exp[(\beta+ik)b] \end{vmatrix} = 0 \tag{2.38}$$

이는

$$\frac{\beta^2-\alpha^2}{2\alpha\beta}\sinh(\beta b)\sin\alpha(a-b)+\cosh(\beta b)\cos\alpha(a-b)=\cos ka \tag{2.39}$$

가 되는데, 식을 좀 더 간단히 하기 위해 포텐셜의 폭을 무한으로 좁히고 동시에 높이를 무한으로 높여 극한을 생각하기로 하자.

즉, $b\to 0$, $V\to 0$로 하여 V_0b가 일정한 값이 되도록 한다. 따라서

$$\lim_{\substack{b \to 0 \\ V_0 \to \infty}} \frac{m V_0 ab}{h^2} = P \tag{2.40}$$

로 하면, 식 (2.39)는 간단한 식이 되는데

$$P\frac{\sin \alpha a}{\alpha a} + \cos \alpha a = \cos ka \tag{2.41}$$

로 된다.

이 식의 좌변은 α, 즉 E의 함수 (식 (2.27) 참조)이며, 우변 k의 함수이기 때문에 이 식은 E와 k간의 관계식이 된다.

한편 식 (2.41)의 좌변 $P\frac{\sin \alpha a}{\alpha a} + \cos \alpha a$을 가로축으로 하고 세로축에 αa를 취하면 그림 2.6과 같은 곡선이 된다.

한편 식 (2.41)의 우변 cos ka는 $+1$과 -1 사이의 값만 가질 수 있기 때문에, 따라서 좌변도 $+1$과 -1간의 값밖에 가질 수 없게 된다. 따라서 식 (2.41)을 만족하는 αa의 값은 그림의 굵은 선 부분 안의 값을 가지게 된다. 이는 무엇을 의미하는 것일까? 앞서

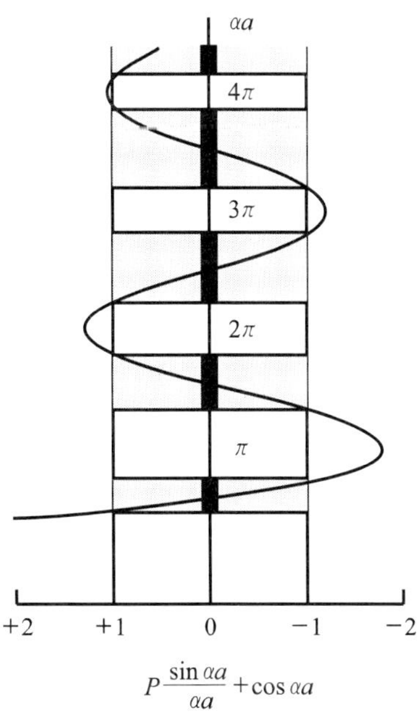

그림 2.6 • αa와 $P\frac{\sin \alpha a}{\alpha a} + \cos \alpha a$의 관계

굵은 선으로 나타낸 αa만이 식 (2.41)을 만족시킨다. ($P = 6$일 경우의 곡선)

서술한 바와 같이 α는 E의 함수이기 때문에 전자의 에너지 E에는 슈레딩거 방정식의 해가 존재하지 않는 영역이 있다는 것을 나타내고 있다. 이와 같은 영역이 나타나는 것은 앞서 서술한 바와 같이

$$\cos ka = \pm 1 \tag{2.42}$$

이기 때문에, k의 값으로 나타내면

$$k = \pm \frac{n\pi}{a} (n = 1, 2, \cdots\cdots) \tag{2.43}$$

이라는 것을 알 수 있다.

식 (2.41)을 E와 k의 관계로 표시하면 그림 2.7과 같다.

위의 그림은 세로축을 좌표로 생각했을 때의 에너지 준위도이다. 점선은 포텐셜이 일정한 경우의 $E-k$ 곡선이며, 주기적 포텐셜을 고려하면, **전자를 가지는 것을 허용하지 않는 에너지 영역**이 나타나는 것을 알 수 있다. 이와 같은 영역이 어떠한 간격을 두고 띠 모양으로 되기 때문에, 이를 에너지 띠 혹은 에너지 띠라 하며, 전자가 에너지를 가지는 것이 허용된 영역을 **허용띠 혹은 허용대역**, 허용되지 않은 영역을 **금지띠 혹은 금지대역**이라 한다. 결국, 「**주기적 포텐셜장 중의 전자 에너지는 에너지 띠를 형성한다**」는 것을 알았다.

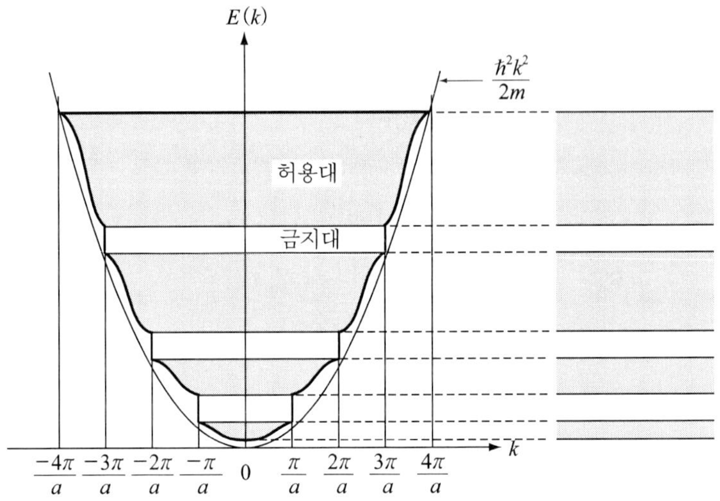

그림 2.7 • E와 k의 관계 점선은 자유 전자의 에너지 $E=\hbar^2k^2/2\mathrm{m}$을 나타낸다.

2.3 금지대역

앞서 서술한 바와 같이, $k = \pm n\pi/a$에서 금지대역이 생긴다. 이 금지대역의 물리적 의미를 생각해 보자. k는 파수이기 때문에 파장 λ와는

$$\lambda = \frac{2\pi}{|\boldsymbol{k}|} \tag{2.44}$$

이므로, 식 (2.43)의 조건은

$$2a = n\lambda \tag{2.45}$$

라 할 수 있다.

즉, 전자기파의 파장 λ의 상수배가 정확히 살창면 간격 a의 2배일 때 금지대역이 생기게 된다. 예로 $n = 1$일 경우에 대해 생각해 보자.

그림 2.8과 같이 파장 λ의 전자기파가 살창간격 a인 결정 내부 원자면 (원자가 늘어선 면)으로 수직으로 진행하는 경우를 가정해보자.

전자기파는 각 원자에서 산란되는데, 원자면의 측면에서 생각하면 반사된다고 생각할 수 있다.

그림 2.9(a)에 나타낸 바와 같이 $\lambda = 2a$이 조건이 만족되지 않는 경우에 산란파는 서로 위상이 맞지 않기 때문에 서로 상쇄되는데, 결국 앞서 설명한 바와 같이, 주기적으로 늘어선 원자면에서는 전자기파가 마치 산란되지 않듯이 진행한다. 그러나 $\lambda = 2a$ 경우에는 그림 2.9(b)에 나타낸 바와 같이 각 원자면에서 반사파의 위상이 일치하기 때문에 간섭에 의해 강한 반사가 발생한다. 이는 X선이 결정 중을 진행할 때 생기는 브래그 반사로 잘 알려져 있는 현상이다. 이처럼 $\lambda = 2a$에서 전자기파가 브래그 반사를 일으켜,

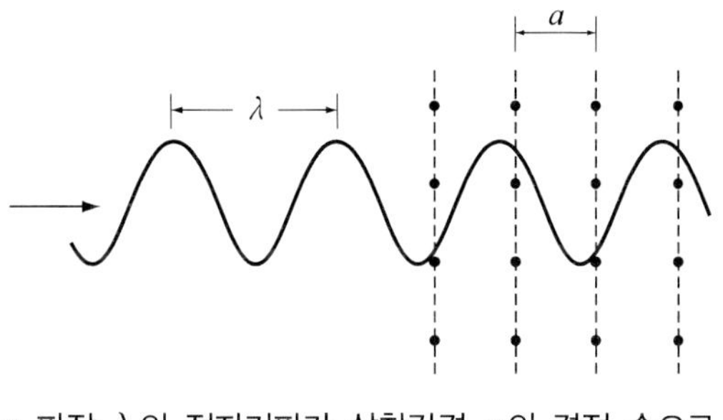

그림 2.8 ◦ 파장 λ의 전자기파가 살창간격 a의 결정 속으로 들어간다.

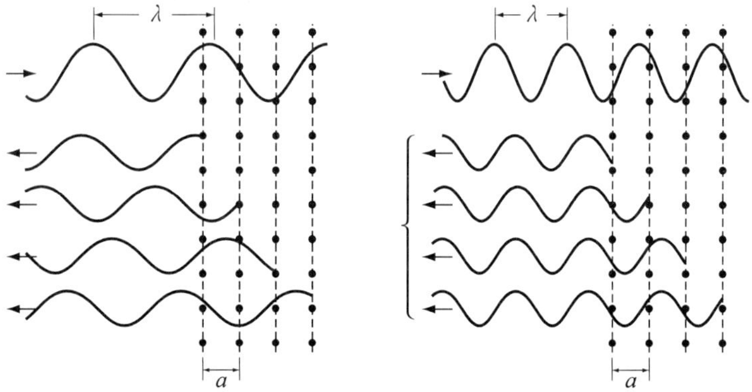

(a) $\lambda > 2a$　　(b) $\lambda = 2a$일 때

그림 2.9 ◦ 전자기파의 원자면에 의한 반사

반사파의 강도가 입사파의 그것과 같아지므로 두 파가 간섭하여 정상파가 되어 진행하지 않는 파가 된다. 이는 전자가 결정 중에서 움직일 수 없다는 것을 의미하기 때문에, 그와 같은 에너지는 전자가 취할 수 없게 되어 금지대역이 발생하는 것이다.

금지대역의 의미를 다른 각도에서 생각해 보자. 그림 2.10에서 점 A, B는 위에서 설명한 바와 같이 모두 정상파의 상태를 나타내고 있지만, A와 B는 금지대역의 폭만큼 에너지가 다르다. 이 A점과 B점의 차이는 무엇을 의미하는 것일까? 간단히 하기 위해 입사파를 $\exp(ikx)$, 반사파를 $\exp(ik'x)$로 나타내면 정상파는 다음 두 가지 형태를 생각할 수 있다.

$$\psi(+) \sim \exp(ik'x) + \exp(ikx) \tag{2.46}$$

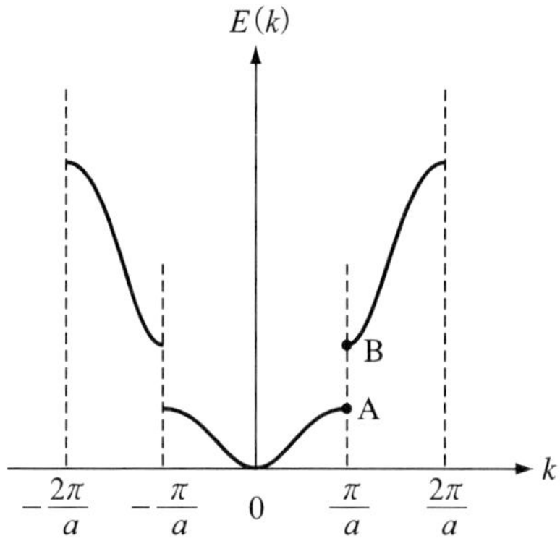

그림 2.10 ◦ $E-k$ 곡선 A점과 B점은 모두 $k=\pi/a$이지만 에너지가 다르다.

$$\psi(-) \sim \exp(ik'x) - \exp(ikx) \tag{2.47}$$

하지만 브래그 반사이기 때문에 식 (2.43)에 의해

$$k = -k' = n\pi/a \tag{2.48}$$

이므로

$$\psi(+) \sim \exp\left(i\frac{n\pi}{a}x\right) + \exp\left(-i\frac{n\pi}{a}x\right) = 2\cos\left(\frac{n\pi}{a}x\right) \tag{2.49}$$

$$\psi(-) \sim \exp\left(i\frac{n\pi}{a}x\right) + \exp\left(-i\frac{n\pi}{a}x\right) = 2isin\left(\frac{n\pi}{a}x\right) \tag{2.50}$$

으로 되며, 전자의 존재 확률을 나타내는 $|\psi(+)|^2$ ㅣ $\psi(-)|^2$을 그림으로 표시하면 그림 2.11과 같아진다.

그림에서 알 수 있듯이 $|\psi(+)|^2$은 이온이 위치한 근처에 전자밀도가 큰 상태를 나타내고 있으며, $|\psi(-)|^2$은 이온과 이온의 사이 중간에 전자밀도가 큰 상태를 나타내고 있다. 당연히 $|\psi(+)|^2$이 $|\psi(-)|^2$보다 에너지가 낮은 상태이므로, 그림 2.10에서 A점이 ψ (+), B점이 ψ (−)의 상태에 대응된다고 할 수 있다.

그리고 이 차가 금지대역 폭에 해낭하는 것을 알 수 있다. 여기서 주기적 포텐셜의 골이 깊을수록 금지대역의 폭이 커진다는 것을 예상할 수 있다.

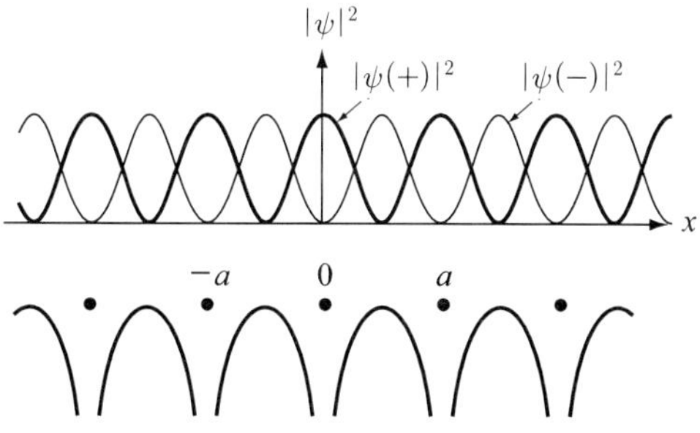

그림 2.11 • $|\psi(+)|^2$와 $|\psi(-)|^2$

2.4 브릴리앙 대역

브래그 반사 조건을 나타내는 식 (2.45)는 일반적으로는

$$2a\sin\theta = n\lambda \tag{2.51}$$

라고 표현된다. 여기서 θ는 그림 2.12에서와 같이 전자기파의 입사 방향과 원자면이 이루는 각이다. 이 식을 고쳐 쓰면

$$2\frac{\sin\theta}{\lambda} = \frac{n}{a}$$

$$\therefore\ 2\frac{\sin\theta}{\lambda} = \cdot\ 2\pi = \frac{2\pi n}{a}$$

$$\therefore\ 2|\boldsymbol{k}|\sin\theta = \frac{2\pi n}{a}\left(\because |\boldsymbol{k}| = \frac{2\pi}{\lambda}\right) \tag{2.52}$$

가 된다. 한편, 입사파와 반사파의 파수벡터를 각각 $\boldsymbol{k}$, $\boldsymbol{k}'$라고 하면, $|\boldsymbol{k}| = |\boldsymbol{k}'|$이기 때문에, 그림 2.13에서와 같이 그 사이에는

$$|\boldsymbol{k}' - \boldsymbol{k}| = 2|k|\sin\theta \tag{2.53}$$

의 관계가 있다. 따라서 식 (2.52), 즉 브래그 반사의 조건은

$$|\boldsymbol{k}' - \boldsymbol{k}| = 2\pi n/a \tag{2.54}$$

가 된다. 즉 $\boldsymbol{k}' - \boldsymbol{k}$라고 하는 벡터 (이는 그림 2.13에서 알 수 있듯이 원자면에 수직이다)의 크기가 $2\pi n/a$이라는 것을 의미한다. 원자면에 수직으로 크기가 $2\pi n/a$라는 벡터는 살창의 역살창 벡터인데, 이를 $\boldsymbol{G}$라고 하면 결국 브래그 반사 조건은

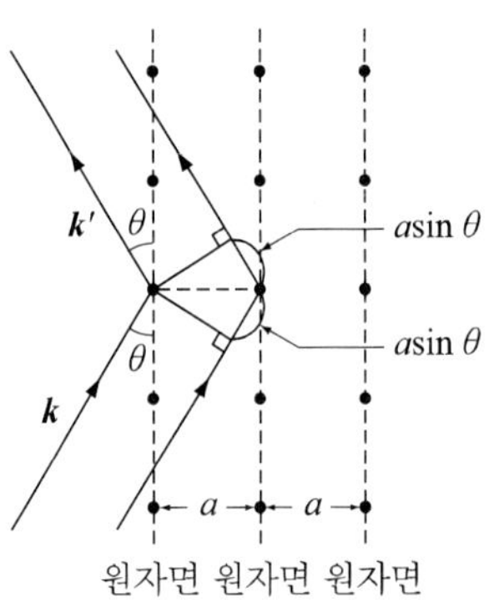

그림 2.12 • 전자기파의 결정면에 의한 브래그 반사

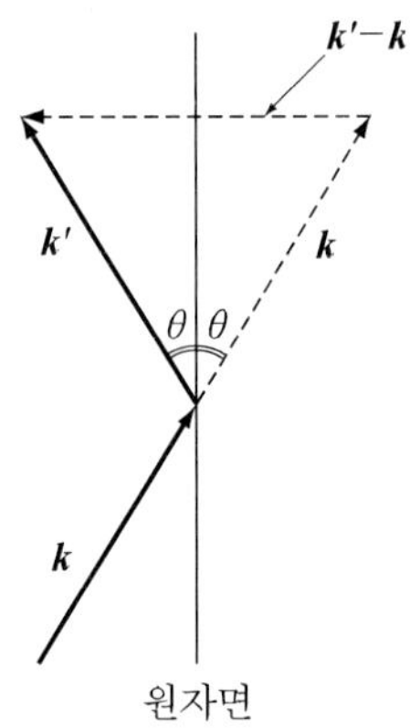

그림 2.13 • 브래그 반사의 입사파 $\boldsymbol{k}$와 반사파 $\boldsymbol{k}'$의 관계

$$k' - k = G \tag{2.55}$$

라고 할 수 있다. 따라서 그림 2.14와 같이 k공간에서 원점으로부터 역살창 벡터 G를 빼면, 식 (2.55)를 만족하는 $\boldsymbol{k}, \boldsymbol{k}'$의 선단은 G를 수직으로 이등분하는 면상에 있다는 것을 알 수 있다.즉, k 공간에서 생각하면 역살창 벡터의 수직 이등분면에서 금지대역이 발생하는 것을 의미 한다. 결정학에서 어떤 결정살창이 주어졌을 때 (예를들면 면심 입방살창 혹은 육방 살창 등), 그에 대해 역살창 벡터 G도 k공간에서 역살창을 형성한다. 이때 G이 수직 이등분면으로 둘러싸인 다면체를 생각할 수 있는데, 이 다면체를 **브릴리앙 대역**라고 한다. 금지대역이 이 브릴리앙 대역의 경계에서 발생하는 것을 알 수 있다. 역살창의 살창점이 원점에서 먼 것일수록 다면체의 체적은 커지지만 이들 다면체 중에서 최소 체적인 것, 즉 원점을 둘러싸고 있는 다면체를 제 1 브릴리앙 대역, 그 외측을 순차로 제 2, 제 3 브릴리앙 대역라고 부른다. 아울러 1차원 결정에서는 브릴리앙 대역은 선으로, 2차원 결정에서는 면으로 나타난다.

그림 2.15(a), (b)에 살창정수 a인 단순살창일 경우의 브릴리앙 대역을 각각 1차원 살창과 2차원 살창에 대해 나타낸다. 그림 2.15(c)는 몇 가지 결정살창의 제1 브릴리앙 대역 다면체를 나타낸다.

제 1, 제 2, 제 3 등 각 브릴리앙 대역의 체적은 모두 동일하다. 이는 2차원일 경우에 대한 (이경우는 면적) 그림 2.15(b)에서 확실히 알 수 있다. 그리고 하나의 브릴리앙 대역 중에는 N개의 상태가 있는데, 여기서 N은 결정 중의 원자 수 (엄밀하게는 단위세포의 수)이다.

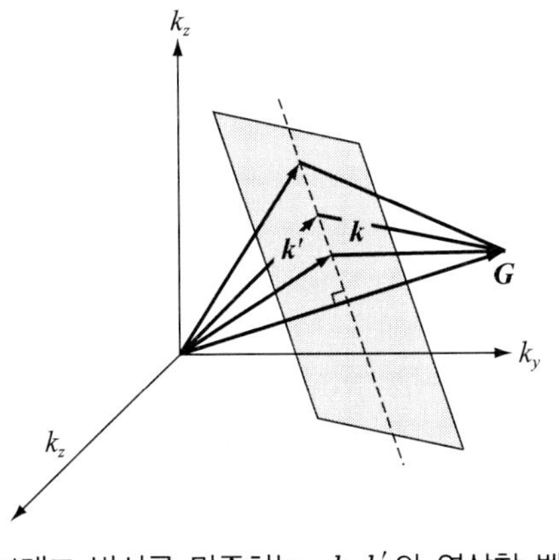

그림 2.14 • 브래그 반사를 만족하는 k, k'와 역살창 벡터 G의 관계

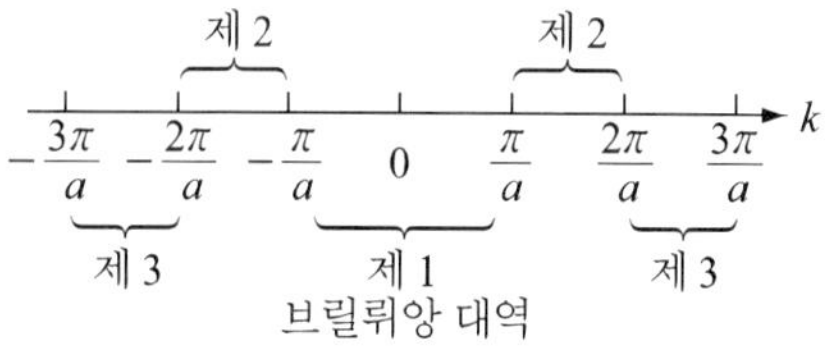

(a) 살창정수 a의 1차원 살창인 경우

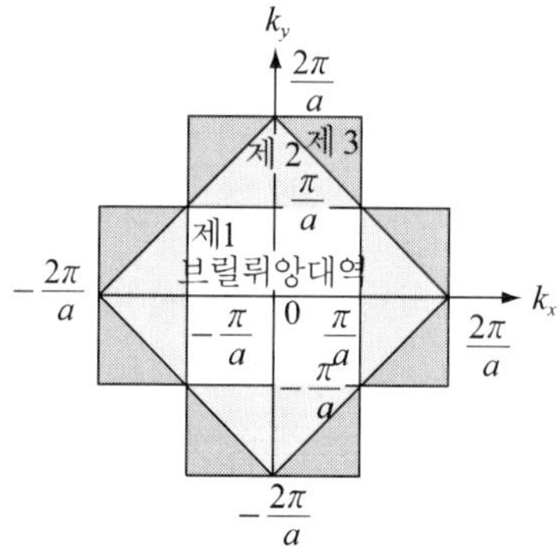

(b) 살창정수 a의 2차원 살창인 경우

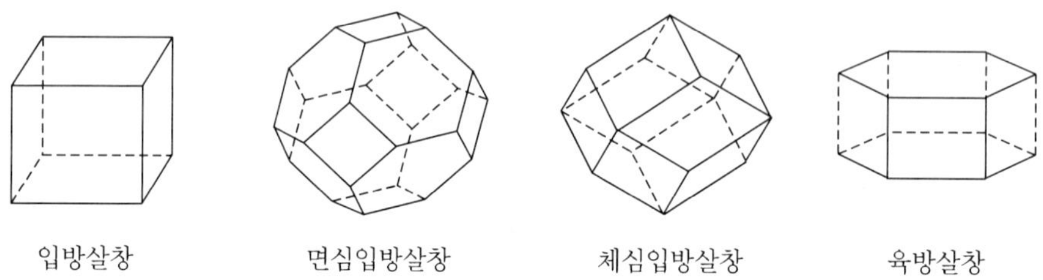

(c) 몇 가지 결정살창에 대한 제1 브릴뤼앙 대역

그림 2.15 • 브릴리앙 대역

결국, 전자기파의 파수 k를 변화시키면 브릴리앙 대역의 경계에서 브래그 반사가 일어나 금지띠가 생기는 것이다. 단, 여기서 주의해야 할 것은 브래그 반사는 예를들면 단순입방 살창에서는 일어나지만, 이것이 좀 더 복잡한 체심, 면심 입방살창, 나아가 면심입방이면서 그 조합으로 구성되는 다이아몬드 살창 등이 되면, **소멸칙**에 의해 브래그 반사가 일어나지 않는 면도 생기게 된다. 소멸칙에 대한 자세한 사항은 X선 결정학 서적을 참조하기 바란다. 또한, 전자기파의 파수 k의 변화에 따라 정확히 브릴리앙 대역에서 금지대역이 발생한다고 하였지만, 이는 어디까지나 k 공간에서 어떤 특정한 방향으로 k가 바뀌는 경우로, 다른 방향으로 변화할 경우에는 다른 에너지에서 금지대역이 발생하므로, 3차원을 생각하면 금지대역이 발생하지 않는 경우도 있다.

예를들면, 그림 2.16(a)와 같이 2차원 k 공간에 등에너지면을 그려보면, [1, 0] 방향에서는 점 A, B에서 금지대역이 발생하지만 (그림(b)), [1, 1] 방향에서는 C, D에서 금지대역이 발생하는 것을 알 수 있다.

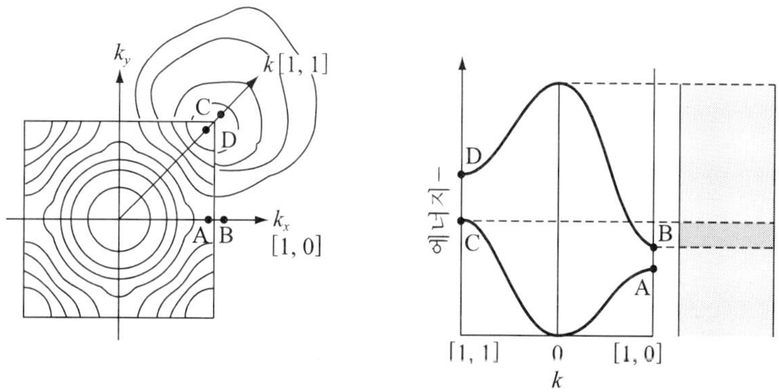

그림 2.16 ● (a) 2차원 k 공간에서의 등에너지면 (b) 금지띠가 발생하지 않을 경우

에너지적으로는 C점 쪽이 A점보다도 높으므로 AB간의 금지대역이 폭이 작을 경우에는 그림(b)와 같이 되어, 결과적으로는 금지대역이 발생하지 않게 된다. 즉, **에너지 띠가 중첩되어 금지대역이 발생하지 않게 된다.**

한편 2.2절에서 식 (2.41)을 E와 k의 관계로 나타내면 그림 2.7과 같다고 설명했지만, 식 (2.41)의 우변 $\cos ka$는

$$\cos ka = \cos(ka \pm 2n\pi) \tag{2.56}$$

이라 할 수 있으므로 $ka \pm 2n\pi$로 해도 E는 변함이 없다. 즉 k를 $k \pm 2n\pi/a$로 해도 E는 변함이 없다. 즉,

$$E(k) = E\left(k \pm \frac{2n\pi}{a}\right) = E(k \pm G) \tag{2.57}$$

이기 때문에, E는 k에 대하여 주기가 역살창 벡터 G인 주기함수가 된다. 이를 표시하면 그림 2.17(a)와 같다. 이는 k를 $2\pi/a$의 정수배만큼 이동시켜도 아무런 변화가 없다는 것을 의미하기 때문에, 제 2, 제 3, …… 브릴리앙대역 안에 있는 것은 k를 이동시켜 제 1 브릴리앙 대역으로 환원하여 생각해도 무방하다.

이를 **환원 대역 방식**이라고 하고, 그림 2.17(b)에 나타낸다. 이에 비하여, 앞에 나타낸 그림 2.7를 **확장 대역**, 그림 2.17(a)를 **주기적 대역 방식**이라고 부른다.

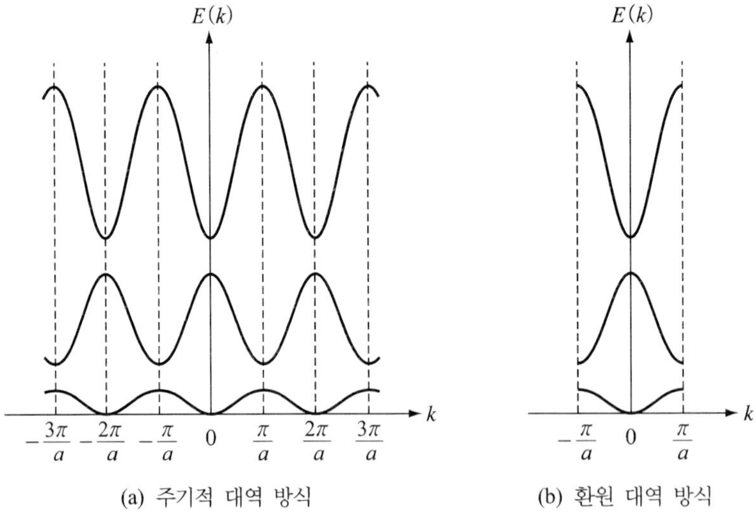

그림 2.17 • $E-k$ 곡선

2.5 무살창 대역과 에너지 띠 그림

대표적인 반도체 Ge, Si, GaAs 등은 다이아몬드 구조를 가지며, 면심입방살창에 속한다. 면심입방살창의 역살창은 체심입방살창이다. 역살창 벡터는

$$\boldsymbol{G} = n_1\boldsymbol{a}^* + n_2\boldsymbol{b}^* + n_3\boldsymbol{c}^* \tag{2.58}$$

로 표시할 수 있는데, 역살창 단위벡터를 대입하면,

$$\boldsymbol{G} = \frac{2\pi}{a}\left[(n_1 - n_2 + n_3)\boldsymbol{i} + (n_1 + n_2 - n_3)\boldsymbol{j} + (-n_1 + n_2 + n_3)\boldsymbol{k}\right] \tag{2.59}$$

을 얻을 수 있다. 식 (2.57)은 3차원적으로는

$$E(\boldsymbol{k}) = (\boldsymbol{k} + \boldsymbol{G}) \tag{2.60}$$

라 할 수 있으므로

$$E(\boldsymbol{k}) = \frac{\hbar^2\boldsymbol{k}^2}{2m} = \frac{\hbar^2}{2m}(\boldsymbol{k} + \boldsymbol{G})^2 \tag{2.61}$$

라 할 수 있다. 간략히 하기위해 단위계를 적당히 골라,

$$E(\boldsymbol{k})=(\boldsymbol{k}+\boldsymbol{G})^2 \tag{2.62}$$

로 표시하고, $\boldsymbol{G}$를 $2\pi/a$의 단위로 나타내면, 식 (2.59)에서 식 (2.62)는

$$E(k)=\left\{\left[k_x+(n_1-n_2+n_3)\right]^2+\left[k_y+(n_1+n_2-n_3)\right]^2+\left[k_z+(-n_1+n_2+n_3)\right]^2\right\} \tag{2.63}$$

이 된다.

이제 금지대역을 무시하고 E와 k의 관세를 표시하넌 어놓게 될까. 이를 부살장 띠라 한다. 예를들면 k 공간의 [100] 방향을 생각해 보자. 식 (2.63)에서 k_y=k_z=0로 하면

$$E(k)=\left\{k_x+(n_1-n_2+n_3)\right\}^2+(n_1+n_2-n_3)^2+(-n_1+n_2+n_3)^2 \tag{2.64}$$

이기 때문에, 가장 낮은 E는 이것을 A로 하여

$$A:\quad E=k_x^2 \tag{2.65}$$

이며, 이때 n_1, n_2, n_3의 조합은 $n_1=n_2=n_3=0$라는 한 가지 밖에 없다. 즉, E는 **1중 축퇴** (혹은 축퇴가 없음)라 할 수 있다. 다음으로 낮은 E는

$$E=(k_x\pm 1)^2+(\pm 1)^2+(\pm 1)^2 \tag{2.66}$$

이지만, 이것은

$$B:\quad E=(k_x-1)^2+2 \tag{2.67}$$

과

$$C:\quad E=(k_x+1)^2+2 \tag{2.68}$$

로 나눌 수 있으며, B도 C도 n_1, n_2, n_3의 조합은 네 가지, 즉 **4중 축퇴**하고 있다.

다음은

$$D:\quad E=(k_x+2)^2\ \text{(1중 축퇴)} \tag{2.69}$$

$$E:\quad E=(k_x-2)^2\ \text{(1중 축퇴)} \tag{2.70}$$

$$F:\quad E=k_x^2+4\ \text{(4중 축퇴)} \tag{2.71}$$

이 된다. 이와 같이 k 공간의 어떤 방향에 대해 무살창 띠의 $E-k$곡선을 그릴 수 있다.

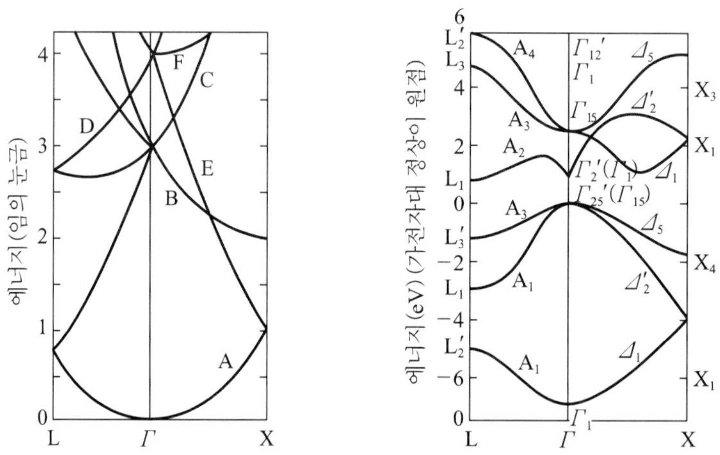

(a) 다이아몬드 구조의 에너지 띠 (b) 다이아몬드 구조에 대한 에너지 띠

그림 2.18

그림 2.18(a)에 다이아몬드 구조의 무살창 띠 에너지 띠 그림을 나타낸다. 그림은 앞서 서술한 [100] 방향에 따라 구한 값과 [111]방향의 값을 함께 나타내고 있으며, 원점에서 우측이 [100] 방향, 좌측이 [111] 방향을 나타낸다. 에너지 띠 구조는 이와 같이 몇 가지 방향을 동시에 표시하는 경우가 많다. 그림 2.18(b)는 금지대역을 고려한 다이아몬드 구조의 에너지 띠에 대한 계산 예이다. (a)의 무살창 띠와의 유사성을 알 수 있다.

그림 2.19(a), (b), (c)는 다이아몬드 구조를 가지는 대표적인 반도체인 Ge, Si, GaAs에 대한 실제의 에너지 띠 그림을 나타낸 것이다.

그림에서 Γ, Δ, X, L 등의 기호는 대칭성을 나타내는 기호이며, 여기서는 그림 2.20에 나타낸 바와 같이 브릴리앙 대역의 대칭점을 나타내고 있다고 생각하면 된다.

이렇게 실제 에너지 띠를 계산하지 않고도 무살창 띠로 대체적인 형태를 알 수 있다.

그림 2.19를 보면 알 수 있듯이 실제의 에너지 띠 그림은 지금까지 생각해 온 바와 같은 $k=0$ (Γ점)에서 금지대역의 폭이 가장 작은 경우 (그림 2.17(b) 참고)는 오히려 드물었고, 예를들면 Ge에서는 L점에서, Si에서는 X점에서, GaAs에서는 Γ점에서 금지대역의 폭이 가장 작은 경우 (이 폭이 금지대역의 크기가 된다) 등 다양한 경우가 있다 는 점에 주의해야 할 것이다.

즉, 그림 2.17과 같은 간단한 경우에는, 단순입방 살창구조에, 구성 원자의 파동함수가 대칭성이 좋은 s 상태의 경우이지만, 실제의 물질은 매우 복잡한 결정구조를 가지며 원자의 파동함수도 반드시 s 상태만이 아닌 p나 d 상태가 섞여 있기 때문이다.

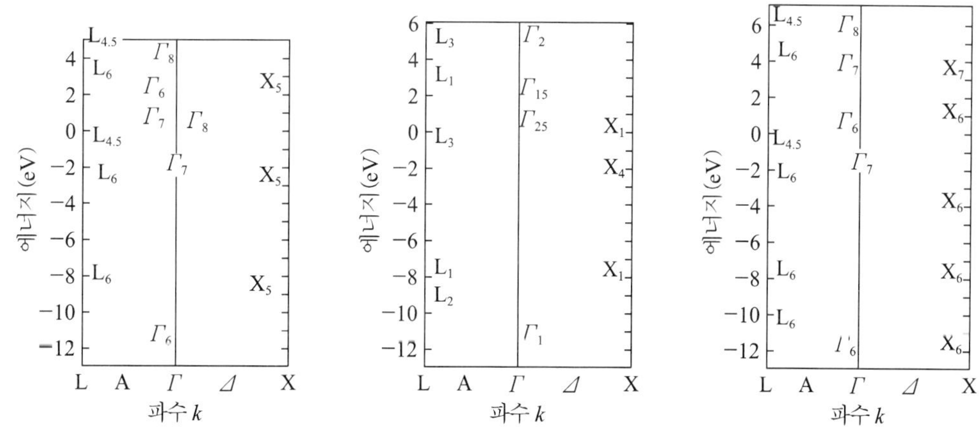

(a) Ge의 띠 구조 (b) Si의 띠 구조 (c) GaAs의 띠 구조

그림 2.19 • 다이아몬드 구조를 가진 대표적 반도체의 띠 구조

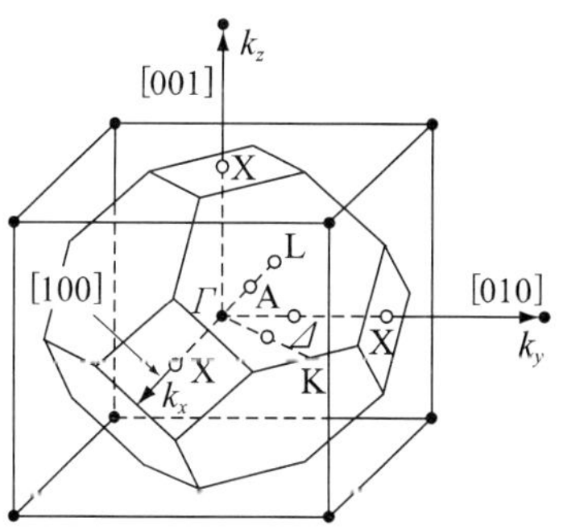

그림 2.20 • 면심입방살창의 제 1 브릴리앙대역과 대칭점

연습문제

2.1 본문 식 (2.5)과 식 (2.6)을 동시에 만족시키려면 식 (2.5)에서 C는 $C^N = 1$을 만족시켜야 함을 증명하라.

2.2 크로닉-페니의 모델에서 주기 a가 3 Å, 포텐셜 폭 b가 1 Å일 때, 포텐셜의 높이 V_0를 5, 10, 15, 20 eV로 변화할 때 허용띠와 금지대역이 어떻게 변화하는지를 조사하라.

CHAPTER 3

전자의 에너지 분포

앞 장에서 주기적 포텐셜 중의 전자가 얻을 수 있는 에너지는 금지대역을 사이로 에너지 띠을 형성하며, 각 띠의 대역은 거의 연속적이라고 간주할 수 있을 정도로 근소한 에너지 차로 연결된 에너지 준위로 구성되어, 정확히 결정내의 원자수 (엄밀하게는 단위세포 수)만큼의 상태를 포함하고 있다는 것을 배웠다. 결정중의 전자는 이러한 상태를 낮은 에너지로부터 순차적으로 어떤 분포원칙에 따라 가지게 되는데, 이 장에서는 그 분포법칙에 대해 공부하기로 한다.

3.1 통계 분보 법칙과 엔트로피

3.1 통계 분포법칙과 엔트로피

일반적으로 입자의 에너지 분포를 결정하는 분포법칙은 고전통계와 양자통계로 나누어 생각할 수 있다. 고전통계는 고전 물리학의 범위에서 다룰 수 있는 입자 (예를들면 기체 분자)에 대해 적용할 수 있는 것이며, 양자통계는 양자역학에 의해 다루어야 하는 입자 (예를들면 전자)에 대해 적용되는 통계법칙이다. 고전통계와 양자통계의 근본적 차이에 대해 말하자면, 전자는 **구별할 수 있는** 입자를 대상으로 하고 있는데 반해, 후자는 입자를 **구별할 수 없다고** 생각하는 것이다. 고전통계는 **막스웰–볼츠만 통계**라고도 불린다. 양자통계에는 **보즈–아인슈타인 통계**와 **페르미–디락 통계**의 두 종류가 있다. 전자는 하나의 상태를 입자가 몇 개라도 차지하게 되는 경우이며, **광자 (포톤)**, **음자 (포논)** 등은 이 통계를 적용한다. 후자는 하나의 상태가 한 개의 입자밖에 차지할 수 없다는 파울리의 배타율에 따르는 경우로 전자는 이 통계를 적용한다.

한편, 입자의 **에너지 분포**를 구하려면 어떤 에너지 E_i를 가진 m_i개의 상태에 n_i개의 입자를 분포하는 방식이 몇 가지 있는지를 구할 필요가 있다. 이해를 돕기 위해 에너지 E_i의 3개 상태 ($m_i = 3$)에 2개의 입자 ($n_i = 2$)가 분배되는 경우에 대해 막스웰-볼츠만 (M-B) 통계, 보즈-아인슈타인 (B-E) 통계, 페르미-디락 (F-D) 통계에 대해 각각 가능한 분배의 방법을 표시하면 그림 3.1과 같다. 가능한 분배 방법 수를 W_i라고 하면, M-B에서는 $W_i = 9$, B-E에서는 $W_i = 6$, F-D에서는 $W_i = 3$이라는 것을 알 수 있다. 실제로는 총수 N개의 입자가 있을 때, 이를 n_1개, n_2개, …… n_i개, …… n_s개의 그룹으로 나누어 에너지 E_1을 가지는 m_1개의 상태에 n_1개, 에너지 E_2를 가지는 m_2개의 상태에 n_2개, ……, 에너지 E_i를 가진 m_i개의 상태에 n_i개, ……, **에너지 E_s를 가진 m_s개의 상태에 n_s개의 입자를 분배하는 방법의 수** W가 중요하다.

여기서 물론 입자의 총수 N과 전 에너지 E는

$$N = \sum_{i=1}^{s} n_i \tag{3.1}$$

$$E = \sum_{i=1}^{s} E_i n_i \tag{3.2}$$

로 주어진다. 여기서 M-B, B-E, F-D의 각 통계 법칙에 대해 W의 일반식을 도출해 보도록 하겠다.

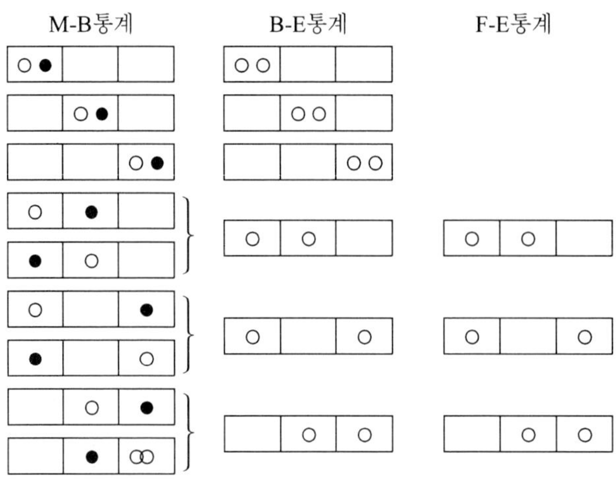

그림 3.1 • 2개의 입자를 3개의 상태로 분배하는 방법

(1) M–B 통계

입자는 서로 구별할 수 있고, 하나의 상태에 몇 개라도 들어갈 수 있는 경우라 할 수 있다. 우선 서로 구별할 수 있는 n_i개의 입자를 m_i개의 상태에 넣는 분포 방법은 $m_i^{n_i}$개이다. 왜냐하면 각 입자는 독립적으로 어떤 상태에도 들어갈 수 있기 때문이다. 따라서 m_1개의 상태에 n_1개, m_2개의 상태에 n_2개, ……, m_i 개의 상태에 n_i 개, …… , m_s 개의 상태에 n_s개 넣는 방법은 i에 대한 곱

$$m_1^{n_1} \cdot m_2^{n_2} \cdots\cdots\cdots m_i^{n_i} \cdots\cdots\cdots m_s^{n_s} \tag{3.3}$$

이다. 한편, 총수 N개의 입자를 n_1개, n_2개, …… , n_i개, ……. , n_s개의 그룹으로 나누는 방법의 수는 입자를 구별할 수 없으면 한 가지 밖에 없지만, 입자를 서로 구별할 수 있는 경우에는 어느 입자를 선택했는지에 따라 달라지기 때문에,

$$\frac{N!}{n_1!\, n_2! \cdots n_i! \cdots n_s!} \tag{3.4}$$

이 된다. 왜냐하면 N개의 입자를 늘어놓는 방법은 $N!$ 가지가 있으며, 각 그룹 내에서 입자를 다시 바꾸어 늘어놓더라도 변함이 없기 때문에, $n_i!$로 나눈다. 따라서 구하는 W은 (3.3)과 (3.4)의 곱

$$W = \frac{N!}{n_1!\, n_2! \cdots n_i! \cdots n_s!} m_1^{n_1} \cdot m_2^{n_2} \cdots m_i^{n_i} \cdots m_s^{n_s} \tag{3.5}$$

$$W = N! \prod_{i=1}^{s} \frac{m_1^{n_i}}{n_i!}$$

으로 주어진다. 여기서 Π은 i에 대한 곱을 나타낸다.

(2) B–E 통계

입자는 서로 구별하기 어렵지만 하나의 상태에 몇 개라도 넣을 경우가 있다. 그렇게 하면 n_i개의 입자를 m_i개의 상태에 넣는 방법 W_i는

$$W_i = \frac{(n_i + m_i - 1)!}{n_i!\,(m_i - 1)!} \tag{3.6}$$

그림 3.2 • 보즈-아인슈타인 통계 공과 나누기 방법의 수를 생각한다.

가지가 된다. 왜냐하면 이는 정확히 m_i개의 상자 속에 구별이 안되는 n_i개의 공을 넣는 방법을 생각하는 것과 같지만, 그림 3.2와 같이 n_i개의 공을 우선 늘어놓고 이를 (m_i-1)개 그룹으로 나누면 된다.

공과 이러한 그룹나누기 방법은 $(n_i+m_i-1)!$ 가지이며, 공끼리, 아울러 그룹들 간에 바꾸어도 변함이 없기 때문에 이를 $n_i!$와 $(m_i-1)!$로 나누어 식 (3.6)이 얻어진다. 결국 구하는 W는

$$W=\prod_{i=1}^{s} W_i=\prod_{i=1}^{s}\frac{(n_i+m_i-1)!}{n_i!(m_i-1)!} \tag{3.7}$$

이 된다.

(3) F-D 통계

입자는 구별이 불가하며, 하나의 상태에는 하나의 입자 밖에 넣을 수 없는 경우이다. m_i개의 상태에 n_i개 ($m_i>n_i$로 한다)의 입자를 분배하는 방식을 구하는 것인데, 이는 그림 3.3과 같이 m_i개 상자 속에 n_i개의 하얀 공 (입자가 들어있는 것을 나타낸다)과 (m_i-n_i)개의 검은 공 (입자가 들어있지 않은 것을 나타낸다)을 분배하는 방식과 같다. 하얀 공과 검은 공의 전부를 늘어놓는 방법은 $m_i!$ 가지인데, 입자는 구별이 안되기 때문에 하얀 공들을 바꿔 넣어도 변함이 없으므로 $n!$로 나누고, 또한 검은 공들을 바꿔 넣어도 변함이 없기 때문에 $(m_i-n_i)!$로 나누어,

$$W_i=\frac{m_i!}{n_i!(m_i-n_i)!} \tag{3.8}$$

이 된다. 따라서 W는

$$W=\prod_{i=1}^{s} W_i=\prod_{i=1}^{s}\frac{m_i!}{n_i!(m_i-n_i)!} \tag{3.9}$$

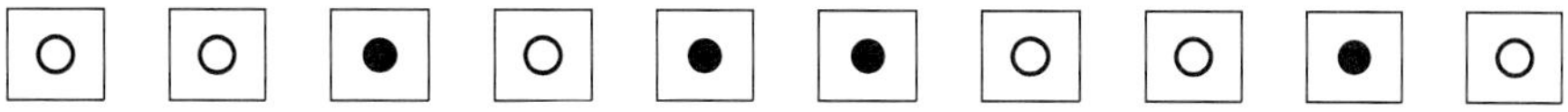

그림 3.3 ◦ 페르미-디락 통계 m_i개의 상자에 n_i개의 하얀 공 (입자가 들어 있는 것을 의미한다)과 $(m_i - n_i)$개의 검은 공 (입자가 들어 있지 않은 것을 의미한다)을 넣는 방법의 수를 생각한다.

가 된다.

한편, 입자의 에너지 분포를 구할 때, W라고 하는 값이 왜 문제가 되는지에 대해 간단히 알아보자. 먼저 **엔트로피**의 개념을 알아야 한다.

자세한 내용은 통계역학이나 열역학에서 다루는데, 간단히 언급하면 엔트로피란 통계학적으로는 **난잡함** 혹은 **무질서함**을 나타내는 양이라 생각할 수 있다. 자연현상은 항상 무질서한 방향으로 향하는데, 예를들면, 컵 속의 물에 파란 잉크를 한 방울 떨어뜨리면, 처음에는 파란 점이지만 파란 색은 점차 물 전체로 퍼져나가 이윽고 푸른색이 된다. 이는 확산이라고 불리는 현상인데, 파랑이 한 군데에 머물렀던 상태는 말하자면 어떤 질서가 있는 상태이며, 전체로 퍼진 상태는 무질서한 상태이다. 기체 분자에 대하여 생각하면 온도가 낮을 때에는 분자의 움직임이 둔하며 분자가 취할 수 있는 속도는 한정되어 있다. 극단적으로 절대온도 0 K에서는 기체분자는 모두 정지하고 있으며, 분자가 취할 수 있는 상태는 "정지해 있다"라고 하는 단 하나의 상태가 된다. 전술한 W로 말하자면 $W=1$이며, 엔트로피는 0이다. 온도가 높아질수록 분자의 움직임은 활발해지며 분자가 취할 수 있는 속도의 종류가 많아진다. 즉 W가 커져 엔트로피 또한 증가한다. 볼츠만에 따르면 W와 S 사이에는 다음과 같은 관계가 있다.

$$S = k \ln W$$
$$(k\text{는 볼츠만 상수}) \qquad (3.10)$$

하나의 입자만을 대상으로 할 때, 혹은 다수의 입자가 있어도 그 입자들이 취할 수 있는 상태가 한 가지 상태 밖에 생각할 수 없을 때, 가장 안정한 상태는, 내부 에너지 U (운동 에너지와 포텐셜 에너지의 합)가 최저인 상태가 된다. 그러나 입자가 다수 있고, 그 입자들이 여러상태를 취하는 것이 가능할 때에는 엔트로피를 생각해야 하며, 따라서 중요한 것은 **자유 에너지**

$$F = U - TS \qquad (3.11)$$

이며, 이 때 F를 최저로 하는 상태가 가장 안정된 상태라 할 수 있다. 따라서 $U=$일정한 상태의 어떤 온도에서 S가 최대인 상태가 되며, 즉 식 (3.10)에 의해 W 또는 $\ln W$를 최대로 하는 상태가 가장 안정한 상태가 된다. 이러한 원리로 전자가 에너지 준위를 취하는 분포법칙으로 페르미-디락 법칙을 도출해 보자.

3.2 페르미-디락 분포함수

페르미-디락 통계는 다음의 두 가지 근본원리에 기초하고 있다.

(1) 전자는 구별이 불가능하다.
(2) 전자는 파울리의 배타율에 따른다.

즉 하나의 상태에는 하나의 전자밖에 들어갈 수 없다. 하지만 어떤 에너지 띠를 생각할 경우, 그 속의 에너지 준위들은 서로 매우 근접해 있기 때문에, 그림 3.4와 같이 에너지가 거의 동일한 그룹 $E_1, E_2, \cdots, E_i, \cdots, E_5$로 나누어 각각의 상태 수를 m_1, m_2, $\cdots$, m_i, $\cdots$ m_s로 했을 때, E_1에 n_1개, E_2에 n_2개, ⋯⋯ , E_i에 n_i개, ⋯⋯ , E_s에 n_s개의 전자를 분배하는 방법의 수를 앞에서 식 (3.9)에서 공부하였다. 즉,

$$W = \prod_{i=1}^{s} \frac{m_i!}{n_i!(m_i - n_i)!}$$

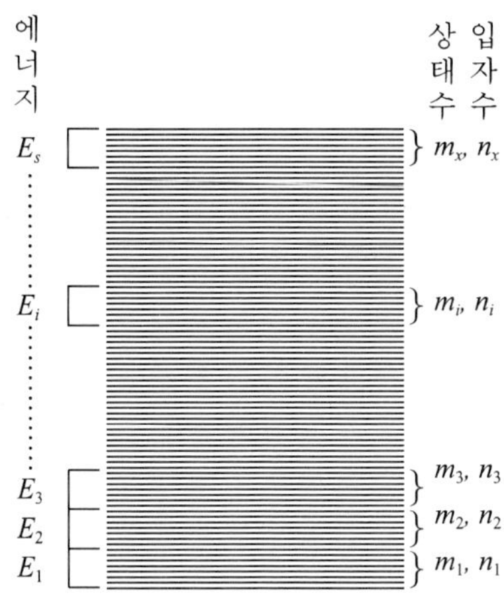

그림 3.4 ● 에너지 띠의 준위를 에너지 크기가 비슷한 E_1, E_2, $\cdots$, E_i, $\cdots$, E_5의 그룹으로 나눈다.

가지이다. 이와 같은 분배방법 중 **가장 일어나기 쉬운 분포**는 서술한 바와 같이 엔트로피 S (식 3.10)를 최대로 하는 것, 즉 $\ln W$를 최대로 하는 것이기 때문에, $\ln W$의 n_i의 미소변화 dn_i에 대한 미분, $d(\ln W)$가 0인 경우이다. 즉 위식에 대수를 취하여, n_i, m_i, $(m_i - n_i)$등이 모두 1보다 매우 큰 수라는 것을 감안하여 **Stiring의 공식**

$$\ln N! \simeq N(\ln N - 1), \quad N \gg 1 \tag{3.12}$$

을 이용하면

$$\begin{aligned} \ln W &= \sum_{i=1}^{s} \left[\ln(m_i!) - \ln(n_i!) - \ln\{(m_i - n_i)!\} \right] \\ &= \sum_{i=1}^{s} \left[m_i \ln m_i - n_i \ln n_i - (m_i - n_i) \ln(m_i - n_i) \right] \end{aligned} \tag{3.13}$$

으로 된다.

다시 n_i에 대하여 미분하면

$$d(\ln W) = \sum_{i-1}^{s} \left[\ln(m_i - n_i) - \ln n_i \right] dn_i \tag{3.14}$$

이 된다.

이 값을 0으로 하면

$$\sum_{i=1}^{s} \left[\ln(m_i - n_i) - \ln n_i \right] dn_i = 0 \tag{3.15}$$

이 된다.

그러나 전체 전자수가 일정하므로, 즉 $\sum_{i=1}^{s} n_i$ 값이 일정하고, 전체 에너지가 일정하므로, 즉 $\sum_{i=1}^{s} E_i n_i$ 값이 일정해야 하므로, 각 $dn_i (i = 1, 2, \cdots, s)$는 독립적이 아니라,

$$\sum_{i=1}^{s} dn_i = 0 \tag{3.16}$$

$$\sum_{i=1}^{s} E_i \, dn_i = 0 \tag{3.17}$$

이라는 조건으로 식 (3.15)를 풀어야 한다. 이런 경우에는 보통 미정계수법을 이용한다. 미정 계수를 α, β로 하여 식 (3.16), 식 (3.17)의 양변을 각각 α배, β배한 식에 식 (3.15)를 더하자.

$$\sum_{i=1}^{s} \alpha \, dn_i = 0 \tag{3.18}$$

$$\sum_{i=1}^{s} \beta \, E_i dn_i = 0 \tag{3.19}$$

$$\sum_{i=1}^{s} \left[\ln(m_i - n_i) - \ln n_i \right] dn_i = 0 \qquad \text{(식 (3.15))}$$

그러면

$$\sum_{i=1}^{s} \left[\ln(m_i - n_i) - \ln n_i + \alpha + \beta E_i \right] dn_i = 0 \tag{3.20}$$

에서

$$\ln(m_i - n_i) - \ln n_i + \alpha + \beta E_i = 0 \tag{3.21}$$

을 얻는다. 여기서

$$\frac{n_i}{m_i} = \frac{1}{1 + \exp(-\alpha - \beta E_i)} \tag{3.22}$$

의 관계를 얻을 수 있다. 이는 E_i라는 에너지 준위 (상태 수는 m_i개)를 n_i개의 전자가 차지하는 확률을 나타내기 때문에, 전자의 에너지 분포함수라고 생각해도 좋다. 다시 미정계수 α, β를 식 (3.18), (3.19)를 만족하도록 정해야하는데, 다음과 같은 물리량에 대응한다는 것을 알 수 있다.

즉, 식 (3.14)과 식 (3.20)에서

$$d(\ln W) = \sum_{i=1}^{s} (-\alpha - \beta E_i) dn_i \tag{3.23}$$

을 얻을 수 있다. 전자의 총수 $\sum_{i=1}^{s} n_i$을 N으로 하고, 전체 에너지 $\sum_{i=1}^{s} n_i E_i$을 E로 하면,

$$d(\ln W) = -\alpha\, dN - \beta\, dE \tag{3.24}$$

라 할 수 있다. 여기서 $S = k \ln W$ 이므로

$$dE = \left(-\frac{\alpha}{\beta}\right) dN - \frac{1}{k\beta} dS \tag{3.25}$$

가 된다. 한편, 열역학 제1법칙에서 자유 에너지의 변화를 dF로 하면,

$$dE - dF + TdS \tag{3.26}$$

라 할 수 있으므로 식 (3.25)와 비교하여

$$\beta = -\frac{1}{kT} \tag{3.27}$$

$$\alpha = \frac{1}{kT}\frac{dF}{dN} \tag{3.28}$$

임을 알 수 있다. dF/dN은 입자 1개가 가지고 있는 자유 에너지라 생각 할 수 있으며, 열역학에서는 **화학 포텐셜**이라고 불리지만, 여기에서는 **페르미 에너지** E_F라 정의한다. 즉,

$$\alpha = \frac{E_F}{kT} \tag{3.29}$$

(3.27), (3.29)를 (3.22)에 대입하여 전자가 에너지 E_i의 준위를 차지하는 확률은,

$$\frac{n_i}{m_i} = \frac{1}{1 + \exp\left(\dfrac{E_i - E_F}{kT}\right)} \tag{3.30}$$

임을 알 수 있다. 이를 일반화하여 **전자가 에너지 E의 준위를 차지하는 확률**을 $f(E)$라 하면,

$$f(E) = \frac{1}{1 + \exp\left(\dfrac{E - E_F}{kT}\right)} \tag{3.31}$$

이 된다. $f(E)$를 **페르미-디락 분포함수**라 한다.

3.3 페르미-디락 분포함수의 성질

$f(E)$를 E의 함수로 나타내면 그림 3.5와 같다. $T=0$일 경우에는 $E<E_F$에 대해서 $E-E_F<0$이기 때문에

$$\exp\{(E-E_F)/kT\}|_{T=0}=\exp(-\infty)=0$$

이 되며 $f(E)=1$이다.

한편 $E>E_F$에서 $\exp(\infty)=\infty$가 되어 $f(E)=0$이 된다. 따라서 그림과 같이 $E=E_F$에서 분포함수 값은 1에서 0으로 이동하는 계단함수가 된다. 한편, $E>E_F$에서는 $\exp(\infty)=\infty$가 되어 $f(E)=0$이 된다. 즉, 0 K에서는 페르미 에너지 E_F이하에서는 전자의 존재확률은 1이지만, E_F이상에서는 0이다. 온도가 올라가면, E_F 보다 큰 에너지상태도 전자가 분포할 수 있게 되며, 그림과 같이 E_F 근방에서 $f(E)$의 형태는 매끈해진다. 그림에서도 알 수 있듯이, E_F는 $f(E)=1/2$이 되는 에너지라고 생각할 수 있다. 그리고 온도와 함께 E_F는 근소하지만 낮은 에너지 측으로 틀어져 있는 것을 알 수 있다. 이 모양을 식으로 나타내면

$$E_F=E_{F0}\left\{1-\frac{\pi^2}{12}\left(\frac{kT}{E_{F0}}\right)^2\right\} \tag{3.32}$$

라고 알려져 있다. 여기서 E_{F0}는 0 K에서의 페르미 에너지이다.

한편 $f(E)\ll 1$의 경우를 생각해보자. 이러한 경우는 전자의 수가 적은 경우에 해당한다. 따라서

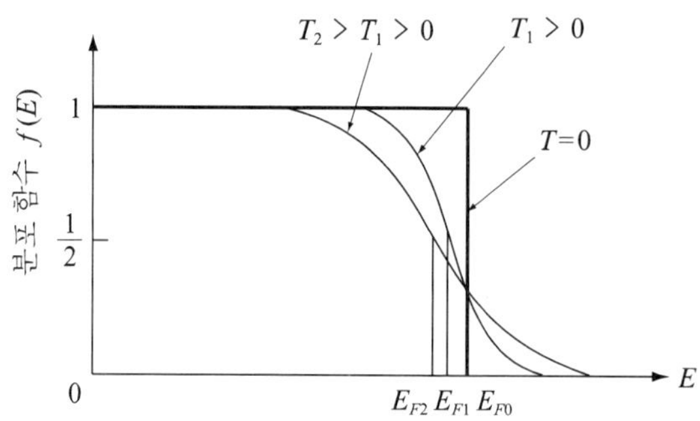

그림 3.5 • 페르미-디락 분포함수 $T_2>T_1$에서 대응하는 페르미 에너지를 E_{F2}, E_{F1}로 나타낸다.

$$\exp\{(E-E_F)/kT\} \gg 1 \tag{3.33}$$

이므로, 분모의 1을 무시할 수 있어

$$f(E) \simeq \exp\{-(E-E_F)/kT\} \tag{3.34}$$

라 할 수 있다. 이는 막스웰-볼츠만의 분포함수와 같은 형태이다. 즉, $f(E) \ll 1$일 때에는 페르미-디락 분포함수는 막스웰-볼츠만 분포함수로 근사할 수 있다는 것을 의미하고 있다. $f(E) \ll 1$, 즉 상태의 수에 비해 전자의 수가 매우 적으면 하나의 상태를 하나 이상의 전자가 차지하는 경우가 생기지 않기 때문에, 파울리의 배타율을 생각할 필요가 없어지며, 고전분포인 막스웰-볼츠만 분포로 충분하게 된다. 이는 그림 3.5에서 $T \gg 0$에 대한 $f(E)$의 아래쪽 부분이 지수함수로 근사할 수 있다는 점에 대응한다. 이제 $E-E_F = xkT$라 하고 x값을 7에서 −4까지 변화시켰을 때 $f(E)$ 값 (f_{F-D})을 표 3.1의 첫째 행에 나타낸다.

표 3.1 ● 페르미-디락 분포를 막스웰-볼츠만 분포로 근사시켰을 때의 오차 $\dfrac{E-E_F}{kT}=x$로 하였다.

x	$f_{F-D}=\dfrac{1}{1+\exp x}$	$f_{M-D}=\dfrac{1}{\exp x}$	$\delta=\dfrac{f_{M-D}-f_{F-D}}{f_{M-B}}$ (%)
7	9.1105×10^{-4}	9.1188×10^{-4}	0.091
6	2.4726×10^{-3}	2.4788×10^{-3}	0.25
5	6.6929×10^{-3}	6.7379×10^{-3}	0.67
4	1.7986×10^{-2}	1.8316×10^{-2}	1.8
3	4.7426×10^{-2}	4.9787×10^{-2}	4.7
2	1.1920×10^{-1}	1.3534×10^{-1}	12
1	2.6894×10^{-1}	3.6788×10^{-1}	27
0.7	3.3181×10^{-1}	4.9659×10^{-1}	33
0.5	3.7754×10^{-1}	6.0653×10^{-1}	38
0.3	4.2556×10^{-1}	7.4082×10^{-1}	43
0.1	4.7502×10^{-1}	9.0484×10^{-1}	48
0	3.0000×10^{-1}	1.0000	50
−1	7.3106×10^{-1}	2.7183	73
−2	8.8080×10^{-1}	7.3891	88
−3	9.5257×10^{-1}	2.0086×10	95
−4	9.8201×10^{-1}	5.4598×10	98

$f(E)$를 막스웰-볼츠만 분포로 근사시켰을 때 값, (f_{M-B})을 두 번째 행에 나타냈다. 이 값과 첫째 행의 정확한 값과 비교하여, 오차 $\delta = \dfrac{f_{M-B} - f_{F-D}}{f_{M-B}}$을 셋째 행에 나타냈다. $x > 4$에서 2% 이내로 매우 작아, 막스웰-볼츠만 근사로 충분하다는 것을 알 수 있다. 이러한 점은 반도체에 있어서는 매우 중요한 사항이다. 따라서 금속에서는 전자의 수가 매우 많으므로 페르미-디락 분포를 이용해야 하지만, 반도체에서는 대부분의 경우, 전자의 수가 그리 많지 않으므로 막스웰-볼츠만 분포로 근사시킬 수 있어 수식이 간단해진다.

3.4 전자 밀도

분포함수는 어디까지나 전자가 에너지 상태에 분포되는 확률을 나타내는데 불과하며, 실제 전자가 존재하기 위해서는 전자가 점유된 에너지상태가 존재하여야 한다. 다시 말하면, 전자의 수를 구하기 위해서는 상태의 수에 $f(E)$를 곱해 주어야 한다. 따라서 식 (3.30)을 수정하여

$$n_i = \frac{m_i}{1 + \exp\left(\dfrac{E_i - E_F}{kT}\right)} = f(E_i) \times m_i \tag{3.35}$$

라 하면 이해가 된다. 즉 에너지 E_i의 상태에 있는 전자의 수는 분포함수 $f(E_i)$와 상태의 수 m_i의 곱이 된다. 따라서 전체 전자의 수는

$$n = \sum_i n_i = \sum_i m_i f(E_i) \tag{3.36}$$

이 된다.

이제 E_i가 거의 연속적이라고 생각하면 합을 적분으로 바꿔 놓을 수 있다. 여기서 에너지 $E \sim E + dE$ 사이의 어떤 전자의 밀도 (단위 체적당 수)를 dn이라 하면, 1.3 절에서 정의한 상태밀도, 즉 단위 에너지당, 단위 체적당 상태의 수 $Z(E)$를 이용하여

$$dn = Z(E) f(E) dE \tag{3.37}$$

라 표시할 수 있다. $Z(E)dE$는 에너지 $E \sim E + dE$ 사이에 있는 단위 체적당 상태의 수이며, 여기에 분포함수 $f(E)$를 곱하면 $E \sim E + dE$ 사이에 있는 전자밀도는 dn이 되기

때문이다. $Z(E)$가 1장의 식 (1.61)으로 주어질 경우, $Z(E)f(E)$는 그림 3.6에 나타낸 바와 같은 곡선이 되며, 전체 전자밀도

$$n = \int_0^\infty f(E)\, Z(E) dE \tag{3.38}$$

는 그림에서 그림자 부분의 면적과 같다. 그림 3.6(a)는 $T = 0\,\mathrm{K}$, (b)는 $T > 0\,\mathrm{K}$일 경우이다.

보통 금속이나 반노제 중의 전자밀도 n이 주어져, 반대로 페르미 에너지 E_F를 구하는 경우가 많다. 즉 실험적으로 n을 구하여 (예를들면 Hall 효과 측정에서), E_F를 얻을 수 있다. 한 예로 $T = 0\,\mathrm{K}$에서 금속 중 자유전자 밀도 n에서 페르미 에너지 E_{FO}를 구해 보자. 식 (1.61)과 식 (3.38)에서

$$\begin{aligned} n &= \int_0^\infty f(E) Z(E) dE \\ &= \int_0^\infty f(E) \cdot 4\pi \left(\frac{2m}{h^2}\right)^{3/2} E^{1/2}\, dE \end{aligned} \tag{3.39}$$

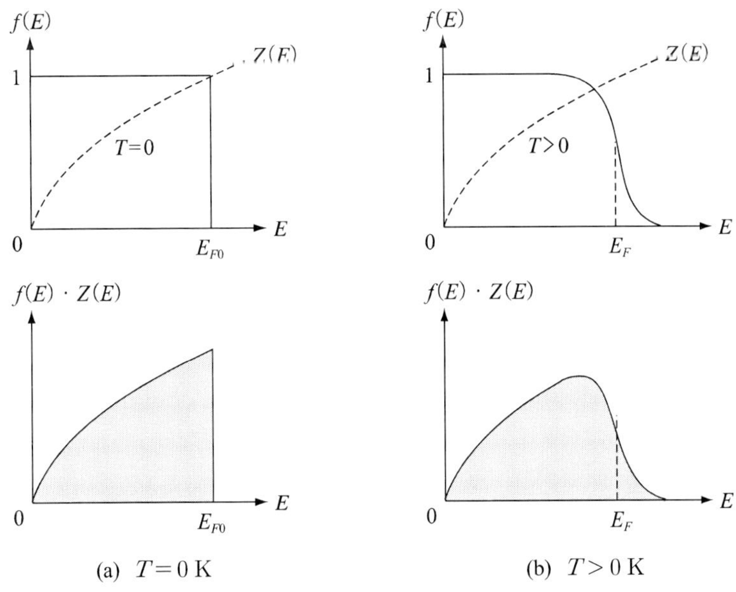

그림 3.6 ● 분포함수와 상태밀도를 곱하여 적분하면 전자밀도가 된다.

가 되는데, $T=0\,\mathrm{K}$에서 $f(E)$는 그림 3.5에 나타낸 바와 같은 계단함수이기 때문에, 식 (3.39)의 적분을 둘로 나누어

$$n=\int_{0}^{E_{F0}} f(E)\cdot 4\pi\left(\frac{2m}{h^2}\right)^{3/2} E^{1/2}dE+\int_{E_{F0}}^{\infty} f(E)\cdot 4\pi\left(\frac{2m}{h^2}\right)^{3/2} E^{1/2}dE \tag{3.40}$$

으로 하면 제1항에서는 $f(E)=1$, 제2항에서 $f(E)=0$라 할 수 있으므로, 제1항의 적분만 남아

$$n=\int_{0}^{E_{F0}} 4\pi\left(\frac{2m}{h^2}\right)^{3/2} E^{1/2}dE \tag{3.41}$$

가 되며, 여기서

$$E_{F0}=\frac{h^2}{2m}\left(\frac{3n}{8\pi}\right)^{2/3} \tag{3.42}$$

을 얻을 수 있다. 따라서 금속에서 n 값을 넣어 E_{F0}를 계산하면 수 eV의 값을 얻을 수 있음을 알 수 있다.

연습문제

3.1 페르미-디락 분포함수는 다음과 같은 성질이 있음을 증명하라.

(a) $T=0\,\mathrm{K}$에서 $E<E_F$일 때 $f(E)=1$, $E>E_F$일 때 $f(E)=0$

(b) 임의의 온도 T에서 $f(E_F,\,T)=\dfrac{1}{2}$

(c) 임의 온도 T에서 $f(E,\,T)$는 점$\left(E=E_F\,,\,f=\dfrac{1}{2}\right)$에 대하여 대칭이다.

(d) 온도 T에서 $f(E,\,T)$는 E_F의 근방 $3kT$ 폭 안에서 큰 변화를 가진다.

(e) $f(E,\,T)$는 $E-E_F\gg kT$의 극한에서 막스웰-볼츠만 분포에 근접한다.

3.2 300K에서 전자가 차지하는 비율이 10^{-2} 이하가 될 때, 에너지를 구하라. 단 $E_F = 8\text{ eV}$로 한다.

3.3 0 K에서 Cu의 페르미에너지와 그 때의 전자속도를 구하라. 단 Cu의 밀도는 $8.94 \times 10^3\text{ kg/m}^3$이다.

3.4 0 K에서의 자유전자의 단위 체적당 운동에너지 E_0는

$$E_0 = \frac{3}{5} n E_{F0}$$

가 됨을 유도하라. 단 n은 단위 체적당 전자수, E_{F0}는 0 K에서의 페르미 에너지이다.

3.5 Stiring의 공식 (본문 식 (3.12))

$$In\, N! \simeq N(\text{In}\, N - 1) \qquad N \gg 1$$

을 증명하라.

CHAPTER 4

전자의 운동

앞에서 결정중의 전자 에너지상태는 에너지 띠를 형성하고, 그 에너지 띠 중의 각각의 에너지상태를, 전자가 페르미-디락 통계에 따라 점유하며, 그 에너지 분포는 페르미-디락 분포함수 (3장 식 (3.31))로 표현된다는 것을 배웠다. 이 장에서는 결정 중에서 전기장과 같은 외력이 전자에 작용하는 경우의 전자의 운동을 공부하자.

4.1 전자의 운동방정식

결정 중에서 전자가 운동하여 전류가 흐를 때, 우리들은 전자를 입자로만 생각해 왔다. 그렇다면 입자로서의 전자운동은 지금까지 공부한 파동으로서의 전자운동과 어떻게 대응되는 것일까? 간단히 생각할 수 있는 것은 전자의 존재확률이 최대값을 가지게 되는 장소가, 입자로서의 전자가 존재하고 있는 장소이며, 그 움직임이 전자의 운동일 것이라는 것이다. 전자의 존재확률은 파동함수의 절대값의 2승으로 표현됨을 1.1절에서 공부한바 있다. 파수 k의 1차원 자유전자 파동함수 $\Psi(x,t)= A\,exp\,i(kx-wt)$을 고려하면, 이 때 존재확률은

$$\Psi^*(x,t)\Psi(x,t) = A^2 \tag{4.1}$$

이며, 위치에 의존하지 않는 일정한 값이 되기 때문에 전자가 어디에 위치하는지 모르게 된다. 이는 전자의 파수, 즉 입자적으로 운동량을 일정값이라 한정했기 때문이며, 불확정성 원리에 따르면 운동량과 위치와는 동시에 정확히 측정할 수 없으므로, 한쪽을 정확히 하면 다른 쪽은 부정확해진다 (1.3절). 따라서 전자의 위치를 알기 위해서는 그때의 운동

량에 어느 정도의 부정확성을 인정해야 한다. 이는 파수 k에 어느정도 폭을 가지게 하는 것이며, $k \pm \Delta k$ 영역의 파를 합성하여 소위 말하는 **파속**을 만드는데 대응된다. 예를들면 파장이 조금 다른 두 개의 파를 합성하면 그림 4.1(a), (b)에서와 같이 합성파가 얻어지는데, 세 개의 파를 합성하면 최대진폭은 커지지만 그 간격은 확대되며, 파의 수를 더욱 늘리면 궁극적으로는 최대진폭의 간격이 무한으로 확대되어 (c)와 같은 파의 그룹, 즉 파속이 된다. 이 파속의 운동이 입자로서의 전자운동에 대응하고 있다고 생각할 수 있다. 파속의 속도는 파의 **그룹속도**로 주어진다. 두 개의 파를 합성하여 보자. 파장이 조금 다른 두 파를

$$\Psi_1 = Aexp\{i(k_1 x - w_1 t)\} \tag{4.2}$$

$$\Psi_2 = Aexp\{i(k_2 x - w_2 t)\} \tag{4.3}$$

이라 하자. 이 두 파의 합성파는

$$\begin{aligned} \Psi_1 + \Psi_2 &= A\left[\exp\{i(k_1 x - w_1 t)\} + \exp\{i(k_2 x - w_2 t)\}\right] \\ &= 2Acos\frac{1}{2}(\Delta k \cdot x - \Delta w \cdot t) \cdot \exp\{i(kx - wt)\} \end{aligned} \tag{4.4}$$

가 된다. 여기서

$$k = \frac{k_1 + k_2}{2}$$

(a) $x = 0$에서 두 개 파의 최대 변위가 겹쳐 있다.

(b) 합성파의 진폭 A'가 x축 상에 분포

(c) 파속

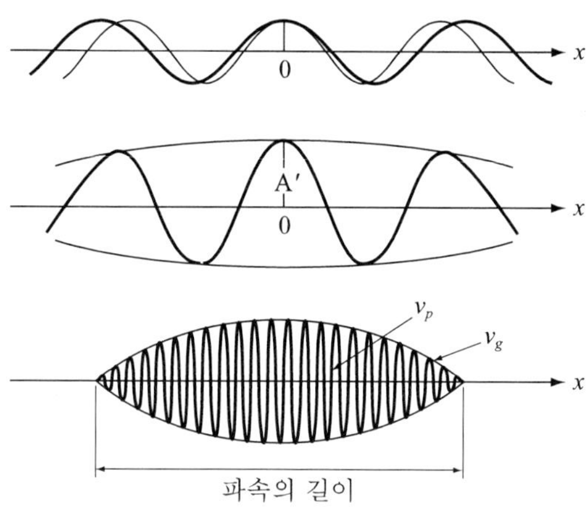

그림 4.1 ◦ 파장이 조금 다른 두 개 파의 합성과 파속

$$w = \frac{w_1 + w_2}{2} \tag{4.5}$$

$$\Delta k = k_1 - k_2$$

$$\Delta w = w_1 - w_2 \tag{4.6}$$

이다. 합성파 즉 파속의 속도는 진폭의 일정 부분이 이동하는 속도라고 생각할 수 있기 때문에, 식 (4.4)에서

$$\Delta k \cdot x - \Delta w \cdot t = const \tag{4.7}$$

로 하여, 이 식을 t로 미분하면

$$\Delta k \cdot \frac{dx}{dt} - \Delta w = 0 \tag{4.8}$$

이 되므로,

$$\frac{dx}{dt} = \frac{\Delta w}{\Delta k} \tag{4.9}$$

기 얻어진다. 일빈화하여 표현하면 파속의 속도 v는

$$v = \frac{dw}{d\boldsymbol{k}} \tag{4.10}$$

즉, 그룹속도로 주어지는 것을 알 수 있다.

이상에서 알 수 있듯이, **입자로서의 전자의 속도는 전자기파의 파속속도와 동일**하다고 할 수 있다. 전자 에너지 E는

$$E = \hbar w \tag{4.11}$$

로 주어지기 때문에 식 (4.10)은

$$v = \frac{1}{\hbar}\frac{dE(\boldsymbol{k})}{d\boldsymbol{k}} \tag{4.12}$$

라 할 수 있다. 여기서 외력 $\boldsymbol{F}$가 작동되었을 때 전자 운동방정식을 구해보자. $\boldsymbol{F}$가 시간 dt동안 작동되었다고 가정하면, 전자 에너지의 증가 dE는 전자의 속도를 v로 하면

$$dE = \boldsymbol{F} \cdot v dt = \frac{\boldsymbol{F}}{\hbar} \cdot \frac{dE(\boldsymbol{k})}{d\boldsymbol{k}} \cdot dt \tag{4.13}$$

으로 표시할 수 있다. 한편,

$$dE = \frac{dE(\boldsymbol{k})}{d\boldsymbol{k}} d\boldsymbol{k} = \frac{dE(\boldsymbol{k})}{d\boldsymbol{k}} \cdot \frac{d\boldsymbol{k}}{dt} \cdot dt \tag{4.14}$$

라 할 수 있으므로 (4.13)과 (4.14)에서

$$\frac{d\boldsymbol{k}}{dt} = \frac{\boldsymbol{F}}{\hbar} \tag{4.15}$$

를 얻을 수 있다. 이것은 상태 $\boldsymbol{k}$에 있는 전자에 외력 $\boldsymbol{F}$가 작동되었을 때의 전자의 운동 방정식이다.

다음 가속도를 구해 보자. 식 (4.12)의 양변을 시간으로 미분하여

$$\frac{dv}{dt} = \frac{1}{\hbar} \frac{d}{dt}\left(\frac{dE}{d\boldsymbol{k}}\right) = \frac{1}{\hbar} \frac{d\boldsymbol{k}}{dt} \frac{d}{d\boldsymbol{k}}\left(\frac{dE}{d\boldsymbol{k}}\right) = \frac{1}{\hbar} \frac{d\boldsymbol{k}}{dt} \frac{d^2 E}{d\boldsymbol{k}^2} \tag{4.16}$$

이 된다. 여기서 $d\boldsymbol{k}/dt$는 식 (4.15)로 주어지므로, 식 (4.16)은

$$\frac{dv}{dt} = \frac{1}{\hbar^2} \frac{d^2 E}{d\boldsymbol{k}^2} \cdot \boldsymbol{F} \tag{4.17}$$

이 된다. 이식은 외력 $\boldsymbol{F}$와 그에 의해 얻어지는 가속도 dv/dt의 관계를 나타내고 있다. 이 식을 고전 운동방정식

$$\frac{dv}{dt} = \frac{1}{m} \boldsymbol{F} \tag{4.18}$$

와 비교하면, 질량 m에 상당하는 양이 식 (4.17)에서 $\left(\frac{1}{\hbar^2} \frac{d^2 E}{d\boldsymbol{k}^2}\right)^{-1}$이며, 이를 m^*라 하면, 즉

$$m^* = \frac{\hbar^2}{\dfrac{d^2 E}{d\boldsymbol{k}^2}} \tag{4.19}$$

에서, 식 (4.17)은

$$\frac{dv}{dt} = \frac{1}{m^*}\boldsymbol{F} \tag{4.20}$$

가 된다. 즉 **주기적 포텐셜장 중의 전자는 마치 질량 m^*의 고전적 입자처럼** 거동한다고 할 수 있다. 이런 의미에서 m^*를 **유효질량**이라 한다. 즉 주기적 포텐셜의 영향이 모두 이 유효질량 개념에 포함되어 있다고 생각할 수 있다. 당연히 m^*는 자유 공간에서의 전자 질량 m과 달리, 물질에 따라 다른 값을 가진다. 일반적으로 m^*/m의 유효질량비로 나타내는 경우가 많다. 표 4.1에 몇몇 반도체 중의 전도전자의 유효질량비를 나타냈다.

표 4.1 ◦ 몇몇 반도체중의 전도전자의 유효질량비

반도체	전도전자의 유효질량비 m_n^*/m
Si (실리콘)	0.33
Ge (저마늄)	0.22
GaAs (갈륨아세나이드 갈륨)	0.067
InSb (인듐안티몬)	0.015

4.2 음의 유효질량

주기적 포텐셜장 중에서 전자의 속도는 식 (4.12)에서 dE/dk에 비례하며, 전자의 유효질량은 식 (4.19)에 의해 d^2E/dk^2에 역비례 한다는 것을 알 수 있다. 이를 그림으로 나타내면 그림 4.2와 같아진다. 여기서 $|k|$ 값이 작을 때는 문제가 없지만, k가 $\pm\pi/\alpha$에 근접할 때, 즉 브래그 반사의 조건에 접근할 때는 재미있는 일이 발생한다. 외력 F에 의해 $|k|$가 증가함에도 불구하고 $|v|$가 감소한다는 것이다. 다시 말하자면, 외력에 의해 전자가 가속되지 않고 오히려 감속된다는 것이다. 유효질량으로 생각하면 그림 4.2(c)와 같이 **음의 유효질량**을 가지게 된다. 이는 무엇을 의미하는 것일까?

그림 4.2(b)에서와 같이 $k=\pm\pi/a$ 에서는 $dE/dk=0$, 즉 $v=0$가 된다. 이는 2.3절에서 공부한 바와 같이, 브래그 반사에 따라 정상파가 생성되고, 전자파동은 결정 중을 진행할 수 없다는 점에 대응한다. k 값이 브래그 반사가 일어나는 π/a에 접근하면 반사파의 성분이 증가하기 시작한다. 전자파동이 반사된다고 하는 것은, 달리 생각하면 전자와 살창간 운동량의 주고 받음이 있어, 전자는 전기장으로부터 받은 운동량을 살창에 주는

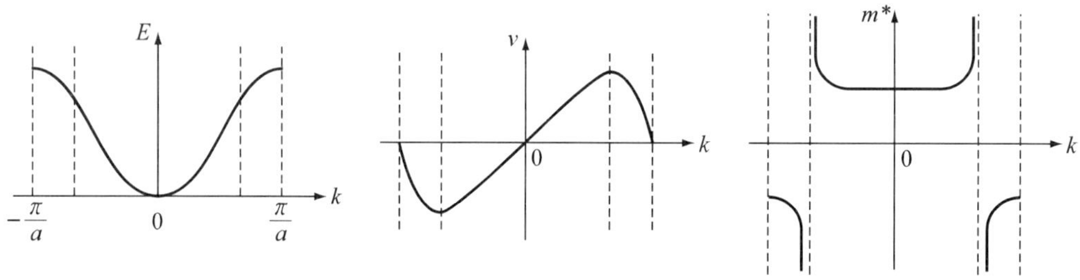

(a) $E(k)$ 곡선 (b) $v(k)$ 곡선 (c) $m^*(k)$ 곡선

그림 4.2 ● 1차원 모델에서의 주기적 포텐셜장 중의 전자 에너지 E, 속도 v, 유효질량 m^*의 k 의존성

것이기 때문에 오히려 감속되어지는 것이다. 운동량 보존법칙으로 나타내면 전기장계와 살창계 전체의 운동량 변화를 ΔP_{total}, 전기장계의 운동량 변화를 ΔP_{etec}, 살창계의 운동량 변화를 $\Delta P_{lattice}$라고 하면,

$$\Delta P_{total} = \Delta P_{elec} + \Delta P_{lattice}$$

또는

$$\Delta P_{elec} = \Delta P_{total} - \Delta P_{lattice} \tag{4.21}$$

이므로, $\Delta P_{lattice}$가 증가하면 ΔP_{etec}는 감소하게 된다.

브래그 반사가 일어나는 k 값 근방에서 유효질량은 음이 된다. 즉, 에너지 띠의 상단 근방에서는 전자의 유효질량은 음의 값을 가지게 되는 것이다. 따라서 전자는 전하도, 질량도 모두 음의 값,

$$e < 0, \ m^* < 0 \tag{4.22}$$

인 입자처럼 행동하게 된다. $m^* < 0$ 입자라는 것은 생각하기 어려우므로 그 대신에 전하가 양의 값이고 질량도 양의 값인,

$$e > 0, \ m^* > 0 \tag{4.23}$$

입자를 가정하여, 이를 양공이라고 하며 가상적인 입자이다. 이처럼 양공의 운동이 실제로는 결합에 관여하는 전자가 빠져나간 후에, 즉 전자가 빠진 구멍의 운동에 대응한다고 생각하면 이해하기 쉽다.

4.3 전기전도 현상

전자의 운동 방정식 (4.15)를 다시 생각해 보자. 외력 F가 전기장 E 인한 힘일 경우

$$\boldsymbol{F} = -e\boldsymbol{E} \tag{4.24}$$

로 나타낼 수 있으므로, 이 때 운동 방정식은

$$\frac{d\boldsymbol{k}}{dt} = -\frac{e\boldsymbol{E}}{\hbar} \tag{4.25}$$

가 된다. 1차원 모델로 생각하면, 그림 4.3(a)에서와 같이, $k=0$인 상태였던 전자에 음의 방향으로 전기장 $\boldsymbol{E}$가 작용한다고 가정하면, 전자는 운동 방정식에 따라 양의 방향으로 가속되고, $E-k$ 곡선에서 k가 증가하는 방향으로 올라간다. $k=\dfrac{\pi}{a}$에 달하면 브래그 반사에 의해 $-k$로 바뀌며, 다시 $E-k$ 곡선상에서 $k=0$로 향해 내려간다. 물론 이와 같은 $E-k$ 곡선상의 전자 이동은 연속적으로 행해지는 것이 아니라, 그림 4.3(b)에서와 같이, 위의 빈 상태로 계속적으로 천이 해가는 불연속적인 이동이라는 것을 잊어서는 안 된다.

하지만 실제로는 결정 중에는 많은 전자가 있고, 그들이 페르미-디릭 분포에 따라 에너지 띠의 준위를 밑에서부터 채우기 때문에, 예를들면 $\boldsymbol{E}=0$에서는 그림 4.4(a)와 같이되어 있을 것이다. 여기서 $k>0$의 영역의 전자수와 $k<0$ 영역에서의 전자수는 동일하며, 즉 $dE/dk>0$인 상태, 즉 $v>0$인 상태에 있는 수와, $dE/dk<0$, 즉 $v<0$인 상태에 있는 수는 동일하며, 따라서 전체적으로는 전류는 흐르지 않는다. 하지만, 예를들면 마이너스 방향으로 전기장이 걸리면, 앞서 설명한 바와 같이 전자의 운동 방정식에 따라

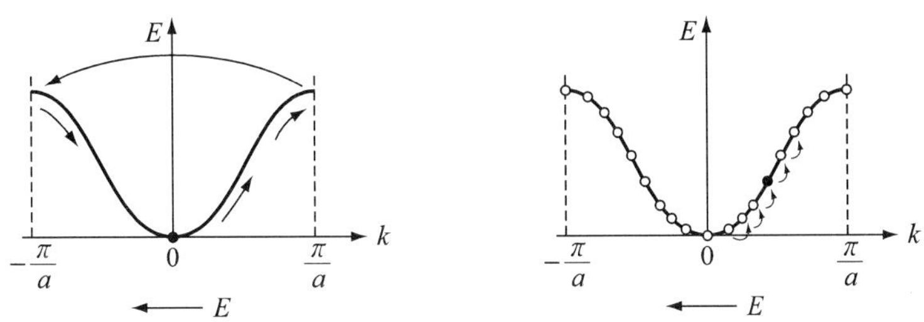

(a) 1차원 $E(k)$ 곡선상의 표시

(b) 실제로는 불연속적인 에너지 변화라는 점을 나타낸다.

그림 4.3 ◦ 전기장 E에 의한 전자의 운동

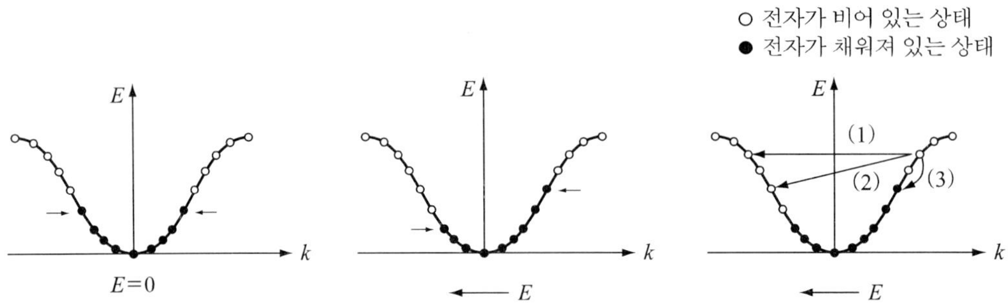

(a) 전기장이 0일 때, 전류는 0 (b) 전기장에 의해 전자의 이동이 발생 (c) 산란과 전기장에 의해 이동이 균형을 이루게 되고 정상 전류가 흐른다.

그림 4.4 ◦ 전기 도전의 설명 (●전자가 채워져 있는 상태, ○전자가 비어 있는 상태)

$E-k$ 곡선상을 양의 방향으로 이동해 나가기 때문에, 그림 4.4(b)와 같이 될 것이다. 그러나 실제로는 주기포텐셜의 틀어짐 때문에 전자파동이 산란되어 전자는 그림 4.4(c)의 (1)과 같이 운동량의 방향만을 바꾸거나, (2)와 같이 운동량의 방향과 동시에 에너지도 감소한다. 또는 (3)과 같이 운동량과 에너지가 약간 감소하여, 결국 전기장에 의한 운동량의 증가와 산란에 의한 감소가 밸런스를 취해 어떤 정상상태가 된다. 예를들면 그림 4.4(c)의 상태에서 정상적이 된다. 이 때 $v>0$ 쪽이 $v<0$ 쪽보다 전자의 수가 많으며, 전체적으로 전자는 양의 방향의 속도를 가지게 되며, 정상전류가 흐르게 된다.

4.4 금속, 절연체, 반도체의 전기전도

앞 절에서 에너지 띠의 일부분을 전자가 채우고 있는 경우의 전기전도 현상을 논하였는데, 전자가 에너지 띠의 준위를 어떻게 채울지는 물질에 따라 다르다. 다음의 세 가지 경우를 생각해 보자.

(1) 전도띠에 일정 에너지 높이까지 전자가 차지하고 있으며, 상부에 빈 준위가 존재할 경우 (그림 4.5).

이 경우는 앞서 설명한 바와 같이, 전기장에 의해 전자는 위의 빈 준위로 옮겨 갈 수 있으므로 그림 4.4에서와 같이 전류가 흐른다. 즉 이 경우, 물질은 금속이 된다.

(2) 전도띠에 위 준위까지 완전히 전자가 차지하고 있으며, 금지대역과 간격을 띄고, 위에 빈 전도띠가 있을 경우 (그림 4.6).

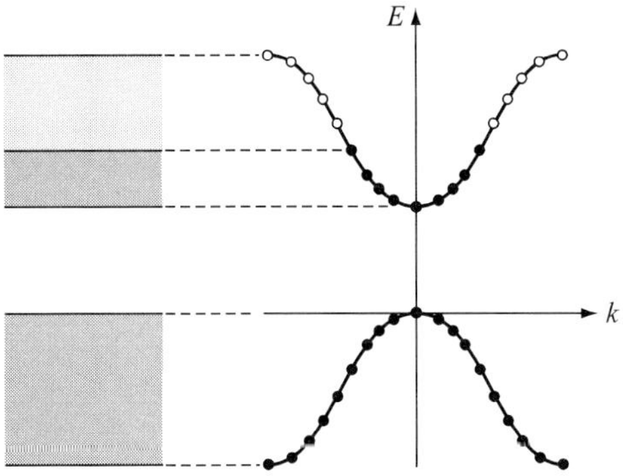

그림 4.5 • 금속 에너지 띠. 하나의 에너지 띠를 어떤 에너지 준위까지 전자가 차지하며 위의 준위는 비었을 때.

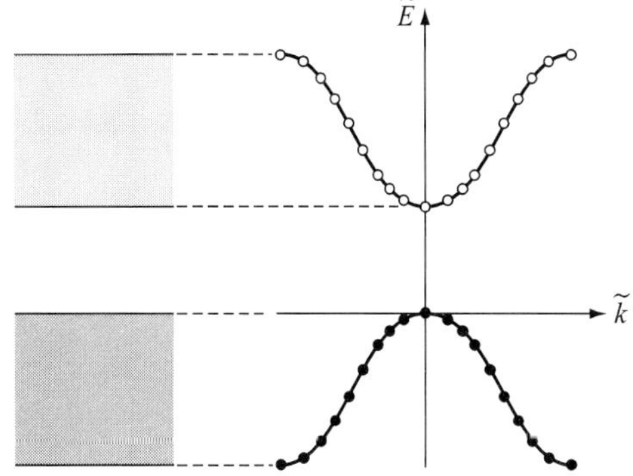

그림 4.6 • 절연체의 에너지 띠. 에너지 띠를 완전히 전자가 차지하고 있으며, 금지대역의 간격을 띄우고 위의 띠가 비었을 때.

이 경우는 그림 4.4(a)에 대응하며, 전기장 E가 없을 때는 그림 4.7(a)와 같이 $v > 0$인 전자의 수와 $v < 0$인 전자의 수가 동일하며, 따라서 전류는 흐르지 않는다. 전기장 E가 주어지면 전자는 운동 방정식에 따라 일제히 그림 4.7(b)와 같이 이동하지만, 상태는 (a)와 마찬가지로 $v > 0$와 $v < 0$의 수가 균형을 이루고 있어 전류는 역시 0이다. 전류가 흐르기 위해서는 전자가 금지대역을 넘어 위의 빈 전도띠로 이동해야 하지만, 그러기 위해서는 큰 에너지를 필요로 하며, 통상의 전기장에서는 불가능하다. 따라서 이와 같은 물질은 절연체가 된다.

(3) 앞의 (2) 경우와 마찬가지로, 금지대역의 폭이 좁아, 전자가 열에너지에 의해 아래 전도띠로부터 위의 전도띠로 이동하는 경우 (그림 4.8).

이 경우는 전도띠가 일부 전자에 의해 차지되어, (1)의 경우와 마찬가지로 전기장에 의해 전류가 흐르지만, (2)의 경우와 다른 점은 그림 4.9에서와 같이, 위 전도띠와 아

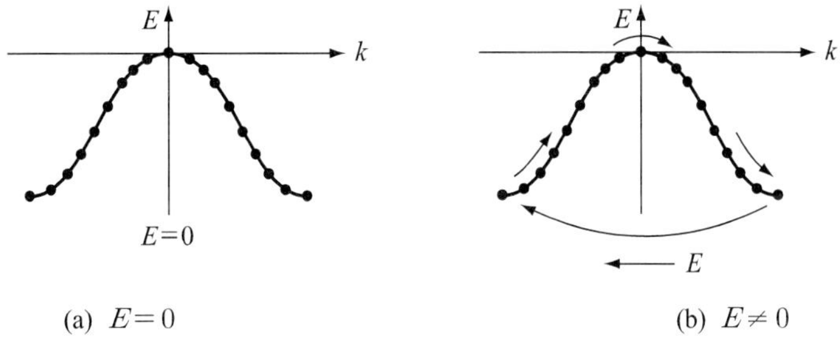

(a) $E=0$ (b) $E \neq 0$

그림 4.7 • 전자에 의해 채워져 있는 에너지 띠

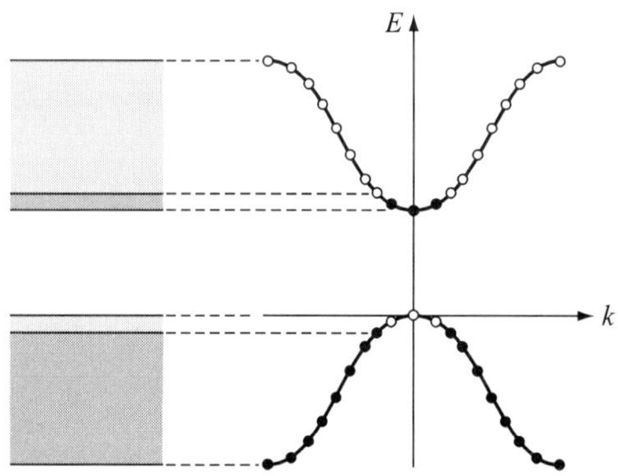

그림 4.8 ● 진성 반도체의 에너지 띠 금지대역의 폭이 좁기 때문에 아래 띠로부터 위의 띠로 전자가 열적으로 여기 되고있다. 아래띠의 위에는 전자가 빈 준위가 생긴다.

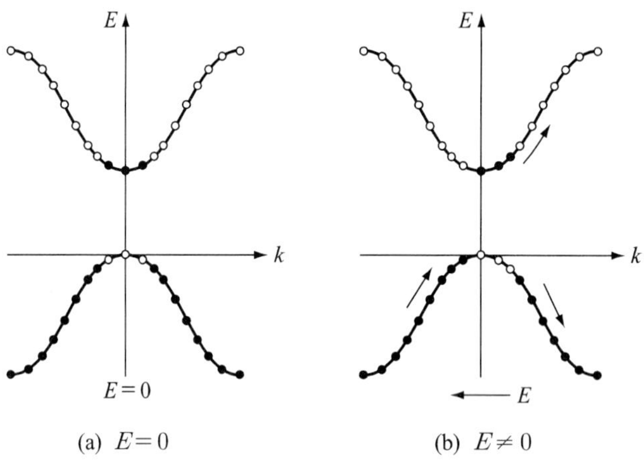

그림 4.9 ● 진성 반도체에서의 전기전도

래 전도띠가 동시에 전류에 기여하는 점이다. 위 전도띠는 전자수가 적고, 아래 전도띠는 윗 부분의 에너지 가까이까지 전자가 차지하고 있으므로, 전자의 이동이 위 에너지 띠에서 일어나는 것과 마찬가지로 아래 에너지 띠에서 빈 준위가 움직이므로 즉 유효질량이 음의 영역의 값을 가진다는 점이다. 이와 같은 물질은 진성 반도체가 된다.

여기서 전도띠의 아래 부분이 거의 채워져 있는 경우의 전도를 생각해 보자. 전도띠의 위에만 빈 상태가 존재하는 그림 4.10과 같은 경우로, 이 그림은 에너지 띠의 윗부분만 나타낸 것이다. (a)의 상태에서 $E=0$로 전류는 흐르지 않는다. 전기장 E가 음의 방향으로 작동하면, (b)와 같이 전자는 조금씩 그림과 같이 오른쪽으로 이동한다. 그림에서는 오른쪽 방향으로 이동하기 때문에, 전자가 빠진 빈자리도 그림에서 오른쪽으로 이동하고

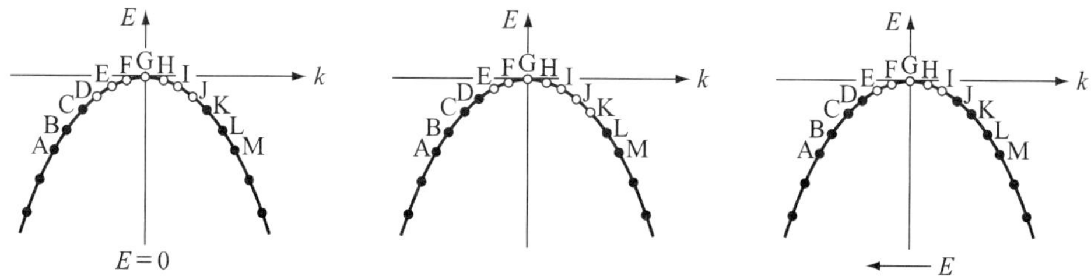

(a) $E=0$

(b) $E\neq 0$

(c) 상태 J와 K를 전자로 채우면 전류=0인 상태가 된다.

그림 4.10 • 양공에 의한 전도

있다는 것을 알 수 있다. 즉 (b)에서 양공 J와 K를 전자가 채웠다고 하면, (c)와 같이 되는데, 이는 (a)와 동일한 상태로, 전류는 0이 된다. J와 K는 $dE/dK<0$ 즉 $v<0$ (이는 E와 동일한 방향)의 상태임에 주의하면, $v<0$인 상태를 음의 전하로 채울 때 전류가 0이 된 것이기 때문에, 채우기 전에 흐르고 있던 전류는 $v<0$ 방향 (E 방향)의 플러스 전하에 의한 것이라고 생각할 수 있다. 이것이 J와 K의 빈자리에 의한 전류이다. 양공은 k 공간에서는 전기장에 의해 전자와 같은 방향으로 움직이지만, 위치 공간에서는 전자와 반대로 전기장 방향으로 움직인다는 점을 알 수 있다. 즉 $e>0$, $m^*>0$인 입자라고 생각할 수 있다.

이와 같이 전도띠의 윗부분에 빈 준위가 있을 때는 $e<0$, $m^*<0$인 전자의 운동을 생각하는 것보다 $e>0$, $m^*>0$인 양공 운동을 생각하는 편이 편리하고, 이 빈자리는 4.2절에서 정의한 양공이라는 것을 알 수 있다.

이상을 수식화 하여 보자. 그림 4.11과 같이 $\boldsymbol{k}_P$의 상태가 비었다고 하면 전류 밀도 $\boldsymbol{J}$는

$$\boldsymbol{J}=\frac{1}{V}\sum_{k\neq kp}(-e)v_k \tag{4.26}$$

이 된다. $\boldsymbol{v}_k$는 $\boldsymbol{k}$ 상태에 있는 전자속도를 나타내며, $\boldsymbol{k}_P$ 상태를 제외한 모든 상태에 대한

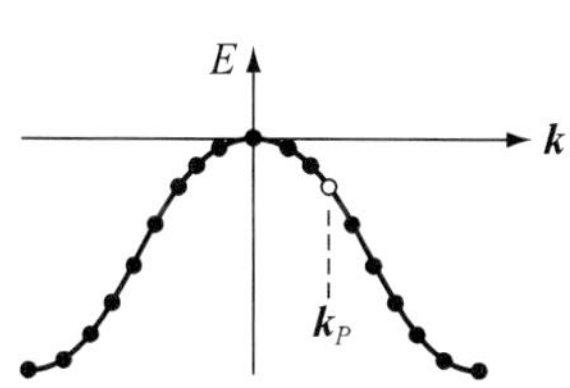

그림 4.11 • 상태 k_P에 양공이 있다.

합을 나타낸다. 여기서 V는 결정의 체적을 나타낸다. 이 식은 다시

$$J = \frac{1}{V}\sum_k (-e)\boldsymbol{v}_k - \frac{1}{V}(-e)\boldsymbol{v}_{kp} \tag{4.27}$$

이라 할 수 있지만, 우변 제1항은 에너지 띠를 전자가 완전히 차지하고 있을 때의 전류밀도를 나타내므로 0이다. 따라서

$$J = \frac{1}{V}e\boldsymbol{v}_{kp} \tag{4.28}$$

가 되며, k_P 상태에 있는 양공에 의한 전류밀도와 같음을 알 수 있다.

이상을 정리하면, 전도띠가 부분적으로 채워져 있는 물질은 금속이 되며, 완전히 채워진 물질은 절연체 또는 반도체가 된다. 절연체와 반도체의 차이는 금지대역의 폭의 차이로, 반도체는 폭이 절연체에 비해 좁기 때문에, 전자와 양공이 생기고 이 전자와 양공에 의해 전기전도가 일어난다. 이와 같은 반도체를 진성 반도체라 한다. 반면 실제로는 반도체에서 보통 불순물에 의한 전기전도가 지배적인데, 이렇게 불순물이 섞인 반도체를 불순물 반도체라 한다.

4.5 고전 전자가스 모델의 전기전도

고전적으로 전기전도 현상을 설명하는 전자 가스모델은 몇 가지 문제점이 있으며, 그러한 문제점들은 양자역학에 기초한 에너지 띠 이론으로 처음 해결할 수 있었다. 제 2장에서 에너지 띠 이론을 공부하였는데, 여기서 고전 전자 가스모델의 문제점이 에너지 띠 이론에 의해 어떻게 해결되는지를 살펴보자.

우선 전기저항의 원인은 결정 중의 전자에 작용하는 포텐셜 '주기성의 틀어짐'에 의한 것으로, 완전히 주기적인 포텐셜장 중에서 전자는 산란하지 않으며 전기저항은 0이 된다. 이는 4.1절에서 설명한 주기적 포텐셜장 중의 전자 운동방정식 (4.15)에서 명확하다. 즉 이 식은 전자의 운동을 방해하는 소위 충돌항, 운동역학에서는 마찰의 항이 포함되지 않은 것에 해당되는데, 외력을 받으면 전자는 가속만 하게 되며 (브래그 반사는 별도), 전기적으로 저항은 0이 된다는 것을 의미한다.

또한 고전 전자 가스모델에서는 금속의 전자비열의 크기를 설명할 수 없는데, 이 문제는

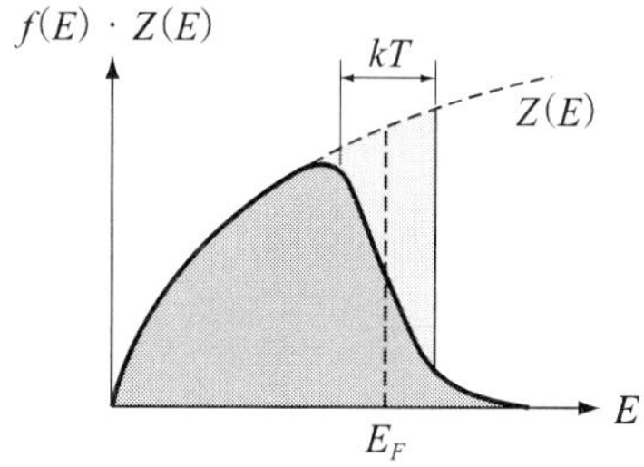

그림 4.12 ◦ 전자비열의 설명 E_F로부터 kT 정도의 에너지 범위의 전자만이 전자비열에 기여한다.

금속에서, 전자가 에너지 띠를 페르미-디락 분포원칙에 따라 부분적으로 차지하고 있는 점을 생각하면 설명할 수 있다. 즉 그림 4.12에 나타낸 것처럼, 외부로부터 열에너지를 받아 보다 높은 에너지 준위로 오를 수 있는 것은 페르미 레벨 근처의 전자뿐이며, 전자비열에 기여하는 전자는 E_F로부터 kT 정도의 에너지 범위에 있는 것만으로 한정된다. 따라서 온도 T에서 에너지 띠 안의 전자 중 전자비열에 관여하는 전자의 비율은 kT/E_F이다. 일반적으로 금속에서 $kT \ll E_F$이므로, $kT/E_F \ll 1$이다. 즉 자유전자가 모두 전자비열에 관여한다 생각하여 도출한 값 $\frac{3}{2}R$ (식 (1.47)) 대신 kT/E_F ($\ll 1$) 배 정도의 작은 값으로 바뀌며, 아울러 실험결과도 설명할 수 있게 되었다.

금속에서 일반적으로 $kT \ll E_F$라는 것은 다음과 같이 알 수 있다. 3.3절에서 설명한 바와 같이, E_F의 값은 $T = 0\,\mathrm{K}$와 $T \neq 0\,\mathrm{K}$에서 그다지 큰 차가 없기 때문에, T=0K에서의 E_F, 즉 E_{F0}로 생각하면 된다. 그러면 금속중의 n은 약 $10^{23}\,\mathrm{cm}^{-3}$이므로 식 (3.42)에 의해 E_{F0}는 수 eV 정도가 된다. 한편 kT는 $T = 10^3\,K$라 해도 약 0.08 eV로, 따라서 일반 온도에서 $kT \ll E_{F0} \sim E_F$라 생각해도 문제없음을 알 수 있다.

금속의 도전율에 관해서도 4.3절에서 설명한 바와 같이, 페르미 레벨 근처의 전자는 산란하게 되는데, 이 경우는 n이 아니라 τ가 문제가 된다. 즉 도전율은 에너지 띠 이론에서도 m을 m^*로 치환하여

$$\sigma = \frac{ne^2\tau}{m^*} \tag{4.29}$$

가 되는데, 여기서 τ는 에너지 E_F에서의 전자의 평균 자유시간으로, n은 에너지 띠 중의 전자밀도이다.

연습문제

4.1 살창간격이 2.5Å인 1차원 결정이 있다. 1 V/cm 및 10^5 V/cm 전기장을 인가할 때, 에너지 띠의 최저 에너지 점에서 최고 에너지 점으로 전자가 이동하는데 필요한 시간을 구하라.

CHAPTER 5

반도체의 전자상태

앞에서 결정중의 전자가 가지는 에너지나 그 분포법칙, 운동 방정식 등에 대해 학습하였다. 이들을 일괄하여 넓은 의미에서 '에너지 띠 이론'이라 하며, 이 에너지 띠 이론을 반도체에 적용하여 보기로 하자.

5.1 반도체의 에너지 띠

고전역학에서는 운동량이나 에너지와 같은 물리량은 연속적으로 변화한다고 생각하고 있지만, 엄밀하게는 근사적으로 취급하는 것으로 실제는 **불연속**적인 값 밖에 가질 수 없다는 것이 양자역학의 결론이다. 전자나 원자와 같은 매우 미세한 세계에서는 고전역학적인 근사는 더 이상 성립하지 않으며, 따라서 양자역학으로 다루어져야 한다. 원자를 구성하고 있는 것은 원자핵과 그 주위를 둘러싼 전자로, 그 전자에너지는 전자가 한 개일 경우의 수소원자를 예로 들면,

$$E = -\frac{R_H}{n^2} \quad (n = 1, 2, 3, \cdots\cdots) \tag{5.1}$$

로 주어진다. R_H는 상수며, 13.6 eV (eV는 에너지 단위이며, 1 eV는 전자가 1V인 전기 포텐셜차로 가속되었을 때에 얻는 에너지이다)의 값을 가진다. E는 그림 5.1에 나타낸 바와 **같이** $n = 1, 2, 3 \cdots$ **의 순서로** 에너지 준위를 형성하며, $n = \infty$, 즉 $E = 0$은 전자가 원자핵에서 먼 쪽에 떨어진 상태를 의미한다 (따라서 원자핵의 주변에 속박되어 있을 때는 음의 에너지를 가진다). 원자 번호가 Z, 즉 원자핵 주위의 전자 수가 Z개인 원자인 경우에는

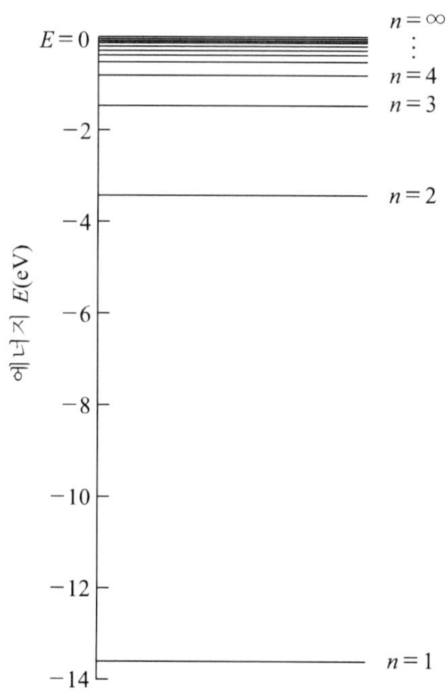

그림 5.1 • 원자의 에너지 준위

$$E = -\frac{R_H}{n^2} Z^2 \tag{5.2}$$

이 된다 (원자핵 주위에 많은 전자가 있으면 차폐 효과에 의해 식 (5.2)의 Z 값은 원자 번호보다 실제로는 다소 작아진다).

한편 고체는 이러한 원자가 모여 그들 사이에 상호작용을 일으키고, 결합력이 발생하여 형성된다고 생각할 수 있다. 아울러 고체중에서도 **결정**이라 불리는 것은 원자가 규칙적으로 배열된 것을 의미하며, 현재 반도체 소자로 크게 활용되고 있는 고체는 대부분 결정이므로 여기서는 결정에 대해서만 공부하기로 한다 (최근에는 원자 배열에 규칙성이 적은 아몰퍼스 물질, 소위 아몰퍼스 반도체도 물성적으로, 또 응용측면에서도 주목되고 있다).

원자가 규칙적으로 배열되면 앞서 설명한 에너지 준위는 어떻게 될까? 이 문제는 그림 5.2(a)와 같이 서로 독립한 N개의 동일 진동자의 진동양식은 단 1개 종류인데 반해, 이들을 (b)와 같이 서로 약한 탄력성을 가지는 용수철로 연결하면, 즉 진동자 사이에 상호작용이 발생하고, N개의 다른 진동양식이 생기는 것과 비슷하다. 원자와 원자의 사이에

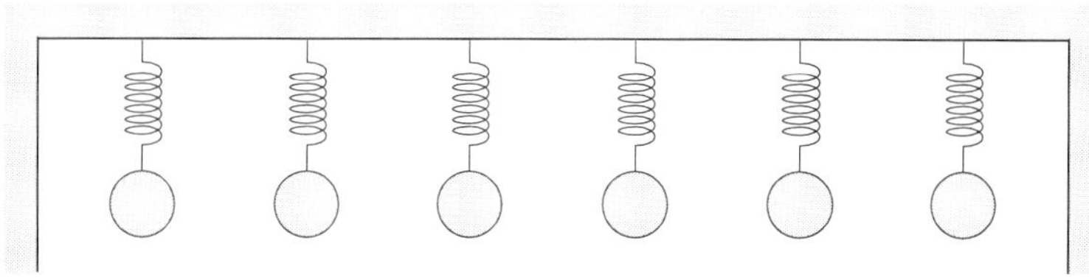

(a) 상호 독립적인 경우

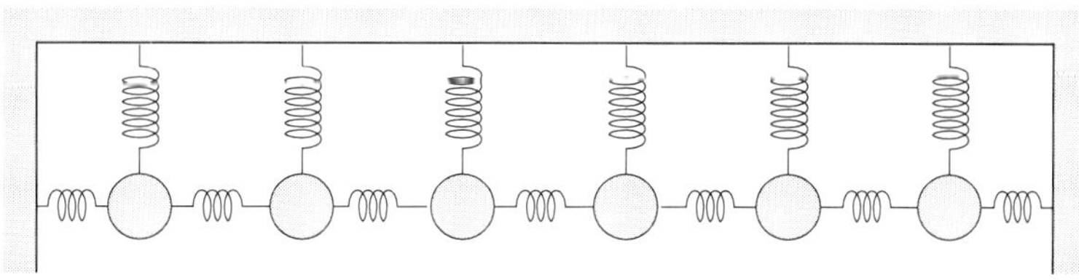

(b) 상호작용 경우

그림 5.2 • 진동자

상호작용이 생기면, 고립된 원자에서는 모두 동일한 에너지 값을 가지던, 즉 단일 에너지준위 (그림 5.1)는 분열하여 에너지준위의 그룹이 된다. 그림 5.3은 원자와 원자간 거리의 함수로 에너지준위의 분열 모습을 모델링 하여 나타낸 것이다. 여기서 중요한 것은 분열하어 발생한 에너시준위의 그룹 간에는 **에너지준위가 없는 영역** (그림에서 E_g로 표시한 영역)이 존재한다는 점이다. 그림에서 결정 중의 전자가 취할 수 있는 에너지 상태를 앞서 「**에너지 띠**」라 하였다. 아울러 에너지준위가 있는 영역을 **허용대역**, 없는 영역을 **금지대역**이라 하였다. 하나의 에너지 띠 속에는 결정 중의 원자수의 2배 만큼의 상태가 포함되어 있다. 그리고 하나의 상태에는 1개의 전자밖에 들어가지 못한다 (이것을 **파울리의 배타율**이라 한다)는 법칙이 있으므로, 하나의 에너지 띠에는 2N개 (N은 원자수)의 전자가 들어가게 된다. 간단히 생각하면, 원자핵 주위의 전자수가 홀수인 것은, 맨 위의 에너지 띠는 절반만 전자로 차지되며, 짝수인 것은 완전히 차지되게 되는데, 그림 5.3에서도 알 수 있듯이, 에너지 띠가 서로 중첩되기 때문에, 실제는 복잡해진다. 그러나 어떤 물질에서는 에너지 띠의 중간까지 전자가 채워져 그보다 위의 준위는 비게 되며, 또 어떤 물질에서는 한 에너지 띠의 윗부분까지 완전히 전자가 채워져 있고 그보다 상위의 에너지 띠는 비어있게 된다.

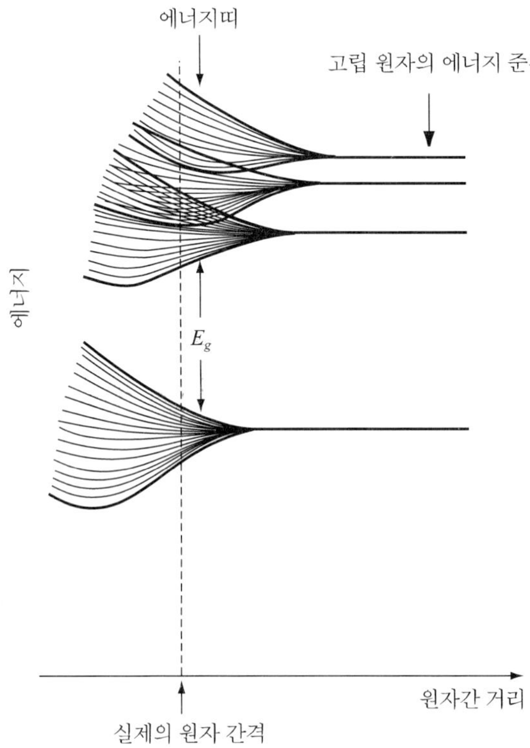

그림 5.3 ● 에너지 준위가 분열되어 에너지 띠가 형성된다.

5.2 금속, 절연체, 반도체의 에너지 띠

앞에서 배운바와 같이 결정 중의 전자 에너지는 에너지 띠를 형성하고 있다. 그리고 이 에너지 띠 속의 준위를 전자가 파울리의 배타율에 위반하지 않도록 에너지가 낮은 준위부터 순서대로 점유해 갈 것이다. 따라서 어떤 물질에서는 그림 5.4(a)와 같이 에너지 띠의 중간까지 전자가 채워져 있는데, 어떤 물질에서는 (b)와 같이 에너지 띠가 완전히 채워지게 된다. 결정중을 전류가 흐른다고 하는 것은 전자가 전기장으로부터 에너지를 받아 움직인다는 것이기 때문에, 에너지 띠 모델에서 말하는 에너지 띠 중의 어떤 준위에 있던 전자가 전기장으로부터 에너지를 받아 보다 높은 에너지 준위로 뛰어 옮겨가는 것을 의미한다. 그러나 파울리의 배타율 때문에 위의 에너지 상태가 전자가 채워져 있으면 뛰어 옮겨갈 수 없다. 에너지 띠가 중간까지밖에 채워져 있지 않은 물질에서는, 전자가 채워져

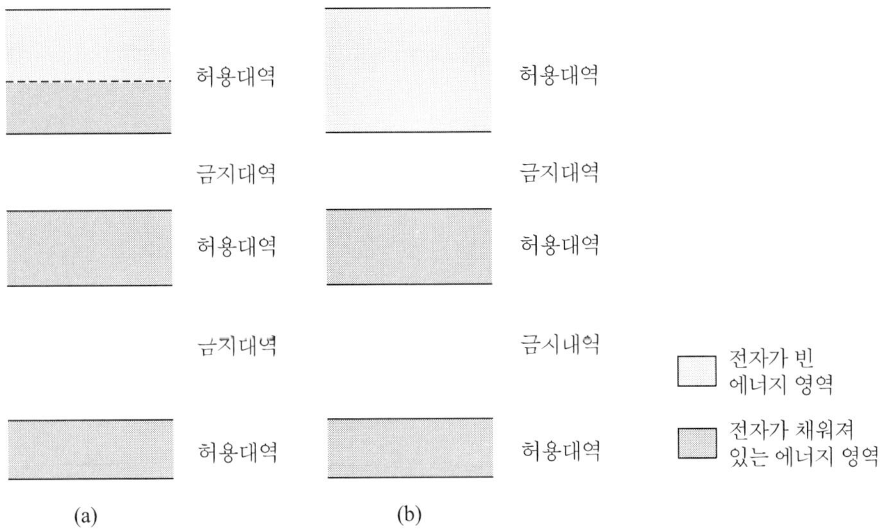

그림 5.4(a) 전자가 허용대역을 일부분 차지하고 있는 경우와 (b) 하부의 에너지 띠에는 완전히 차있으나 상위 허용대역은 빈 경우

있는 최상위 준위의 전자는 바로 위의 준위가 비었기 때문에 전기장 에너지로 위 준위로 올라갈 수 있고, 이 올라간 전자로 인하여 전류가 흐르지만, 에너지 띠가 완전히 채워져 있는 물질에서는 전자가 채워진 최상위 준위 바로 위는 금지대역이 있기 때문에 보통 전기장 에너지로는 금지대역을 뛰어넘어 위의 비어있는 띠까지 올라가지 못하므로 전류가 흐르지 않는다. 즉 금속은 에너지 띠의 중간까지 전자가 채워진 물질이며, 절연체는 에너지 띠가 완전히 채워져 있는 물질이라 할 수 있다. 그러면 반도체는 전자가 어떤 상태의 물질일까?

여기서 채워진 띠와 바로 위의 빈 띠 사이의 금지대역 폭 (이를 **에너지 갭** 이라고 한다)이 중요하다. 에너지 갭은 물질에 따라 다른데, 만일 별로 크지 않으면 아래의 채워진 대역 (이를 **원자가 띠**라고 한다) 으로부터 위의 빈 대역 (이를 **전도띠**라고 한다)에 상당한 수의 전자가 열에너지를 받아 뛰어 옮겨 갈 수 있다고 생각할 수 있다. 따라서 이러한 전자는 전기장으로 전류를 발생시킬 수 있다. 즉, 전도전자가 되는 셈이다. 이와 같은 물질이 반도체가 된다. 즉 절연체와 반도체의 차이는 에너지 갭의 차이에 의한 것이다 (절연체도 0 K가 아니면 반드시 약간의 전자는 전도띠로 뛰어 옮겨가지만, 그 수는 매우 적어 무시할 수 있다. 또한 반도체도 0 K에서는 절연체가 된다). 표 5.1에 여러 가지의 반도체의 에너지 갭을 나타낸다.

표 5.1 ◦ 여러 가지의 반도체, 절연체의 에너지 갭 (300 K)

재료	에너지 갭 E_g[eV]	재료	에너지 갭 E_g[eV]
C	3.4	$\alpha-ZnS$	3.8
Si	1.11	$\beta-ZnS$	3.6
Ge	0.67	CdS	2.53
GaAs	1.43	CdTe	1.50
GaP	2.25	PbS	0.37
InSb	0.17	PbTe	0.29

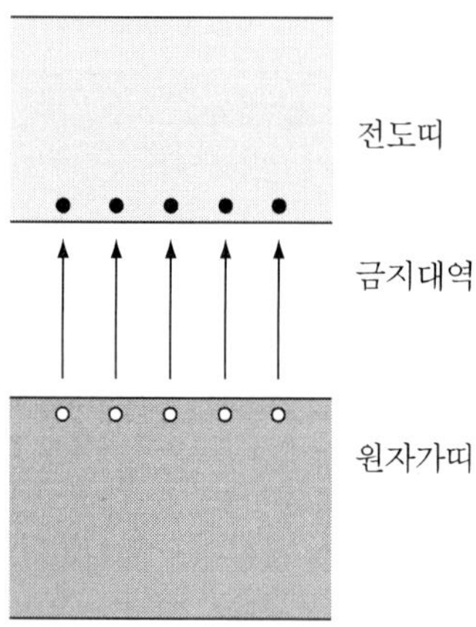

그림 5.5 ◦ 원자가띠에서 전도띠로의 전자 여기에 의한 자유로운 전자와 양공의 생성

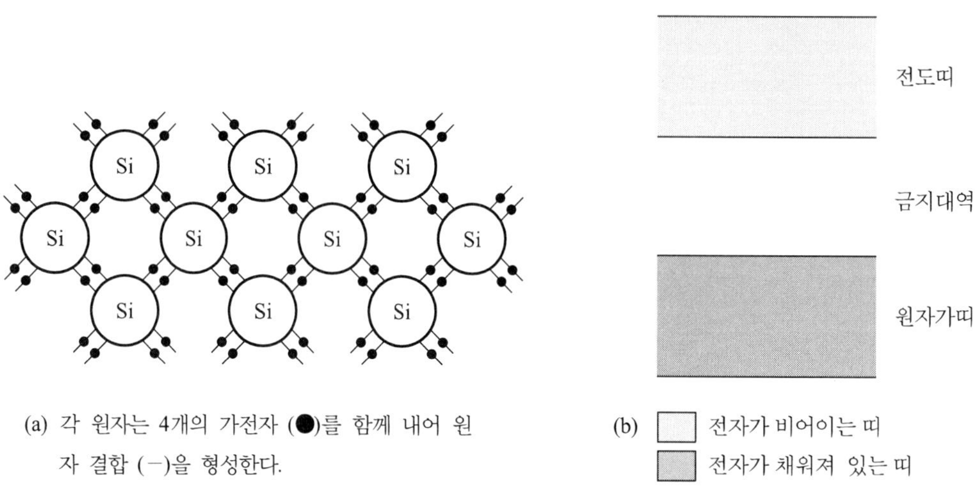

(a) 각 원자는 4개의 가전자 (●)를 함께 내어 원자 결합 (−)을 형성한다.

(b) 전자가 비어이는 띠 / 전자가 채워져 있는 띠

그림 5.6 ◦ 0K에서의 순수한 Si 결정의 원자 결합 모델(a)과 에너지 띠 모델(b)

다만 주의해야 할 것은 원자가띠로부터 전도띠에 전자가 옮겨가면 원자가띠에는 전자가 빠진 준위가 생기고 (그림 5.5), 이 전자가 빠진 상태는 마치 양의 전하를 띤 입자처럼 행동한다. 이것이 앞서 설명한 양공이다. 양공은 전기장에 의해 전기장과 동일 방향으로 운동하여 전류에 기여한다. 즉, **반도체에서는 전도전자와 양공 모두가 전기전도에 관여하게 된다.**

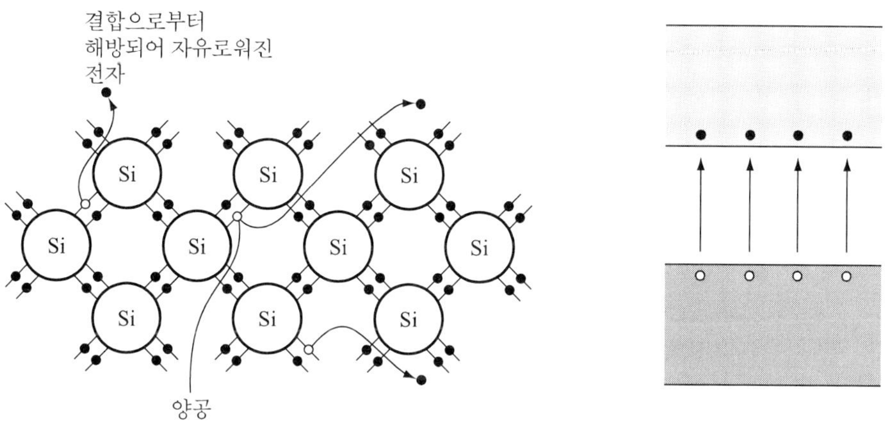

(a) 전자가 원자결합으로부터 열적으로 해방되어 자유로워진다.

(b) 전자가 원자가띠로부터 전도띠로 열적으로 여기된다.

그림 5.7 • $T > 0$ K에서의 순수한 Si 결정의 원자결합 모델(a)와 에너지 띠 모델(b)

5.3 반도체에서 불순물의 역할

최초로 만들어진 트랜지스터는 금속 침을 반도체 표면에 세운 형태로 매우 불안정하였다. 따라서 그 형태에서 발전되지 못하였다면 아마도 오늘날과 같은 반도체 트랜지스터 만능의 시대는 오지 않았을 것이다. 반도체에는 p형과 n형이 있는데, 하나의 반도체 속에 어떤 부분은 p형이며 어떤 부분은 n형인, 즉 하나의 반도체 속에서 p형이 n형으로 바뀌어가는 영역이 있다는 것은 트랜지스터가 발명되기 이전부터 알려져 있었지만, Schokley는 이와 같은 영역 (p-n 접합이라고 한다)을 적극적으로 트랜지스터 작용에 이용하는 실험을 하였다. 먼저 반도체를 p형이나 n형을 만드는데 어떤 문제가 있는지 알아보자.

p형인지 n형인지는 다수 캐리어가 양공인지 전자인지 하는 것으로, 전도에 관여하는

양공 혹은 전자의 수를 바꾸는 요인이 무엇인가? 라는 것이 되는데, 이는 반도체 중에 포함되는 **불순물**인 것이다.

일반적으로 '불순물'이라고 하면 '불필요한 것' 혹은 '있어서는 안 되는 것'이라는 이미지가 강한데, 반도체 공학에서 '불순물'은 '없어서는 안 되는 중요한 것'이라는 점에 주의해야 한다. **적당한 불순물을 적당한 양만큼 넣는 기술**이 현재의 반도체 공업을 뒷받침하고 있는 기본기술 중 하나다. 반면 양공이나 전자를 생성하기위해 의도적으로 주입하는 불순물을 도펀트라하여 불순물과 분리하여 표기하기도 한다. 반도체 중의 불순물에 대한 역할을 좀 더 알아보도록 하자.

반도체에 n형과 p형은 반도체 속에 포함되어 있는 불순물의 종류나 양에 따라 결정되는 것이다. 이를 원자 결합 모델과 에너지 띠 모델을 대비시키면서 학습하여 보자 (여기서 주의해야 할 것은, 에너지 띠 모델은 실제로 몇몇 근본적인 가정위에 성립하는 모델이라는 것을 염두에 둘 필요가 있다 1.2절 참조).

먼저 불순물이나 살창 결함이 전혀 없는 '순수한' 반도체에 대해 생각해 보자 (이와 같은 물질은 실제로는 존재하지 않지만, 이상적인 모델이다). 예를 들어 대표적인 반도체인 Si에 대해 생각해 보자. Si은 주기율표에서 IV족에 속하며, 각 원자는 결합에 관여할 수 있는 전자 (가전자)를 4개씩 가지고 있는데, 이들을 이웃한 원자와 함께 공유하여, 소위 공유결합을 만든다. 이러한 모형은 그림 5.6(a)와 같다. 따라서 0 K에서 '순수한' Si 결정은, 가전자가 모두 원자결합에 관여하고 있어 자유롭게 움직일 수 없기 때문에, 전도전자는 존재하지 않고, 절연체가 된다. 이는 에너지 띠 모델로 설명하면, 그림 5.6(b)와 같이, 원자가띠는 전자가 완전히 차지하고, 전도띠는 전자가 전혀 채워지지 않는다. 그러나 0 K 이상의 온도에서는 공유결합에 참여하였던 전자의 일부는 열에너지에 의해 결합으로부터 해방되어 결정 중을 자유롭게 움직일 수 있게 된다. 또한 결합으로부터 해방된 전자가 빠져나간 상태 (양공)도 열에너지에 의해 이웃 원자로 이동할 수 있다. 전기장이 걸리면 이러한 자유로워진 전자와 양공은 전기전도에 기여하게 된다. 이 모양을 그림 5.7(a)에 나타냈다. 또한 에너지 띠 모델로 표시하면 (b)와 같다.

한편, 이와 같은 순수한 Si 결정에 불순물로, 예를들면 주기율표 V족의 원소인 아센닉(AS)이 들어갔다고 하자. 아센닉 원자는 Si 원자로 치환되는 형식으로 들어가 (불순물에 따라서는 Si 원자간의 틈새로 들어가는 경우도 있다) 주변의 Si 원자와 공유결합을 형성하는데, 아센닉은 V족이기 때문에 가전자가 5개 있어, 1개의 가전자가 남게 된다. 이 1개의전자는 결합에 관여하지 않는 전자로 본래 자유로워야 한다. 그러나 전자 1개를 잃은

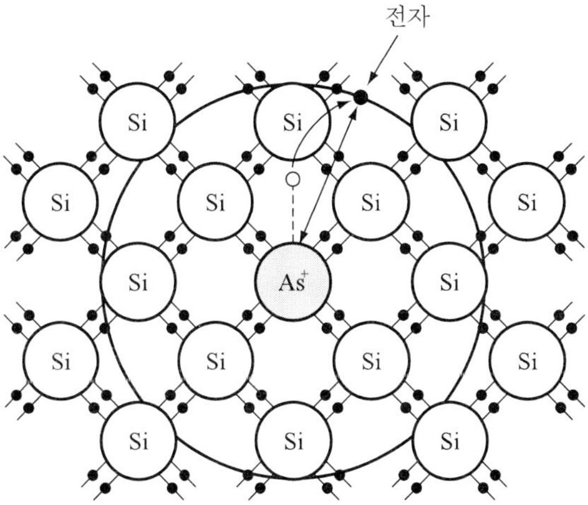

(a) 결합에 관여하지 않은 전자가 아센닉 이온 주변에 속박된다.

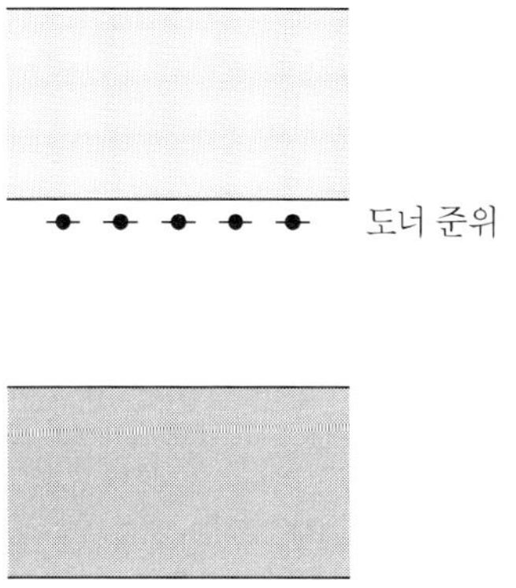

(b) 불순물준위 (도너준위)가 생긴다.

그림 5.8 ◦ Si 결정 중에 불순물로서 아센닉이 들어간 경우의 $T = 0$ K에서의 원자결합 모델(a)과 에너지 띠 모델(b)

아센닉 원자는 양이온이 되어, 그 주위에는 +e의 전하가 만드는 전기장이 만들어 진다. 여분의 1개의 전자는 이 전기장에 의해 아센닉 이온의 주위로 당겨지고 속박되어, 완전히 자유로운 상태가 되지는 못한다. 이 모양을 그림 5.8(a)에 나타낸다.

이상을 에너지 띠 모델로 표시하면, 그림 5.8(b)와 같이, 본래 에너지준위가 없는 금지 띠 속에 불순물 아센닉에 의해 생긴 에너지준위 (**불순물 준위**라고 한다)가 생겨 전자가 그 준위를 차지하고 있다.

이처럼 양이온의 전기장 영향으로 그 이온의 주위를 돌고 있는 전자는 마치 수소 원자에서 양자 주위를 공전하는 전자와 매우 흡사하다. 수소 원자의 경우와 다른 점은 주위에 Si 원자가 정렬되어 있는 점, 즉 매질 중에 있다는 점으로, 수소 원자의 경우와 비교해 양이온으로 당겨지는 힘이 매우 작아, 전자가 느슨하게 속박되어 있다는 점이다. 따라서 약간의 열에너지에서도 쉽게 속박에서 해방되어 결정 중을 자유롭게 돌아다닐 수 있게 된다. 이는 에너지 띠 모델에서 말하자면, 그림 5.9와 같이, 불순물 준위로부터 전자가 전도띠로 뛰어 옮겨가는 것을 의미한다. 전기장이 걸리면 이러한 전도전자는 전기장과 반대 방향으로 운동하며, 전류에 기여하게 된다. 이와 같이 Si 속에 들어간 V족 원소는 전류의 담당자가 되는 전도전자의 공급원이 될 수 있으므로 이와 같은 불순물을 **도너**라고 한다.

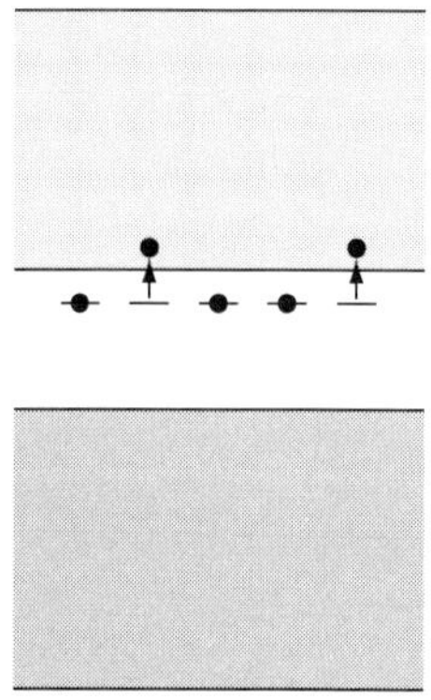

그림 5.9 • 불순물 준위로부터 전자가 전도띠로 열적으로 여기된다.

이제 주기율표의 III족 원소, 예를들면 알루미늄이 불순물로서 Si 결정 속에 들어간 경우를 생각해 보자. 이 경우는 결합에 관여할 수 있는 전자는 3개밖에 없기 때문에 1개 부족하다. 이 부족분은 다른 결합으로부터 전자가 옮겨와 채워지기 때문에, 따라서 결합에 전자가 빠진 상태 (양공)가 발생하며, 따라서 알루미늄은 마이너스 이온이 된다. 이 양공은 마이너스 이온의 전기장으로 끌어당겨져 그 주위를 마치 수소원자의 전자처럼 돌고 있다고 생각할 수 있다 (그림 5.10(a)). 따라서 이 경우도 앞서 서술한 도너준위와 유사

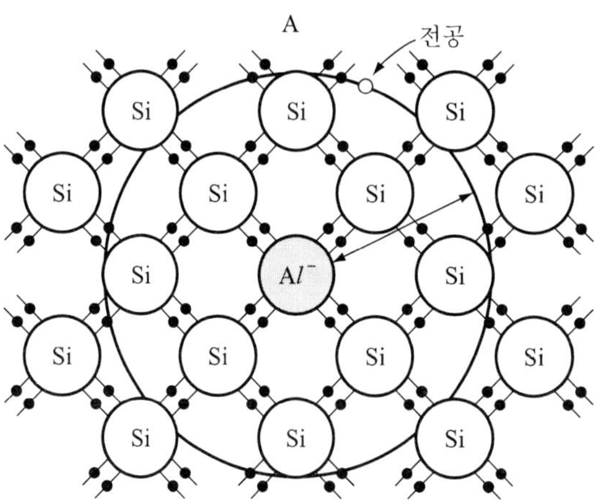

(a) 양공은 알루미늄 이온의 주위에 속박되어 있다.

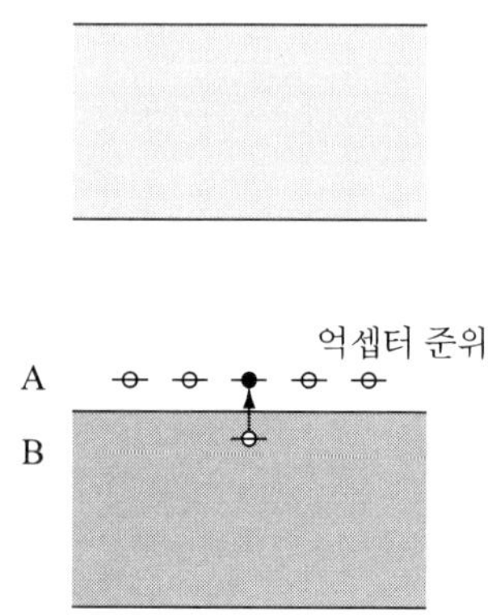

(b) 불순물 준위 (억셉터 준위)가 발생한다.

그림 5.10 • Si 결정 속에 불순물로 알루미늄이 들어간 경우 $T = 0$ K에서의 원자결합 모델(a)과 에너지 띠 모델(b)

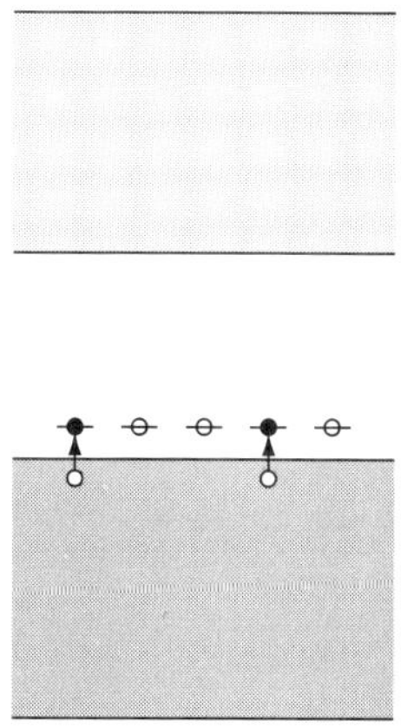

그림 5.11 • 원자가띠에서 전자가 불순물 준위로 뛰어 올라간다. 원자가띠에는 양공이 생긴다.

한 불순물 준위가 금지대역 중에 발생한다. 단 이 경우는 원자가띠의 바로 위에 발생한다 (그림 5.10(b)). 양공은 느슨하게 속박되어 있기 때문에 약간의 열에너지에 의해 속박에서 해방되어 결정 중을 자유롭게 움직일 수 있다. 에너지 띠 모델에서는, 아래의 원자가띠로부터 전자가 불순물 준위로 올라가 가전자대에 양공이 생기는 것에 상당한다 (그림 5.11). 이 양공은 전기장이 걸리면 전기장 방향으로 움직여 전류에 기여한다. 양공의 운동은 결합으로부터 전자가 다음, 또 다음, 계속적으로 양공을 채워 나가는 것에 해당한다. 이와 같이, Si 속의 III족 원소는 전자를 받아 양공을 만드는 역할을 하므로 **억셉터**라고 불린다.

5.4 p형과 n형

앞 절에서 Si 속에 V족 원소가 불순물로 들어가면 도너준위가 생기며, III족 원소가 들어가면 억셉터 준위가 생긴다는 점을 배웠다. 그리고 도너준위는 전류의 담당자로 전도 전자를, 억셉터 준위는 양공을 공급하는 역할을 한다는 점을 알았다. 이처럼 적당한 불순물을 적당한 양만큼 넣음으로써 전도전자 혹은 양공의 수를 제어할 수 있다는 점이 반도체 공학에 있어 매우 중요한 것이다. 어느 정도 양의 불순물을 넣으면, 단위 체적당 어느 정도의 전도전자의 수 (전자 밀도) 혹은 양공의 수 (양공 밀도)가 생기는지 간단히 계산을 해 보자. 반도체 $M[g]$ 속에 $m[g]$의 불순물 원소를 첨가하면 전도전자 (도너의 경우), 혹은 양공 (억셉터의 경우)이 얼마나 생길까? 도너의 경우를 예로 계산해 보지만 억셉터의 경우도 마찬가지이다. 반도체의 비중을 $D\,[\mathrm{g/cm^3}]$ 라 하면 $M\,[g]$ 반도체의 체적은 $V = M/D\,[\mathrm{cm^3}]$ 이다. 한편, 불순물 원소의 원자량을 A 라고 하면, $m\,[g]$ 불순물 중에는 $N = m \times 6.02 \times 10^{23}/A$ 개의 불순물 원자가 존재한다. 여기서 불순물 첨가량이 적으므로 불순물 첨가에 따른 반도체 비중의 변화를 무시할 수 있다고 가정하면, 상기 N 개의 불순물 원자가 앞서 구한 $V\,[\mathrm{cm^3}]$ 의 반도체 속에 들어가 있기 때문에 반도체 단위 체적당 불순물 원자의 수는

$$n = \frac{N}{V} = \frac{\dfrac{m}{A} \times 6.02 \times 10^{23}}{\dfrac{M}{D}} = 6.02 \times 10^{23} \times \frac{mD}{MA}\,[\mathrm{cm^{-3}}] \tag{5.3}$$

가 된다. 여기서 도너의 경우를 생각하고 있기 때문에, 불순물 원자 1개당 1개의 전도전자가 생긴다고 하면, 이 N은 단위 체적당 발생한 자유전자의 수이다. 반도체로 Si, 불순물 원소로서 인 (P)을 고려하여 수치를 대입하여 보면, 유효숫자를 2자리로 할 경우, 100 g의 Si 중에 그 1/10,000 %인 1.0×10^{-4} g의 인을 넣었다고 하면, $D = 2.4\ \mathrm{g/cm^3}$, $M = 1.0 \times 10^2$ g, $m = 1.0 \times 10^{-4}$ g, $A = 31$로서, $N = 4.7 \times 10^{16}\ \mathrm{cm^{-3}}$을 얻는다. 즉, 이 만큼의 전도전자가 단위 체적당 생기게 된다.

순수한 Si은 실온에서는 단위 체적당 약 10^{10}개의 전도전자밖에 존재하지 않기 때문에, 소량의 1/10,000 %의 인을 첨가하기만 해도 10^6배나 되는 전도전자가 생기게 된다. 따라서 도전율은 전도전자의 수에 비례하기 때문에, 도전율이 10^6배가 되는 것을 의미한다. 반도체의 전기적 성질이 불순물 양에 얼마나 민감한지는 다음의 예로부터 명확해질 것이다. Si은 보통 n형이 되는데 억셉터가 있는 경우에는 p형이 된다. 도너와 억셉터가 모두 혼입되어 있을 때에는 어떻게 될까? 도너밀도 $N_D\,[\mathrm{cm^{-3}}]$, 억셉터밀도 $N_A\,[\mathrm{cm^{-3}}]$로 하고, $N_D > N_A$이라 하면, 그림 5.12(a)에 나타낸 바와 같이, 도너에 의해 발생한 여분의 전자는 우선 억셉터에 의해 생긴 양공을 채우는데 사용되기 때문에, $N_D - N_A\,[\mathrm{cm^{-3}}]$만큼의 전도전자가 생기며, 반도체는 n형이 된다. 반대로 $N_A > N_D$일 때에는 $N_A - N_D\,[\mathrm{cm^{-3}}]$의 양공이 생기며 (그림 5.12(b)), 반도체는 p형이 된다.

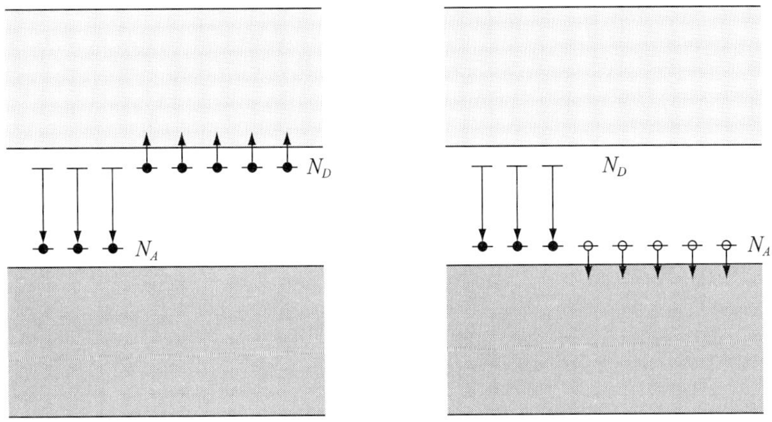

(a) N_D[cm^{-3}]의 도너와 N_A[cm^{-3}]의 억셉터가 있으면, $N_D - N_A$[cm^{-3}]의 전도 전자가 생긴다 ($N_D > N_A$)

(b) $N_A > N_D$일 때에는 $N_A - N_D$의 양공이 발생한다.

그림 5.12 ◦ 도너와 억셉터가 있을 때 (a) n형, (b) p형

5.5 전자와 양공의 밀도 및 캐리어 평형

반도체에 대한 불순물의 영향은 나중에 생각하기로 하고, 여기서는 살창결함이 전혀 없는 순수한 이상결정의 반도체를 생각하자. 이를 **진성 반도체**라고 한다. 4.4절에서 설명한 바와 같이, 반도체는 절대온도 0 K에서는 원자가띠가 전자로 완전히 채워져 있으며, 금지대역과 간격을 두고 빈 **전도띠가** 존재한다. 그림으로 나타내면, 그림 5.13과 같다. 절연체에 비해 반도체는 원자가띠와 전도띠간의 금지대역 폭 (**에너지 갭**)이 비교적 좁기 때문에, 온도가 조금 오르면 원자가띠로부터 전도띠로 전자가 열적으로 여기되어 자유롭게 움직일 수 있는 전자와 양공이 생긴다 (그림 5.14).

진성 반도체뿐만 아니라 일반적으로 반도체의 도전률 σ는 전자에 의한 도전율

$$\sigma_n = ne\mu_n \tag{5.4}$$

과 양공에 의한 도전율

$$\sigma_n = pe\mu_p \tag{5.5}$$

의 합으로 표현된다. 즉,

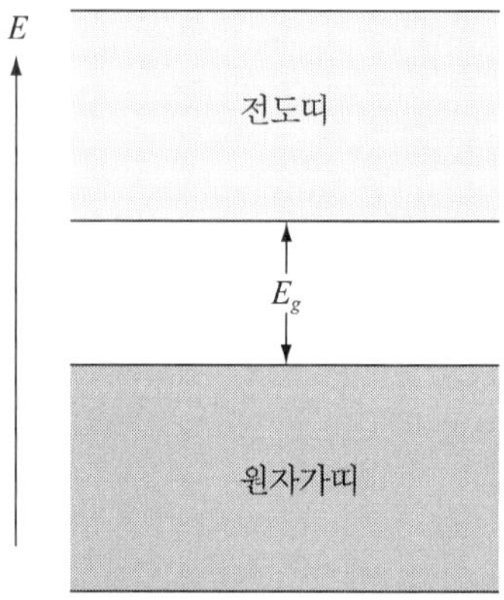

그림 5.13 • 반도체의 에너지 띠 모델

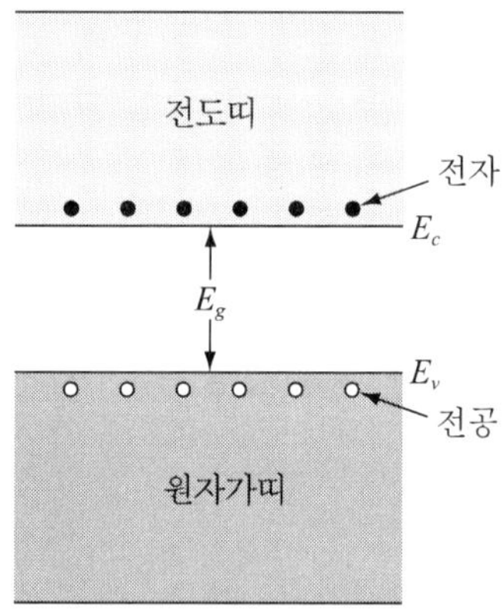

그림 5.14 • 원자가띠로부터 전도띠로의 전자의 열적 여기

$$\sigma = \sigma_n + \sigma_p = ne\mu_n + pe\mu_p \tag{5.6}$$

이다. 여기서 n은 전도띠 속의 전자밀도, p는 원자가띠 속의 양공밀도, μ_n은 전자의 이동도, μ_p는 양공의 이동도이다. 그림 5.15에서와 같이 전기장이 걸리면 에너지 띠는 기울어지며, 전자와 양공은 반대 방향으로 이동하여 전류가 흐르고 전기전도가 발생하게 된다. 여기서 문제는 그림 5.14과 같은 **열평형 상태** (전기장 등의 외력이 없는 상태)에서의 n, p를 구하는 것이다. 3장 식 (3.38)에서

$$n = \int_{Ec}^{\infty} Z_n(E) f(E) dE \tag{5.7}$$

이다. 여기에서 E_c는 그림 5.13에서와 같이 전도띠의 하단 에너지를 나타낸다. $Z_n(E)$는 전도띠의 상태밀도이며, 2.1절에서 설명한 바와 같이, 결정 중의 자유전자는 질량이 유효질량 m^*의 입자처럼 거동하기 때문에, Zn은 식 (1.61)의 m을 전자의 유효질량 (m_n으로 한다)으로 치환하고, 또한 $E = E_c$에 $Z_n = 0$라는 점을 고려하면,

$$Z_n = 4\pi \left(\frac{2m_n}{h^2} \right)^{3/2} (E - E_c)^{1/2} \tag{5.8}$$

라 할 수 있다. 양공에 대해서도 식 (5.7), (5.8)과 동일한 식으로 표현할 수 있지만, 양공의 존재확률은 전자가 존재하지 않는 확률, $1 - f(E)$이기 때문에, 양공밀도는

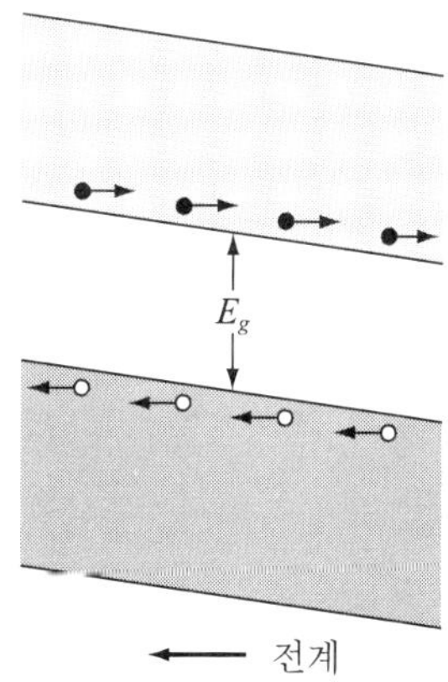

그림 5.15 ◦ 전기장에 의한 에너지 띠의 기울기와 전자, 양공의 이동

$$p=\int_{-\infty}^{\varepsilon_v} Z_p(E)\{1-f(E)\}dE \tag{5.9}$$

가 된다. 여기서 E_v는 원자가띠 상단의 에너지 (그림 5.14참조)이며, Z_p (E)는 원자가띠의 상태 밀도

$$Z_p(E)=4\pi\left(\frac{2m_p}{h^2}\right)^{3/2}(E_v-E)^{1/2} \tag{5.10}$$

을 나타낸다. 여기서 m_p는 양공의 유효질량이다. 식 (5.8)은 물론, 유효질량이 에너지에 의존 하지 않을 경우에만 올바른 것으로, 2.2절에서 설명한 바와 같이, 에너지 띠의 상단, 즉 브릴리앙 대역의 경계 근처에서는 유효질량이 에너지에 대해 일정하지 않게 된다. 2차원적으로는 2장의 그림 2.16에서와 같이 등 에너지선이 원의 형태에서 변형하게 된다

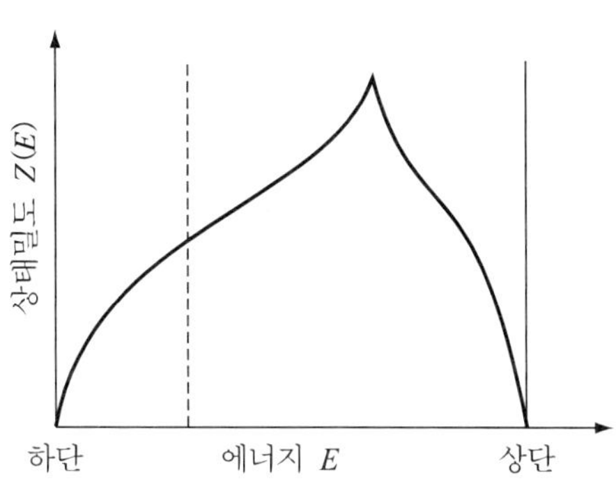

그림 5.16 ◦ 1차원 에너지 띠의 상태 밀도 곡선

(3차원적으로는 구로부터 변형된다). 아울러 브릴리앙 대역의 경계 근처에서는 등 에너지선이 불연속적이며, 네 모서리 근방만이 기여하게 되기 때문에, 당연히 상태밀도 또한 줄어든다. 따라서 $Z_n(E)$는 에너지 띠의 하단에서 상단까지를 나타내면, 그림 5.16와 같다. 즉 식 (5.8)은 전도띠의 하단에서 어떤 에너지까지에 대해 (그림 5.16의 점선에서 좌측 영역에 대해) 성립한다고 생각할 수 있을 것이다. 다행히 반도체에서는 전도띠에 여기되는 전자의 수는 금속처럼 많지 않기 때문에, 이 근사는 충분히 성립된다고 생각할 수 있을 것이다. 동일한 방법으로 원자가띠 속의 양공에 대해서도 적용할 수 있으므로, 식 (5.10) 또한 충분히 성립한다 할 수 있다.

한편 식 (5.7)의 $f(E)$는 페르미-디락 함수

$$f(E) = \frac{1}{1 + \exp\left(\frac{E - E_F}{kT}\right)} \tag{5.11}$$

이며, 식 (5.9)의 $1 - f(E)$는

$$\begin{aligned} 1 - f(E) &= 1 - \frac{1}{1 + \exp\left(\frac{E - E_F}{kT}\right)} \\ &= \frac{\exp\left(\frac{E - E_F}{kT}\right)}{1 + \exp\left(\frac{E - E_F}{kT}\right)} \\ &= \frac{1}{1 + \exp\left(\frac{E_F - E}{kT}\right)} \end{aligned} \tag{5.12}$$

이기 때문에, 식 (5.8), (5.10), (5.11), (5.12)을 (5.7) 및 (5.9)에 넣어,

$$n = 4\pi\left(\frac{2m_n}{h^2}\right)^{3/2} \int_{E_c}^{\infty} \frac{(E - E_c)^{1/2}}{1 + \exp\left(\frac{E - E_F}{kT}\right)} dE \tag{5.13}$$

$$p = 4\pi\left(\frac{2m_p}{h^2}\right)^{3/2} \int_{-\infty}^{E_v} \frac{(E_v - E)^{1/2}}{1 + \exp\left(\frac{E_F - E}{kT}\right)} dE \tag{5.14}$$

을 얻을 수 있다.

한편, 3.3절에서 설명한 바와 같이, 반도체인 경우, 전자밀도가 그리 크지 않은 경우 페르미-디락 분포를 막스웰-볼츠만 분포로 근사할 수 있기 때문에,

$$f(E) \simeq \exp\left(-\frac{E-E_F}{kT}\right) \tag{5.15}$$

$$1-f(E) \simeq \exp\left(-\frac{E_F-E}{kT}\right) \tag{5.16}$$

라 할 수 있다. 그러면 식 (5.13), 식 (5.14)의 적분은

$$\int_{E_c}^{\infty}(E-E_c)^{1/2}\exp\left(\frac{E_F-E}{kT}\right)dE \tag{5.17}$$

$$\int_{-\infty}^{E_v}(E_v-E)^{1/2}\exp\left(\frac{E-E_F}{kT}\right)dE \tag{5.18}$$

가 되므로, $(E-E_C)/kT=x$ 아울러 $(E_V-E)/kT=x$로 변수변환하여,

$$\int_0^{\infty}x^{1/2}e^{-x}dx=\frac{\sqrt{\pi}}{2} \tag{5.19}$$

의 적분 공식을 이용하여 적분하면, 식 (5.13), 식 (5.14)는 다음과 같이 간단히 표시 할 수 있다.

$$n=N_c\exp\left(\frac{E_F-E_c}{kT}\right) \tag{5.20}$$

$$p=N_v\exp\left(\frac{E_v-E_F}{kT}\right) \tag{5.21}$$

단,

$$N_c=\frac{2(2\pi m_n kT)^{3/2}}{h^3}=4.84\times10^{15}\left(\frac{m_n}{m}\right)^{3/2}T^{3/2}\ [\mathrm{cm}^{-3}] \tag{5.22}$$

$$N_v=\frac{2(2\pi m_p kT)^{3/2}}{h^3}=4.84\times10^{15}\left(\frac{m_p}{m}\right)^{3/2}T^{3/2}\ [\mathrm{cm}^{-3}] \tag{5.23}$$

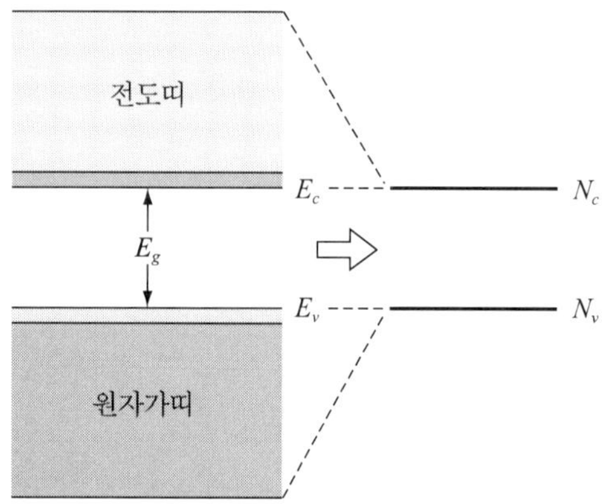

그림 5.17 • 유효상태 밀도의 의미

N_c, N_v를 **유효 상태밀도**라 한다. 첨자 c, v는 각각 전도띠, 원자가띠에 관한 것임을 나타낸다.

여기서, 식 (5.13), 식 (5.14)를 식 (5.20), 식 (5.21)와 같이 단순화한 물리적 의미를 생각해 보자. 이는 N_c, N_v를 유효 상태밀도라 부르는 이유와도 관계가 있다. 3장의 식 (3.30)을 다시 써,

$$n_i = \frac{m_i}{1+\exp\left(\dfrac{E_i - E_F}{kT}\right)} = m_i f(E_i) \tag{5.24}$$

라 표현할 수 있는 점에서도 알 수 있듯이, 전자가 E_i라고 하는 에너지의 준위에 존재할 확률 $f(E_i)$에, 그 에너지에서의 상태 수 m_i를 곱하면, 그 상태를 차지하고 있는 전자의 수 n_i를 얻을 수 있다.

현재 분포함수 $f(E_i)$는 막스웰-볼츠만 분포로 근사할 수 있기 때문에, 식 (5.20)은 E_c의 에너지에서 상태밀도가 N_c이며, 그 상태를 차지하고 있는 전자밀도가 n이라는 것을 나타낸다. 즉 식 (5.13)과 같이, 전도띠의 하단 E_c로부터 ∞까지 적분하는 대신, E_c의 에너지에 상태밀도 N_c의 준위가 있다고 생각하는 것과 같다. 이와 같은 근사가 가능한 것은 그림 5.17에서와 같이 반도체는 전자가 전도띠의 하단 근처만을 차지하고 있으며, 상위의 준위에는 거의 채워져 있지 않다고 생각할 수 있기 때문이다. 양공에 대한 식 (5.21)에 대해서도 동일하게 생각 할 수 있으며, 양공이 원자가띠의 상단 근처에만 존재한다고 생각할 수 있기 때문이다. 식 (5.20), 식 (5.21)은 반도체의 절대 온도 $T[K]$에서

전도띠에 존재하는 전자의 밀도 n, 혹은 원자가띠에 존재하는 양공의 밀도 p를 구하는 기본식이다.

한편, 이 기본식으로 부터 열평형 상태에서 성립하는 중요한 관계식을 유도하여 보자. 식 (5.20)과 식 (5.21)을 곱하면

$$np = N_c N_v \exp\left(-\frac{E_g}{kT}\right) \tag{5.25}$$

혹은 식 (5.22), 식 (5.23)을 이용해

$$np = 4\left(2\pi kT/h^2\right)^3 \left(m_n\, m_p\right)^{3/2} \exp\left(-\frac{E_g}{kT}\right) \tag{5.26}$$

을 얻을 수 있다. 여기서 E_g는 반도체의 에너지 갭

$$E_g = E_c - E_v \tag{5.27}$$

이다 (그림 5.13참조). 식 (5.26)의 우변은 온도 T와 반도체의 에너지 갭 E_g, 전자와 양공의 유효질량 m_n, m_p가 결정되면 정해지는 양으로 반도체 고유한 양이다. 즉 어떤 반도체가 주어지면 열평형 온도에서 그 속의 전자와 양공의 밀도의 곱 $n \cdot p$는 일정하다는 것을 의미한다. 다시 말하자면 n도 p도 무제한 증가시킬 수는 없다는 점을 의미하고 있다. 이를 p-n **곱의 일정성**이라 하며 열평형 상태에서는 항상 성립하는 기본적인 성질이다. 또한 $T \neq 0\,\mathrm{K}$에서는 n 또는 p를 0으로 할 수 없으므로, 열평형 상태에서 반드시 어느 정도의 전자와 양공이 전도띠와 원자가띠에 존재하는 것을 의미한다. 식 (5.26)의 양변에 로그를 취하면

$$\ln\left(\frac{np}{T^3}\right) = \ln\left[4\left(2\pi k/h^2\right)^3 \left(m_n m_p\right)^{3/2}\right] - \frac{E_g}{kT} \tag{5.28}$$

가 얻어진다. 일반적으로 E_g는 온도에 의해

$$E_g(T) \simeq E_g(0) - \beta T \tag{5.29}$$

과 같이 변화한다고 알려져 있다. 여기서 β는, 통상 반도체에서는 10^{-4} eV/deg 정도 크기의 양이며, $E_g(0)$는 0 K에서의 E_g를 나타낸다. 즉 반도체의 에너지 갭의 크기는 일반적으로 온도가 오르면 감소한다는 점이다. 그 자세한 이유에 대해서는 생략한다.

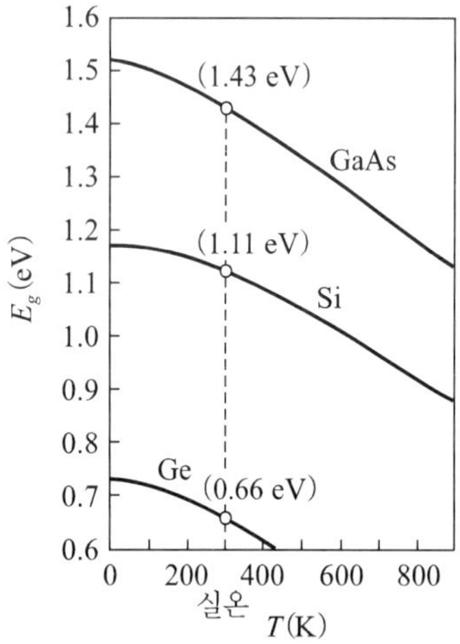

그림 5.18 ◦ Si, Ge, 갈륨아센나이드에서 E_g의 온도 변화

표 5.2 ◦ 몇몇 반도체의 금지대역 폭의 온도계수 β

물 질		$\beta(10^{-4}\ eV/K)$
Si		2.3
Ge		3.7
GaAs		3.0
InSb		2.9
ZnS	α	3.8
	β	3.3
CdS		3.0

그림 5.18은 Si, Ge, 갈륨아세나이드에서 에너지갭의 온도변화를 실험적으로 구한 그래프이다. 저온 영역 이외에서는 T에 대한 직선관계가 성립하는 점을 알 수 있다. 표 5.2에 대표적인 반도체의 β값을 나타내었다. 식 (5.29)를 식 (5.28)에 대입하면,

$$ln\left(\frac{np}{T^3}\right)= ln\left[4\left(2\pi k/h^2\right)^3\left(m_n m_p\right)^{3/2}\right]+\frac{\beta}{k}-\frac{E_g(0)}{kT} \tag{5.30}$$

을 얻을 수 있다. 이 식은 반도체의 $\ln(np/T^3)$을 1/T 함수로서 플로트하면 직선이 되며, 그 기울기로 부터 $E_g(0)$을 얻을 수 있음을 나타내고 있다.

5.6 진성 반도체

진성 반도체에서는, 열평형 상태에서 존재하는 전자는 원자가띠로부터 열적으로 여기되어 생긴 것이기 때문에, 당연히 전도띠 중의 전자 수는 원자가띠 중의 양공의 수와 동일하다. 따라서,

$$n=p=n_i \tag{5.31}$$

이라 할 수 있다. 앞에서

표 5.3 ◦ Ge, Si에서의 전자, 양공의 상태밀도 유효질량비와 금지대역 폭 (m은 전자의 진공중에서의 정지 질량)

	m_n/m	m_p/m	$E_g(300\ \mathrm{K})$
Ge	0.22	0.39	0.66 eV
Si	0.33	0.55	1.11 eV

$$n_i = \sqrt{np} = 2(2\pi kT/h^2)^{3/2}(m_n\, m_p)^{3/4}\exp\left(-\frac{E_g}{2kT}\right) \tag{5.32}$$

를 얻을 수 있다. 표 5.3은 Ge과 Si의 m_n, m_p, E_g (300 K)를 나타낸다. 여기에서 *Ge*은 300 K에서 $n_i = 2\times 10^{13}\ \mathrm{cm}^{-3}$, Si은 $n_i = 6\times 10^{10}\ \mathrm{cm}^{-3}$이 된다는 것을 알 수 있다. 열평형 상태에서 존재하는 **진성 캐리어 밀도** n_i는 Si 쪽이 Ge보다도 3자리 수만큼 작다는 것을 알 수 있다. 도전율은 보통

$$\sigma_i = n_i e(\mu_n + \mu_p) \tag{5.33}$$

으로 표시할 수 있다. $\rho_i = 1/\sigma_i$을 **진성 저항률**이라고 하며, Ge에서는 약 $47\ \Omega\mathrm{cm}$, Si에서는 약 $3\times 10^5\ \Omega\mathrm{cm}$가 된다. 식 (5.32)에서 E_g의 온도 의존성에 (식 (5.29))를 고려하면,

$$n_i = 2(2\pi kT/h^2)^{3/2}(m_n\, m_p)^{3/4}\exp\left(\frac{\beta}{2k}\right)\exp\left(-\frac{E_g(0)}{2kT}\right) \tag{5.34}$$

이 된다. 식 (5.33)에서 알 수 있듯이, 진성 저항률 ρ_i의 온도 의존성에는 μ_n이나 μ_p의 온도 의존성도 포함되지만, 일반적으로 이들은 n_i의 온도 의존성에 비해 무시할 수 있으므로 ρ_i는

$$\rho_i \sim A\exp\left(\frac{E_g(0)}{2kT}\right) \tag{5.35}$$

와 같은 온도 의존성을 가지는 것을 알 수 있다. 따라서 $\ln\rho_i$를 $1/T$의 함수로 플로트 할 때 직선 기울기로부터 $E_g(0)$, 즉 그 반도체의 0 K에서의 에너지 갭을 알 수 있다. 나중에 설명하지만, 진성 반도체가 아닌 불순물이나 살창결함을 포함하는 반도체라도 일반적으로 반도체의 전기 저항률의 온도변화는 일정 온도 이상에서, 불순물 효과보다는 원자가 띠에서 전도띠로의 전자의 열적여기 효과에 의해 결정된다. 따라서 진성 반도체의 경

우와 동일하게 되어, 고온에서의 저항률의 온도변화로부터 $E_g(0)$를 구할 수 있다. 이는 반도체의 에너지 갭을 실험적으로 구할 수 있다는 점에서 매우 중요하다. 그림 5.19은 몇 가지 Si 시료의 전기 저항률에 대한 온도변화를 나타내는 그래프로 고온영역에서 모든 시료의 값이 1개의 직선상에 있다는 것을 알 수 있다. 이 직선의 기울기로부터 $E_g(0)$를 구할 수 있다.

그러나 식 (5.24), 식 (5.25)에서 알 수 있듯이, 반도체 속의 전도전자, 양공의 밀도 n, p는 페르미 에너지 E_F에 의해 결정된다. 반대로 n, p에 의해 E_F 값을 구하기도 한다. 이제 진성 반도체의 페르미 준위를 구해 보자. 우선 기본원리가 되는 **전기적 중성 조건**에 대하여 알아보자. $T \neq 0K$에서는 반도체의 결합전자 (가전자)의 일부는 열에너지에 의해 결합으로부터 떨어져 결정 중을 돌아다니며 음의 공간전하를 형성한다. 에너지 띠 모델로 설명하면 원자가띠로부터 전도띠에 전자가 여기되는 것이다. 한편, 여기되는 전자의 수와 동수의 양공이 발생하게 되는데, 이들도 열적으로 결정 내를 돌아다니며, 양의 공간전하를 형성한다. 에너지 띠 모델로 말하자면 원자가띠에 양공이 생기는 것이다. 열평형 상태에서는 전체적으로 전기적 중성이 유지되어야 하기 때문에 전자의 수와 양공의 수는 동일해야 한다. 즉,

$$n = p \tag{5.36}$$

이어야 한다. 이는 식 (5.31)에서도 나타냈다. n, p는 각각 식 (5.20), 식 (5.21)으로 주

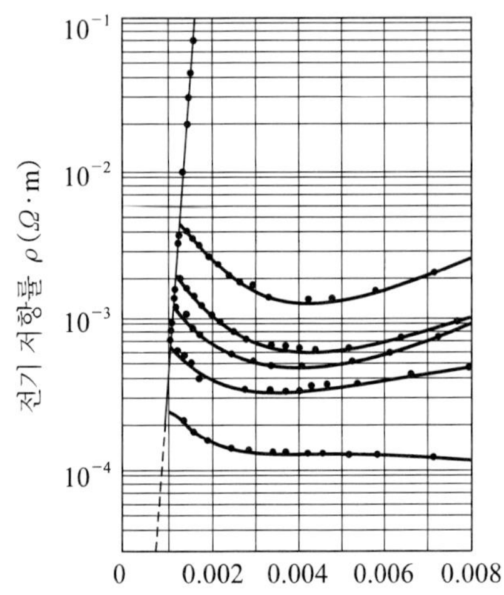

그림 5.19 • Si 전기 저항률 온도변화, 고온쪽의 기울기로부터 E_g를 구할 수 있다.

어지기 때문에 식 (5.36)에 대입하여

$$N_c \exp\left(\frac{E_F - E_c}{kT}\right) = N_v \exp\left(\frac{E_v - E_F}{kT}\right) \tag{5.37}$$

가 얻어진다. 여기서

$$\frac{N_c}{N_v} = \exp\left(\frac{E_c + E_v - 2E_F}{kT}\right) \tag{5.38}$$

가 되는데, 이를 풀면

$$E_F = \frac{E_c + E_v}{2} + \frac{kT}{2} In \frac{N_v}{N_c} \tag{5.39}$$

$$= \frac{E_c + E_v}{2} + \frac{3}{4} kT \ln\left(\frac{m_p}{m_n}\right) \tag{5.40}$$

가 얻어진다. 만일 $m_n = m_p$라면 페르미 준위는 에너지 갭의 중앙에 위치한다는 것을 알 수 있다. 일반적으로는 $m_p > m_n$이지만 m_p / m_n은 1보다도 그다지 크지 않으므로 진성 반도체에서 E_F는 E_g의 중앙 근처에 위치한다. 그림 5.20 세로축에 E를 취했을 때, (a) 에너지 띠 그림, (b) 상태밀도 $Z(E)$, (c) 페르미-디락 분포함수 $f(E)$, (d) 전자, 양공의

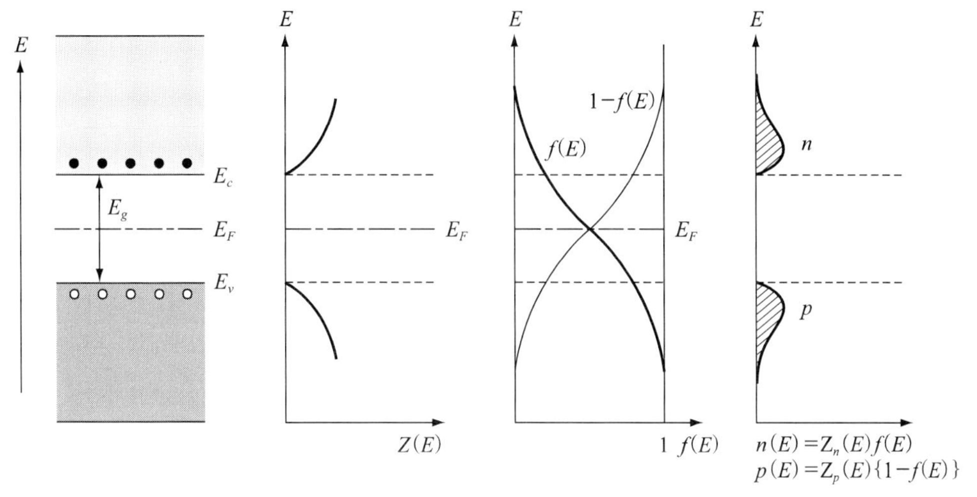

(a) 에너지 띠, 상태밀도 함수 (b) 페르미-디락 분포함수 (c) 전자 (d) 양공 밀도

그림 5.20 • 진성 반도체 ($m_m = m_p$를 가정)

밀도 n, p를 나타냈다. 그림 5.20(d)의 $n(E)$, $p(E)$는 5장 그림 5.20에서와 같이 $f(E)$와 $Z(E)$의 곱에서 구한 것이며, 곡선으로 둘러싼 면적 (그림에서 검게 표시한 부분의 면적)이 전도띠내, 혹은 원자가띠내의 모든 전자, 양공의 밀도를 나타내고 있다.

5.7 불순물 반도체

반도체는 불순물에 의해 전기물성이 크게 영향을 받는다. 특히 불순물 중에는 포함되어서는 안 되는 것과, 고의로 첨가해 물성을 제어하기 위한 것 등, 여러 종류가 있는데, 대표적인 IV족 원소 반도체인 Si과 Ge 재료에서는, 그들의 물성을 제어하기 위해 이용하는 III족과 V족 원소를 불순물로 하는 경우가 많다. 왜 III족, V족이 적절한지는 앞에서 설명하였다. 여기에서는 좀 더 이론적인 설명과 동시에 다음 절에서 5.5절에서 다룬 캐리어 평형에 대해 다루게 되므로, 아울러 불순물 반도체에까지 확장해 보도록 하자. 다만 반도체는 IV족 원소 Si과 Ge, 불순물은 III족과 V족 원소로 한정한다고 했는데, 이러한 설명은 물론, 다른 반도체나 불순물 원소에도 개념적으로는 그대로 적용할 수 있는 경우가 많다. 그러나 물질에 따라서는 기초적 개념이나 가정이 전혀 성립되지 않거나 수정을 요할 경우도 있으므로 주의할 필요가 있다.

앞서 5.3 절에서 설명한 바와 같이, Si이나 Ge 속에 III족 혹은 V족 원소를 불순물로 첨가하면, 에너지 띠 모델에서는 그림 5.9 혹은 그림 5.10과 같이 금지대역에 불순물 준위가 발생하며, V족 원소의 경우는 전도띠로 전자가 여기하여, III족 원소의 경우에는 원자가띠에서 양공이 여기하여, 도전율을 증가시키는 역할을 하므로, 전자를 **도너**, 후자를 **억셉터**라 하였다. 도너로 생긴 여분의 전자와 도너 이온 (양이온), 혹은 억셉터에 의해 발생한 여분의 양공과 억셉터 이온 (음이온) 사이에는 쿨롱 힘이 작용하며, 정확히 수소원자에서 전자와 양자 사이의 역학으로 다룰 수 있다. 지금 쿨롱 포텐셜을

$$V_1 = -\frac{e^2}{\varepsilon|\boldsymbol{r}|} \tag{5.41}$$

로 한다. 여기서 ε은 반도체의 유전율을 나타낸다. 또한 $|\boldsymbol{r}|$은 전자와 도너 이온 혹은 양공과 억셉터 이온 간의 거리이다. 슈뢰딩거 파동 방정식을 적용하면

$$\left(-\frac{\hbar^2}{2m}\Delta + V + V_1\right)\psi(\boldsymbol{r}) = E\psi(\boldsymbol{r}) \tag{5.42}$$

이다. 여기서 Δ는

$$\Delta \equiv \frac{\partial^2}{\partial x^2} + \frac{\partial^2}{\partial y^2} + \frac{\partial^2}{\partial z^2} \tag{5.43}$$

인 미분연산자이다. V는 결정의 주기 포텐셜을 나타낸다. V_1의 위치변화가 V에 비해 작으면, 주기 포텐셜의 영향은 m을 유효실량 m^*로 치환할 수 있으므로 식 (5.42)는

$$\left(-\frac{\hbar^2}{2m^*}\Delta + V_1\right)F(\boldsymbol{r}) = EF(\boldsymbol{r}) \tag{5.44}$$

과 같이 나타낼 수 있다. $F(\boldsymbol{r})$은 파동함수 그 자체는 아니지만 $\psi(\boldsymbol{r}) \simeq u_0(\boldsymbol{r})F(\boldsymbol{r})$의 관계가 있다. 여기서 $\mu_0(\boldsymbol{r})$은 식 (2.15)의 함수 (단, $\boldsymbol{k}=0$)이다. 이와 같은 근사를 **유효질량 근사**라고 한다. 이 식은 수소원자의 경우와 같은 형태를 하고 있기 때문에

$$E_n = -\frac{m^* e^4}{8h^2\varepsilon^2}\frac{1}{n^2} \tag{5.45}$$

이라고 할 수 있다. 수소 원자의 에너지 준위는

$$E_n = -\frac{me^4}{8h^2\varepsilon_0^2}\frac{1}{n^2} = -13.6\frac{1}{n^2}\ [e\,V]$$

$$n = 1, 2, 3, \ldots\ (\varepsilon_0\text{는 진공의 유전률}) \tag{5.46}$$

이므로 도너 혹은 억셉터의 에너지 준위를 eV로 나타내면,

$$E_n = -13.6\left(\frac{\varepsilon_0}{\varepsilon}\right)^2\left(\frac{m^*}{m}\right)\frac{1}{n^2}\ [e\,V] \tag{5.47}$$

가 된다. 도너에 대해서는 $m^* = m_n$, 억셉터에 대해서는 $m^* = m_p$로 하였다. $n=1$이 바닥 상태, $n=\infty$는 이온화된 상태이기 때문에, 그림 5.21(a), (b)와 같이, 도너는 전도띠 밑에, 억셉터는 원자가띠 위에, 모두 금지대역 속에 에너지 준위를 형성하는 것을 알 수 있다. 전자는 보통 $n=1$의 바닥상태를 취하므로 이 준위만을 그리며, 그림 5.22와 같이 나타낸다.

도너, 억셉터의 이온화 에너지 ε_d, ε_a는 (5.45) 혹은 식 (5.47)에서 $n=1$로 두고, $m^*=m_n$, 또는 $m^*=m_p$라 하여, 예로 Si 속의 도너, 억셉터로서 Si의 비유전률을 11.9, m_n, m_p로서 표 5.2의 값을 이용하면, $\varepsilon_d=0.032$ eV, $\varepsilon_a=0.053$ eV를 얻을 수 있다. 표 5.4는 실험적으로 구한 Si 속 불순물의 이온화 에너지를 나타낸다. 위에 서술한 계산값과 매우 근사함을 알 수 있다. 아울러 표에서 알 수 있듯이 IV족 원소 반도체에 V족 혹은 III족 원소를 불순물로서 넣을 경우, 발생하는 불순물 준위는 전도띠 혹은 원자가띠에 매우 근사한 에너지를 가지므로 (**얕은 준위 혹은 얕은 불순물 준위**), 전도띠 혹은 원자가띠에 캐리어 수를 제어하는데 매우 유용하다.

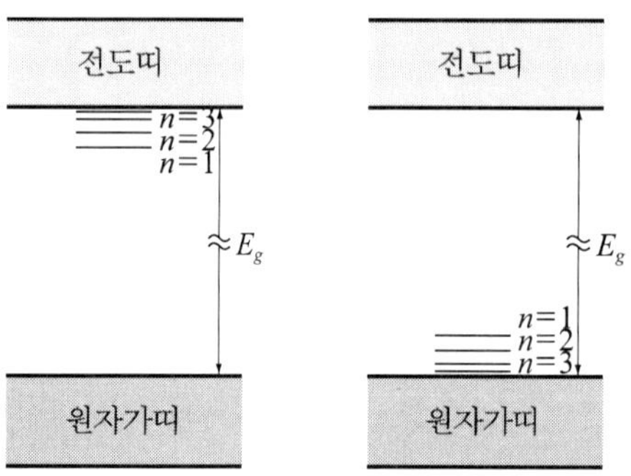

(a) 도너 (b) 억셉터

그림 5.21 • 수소 원자 모델에 의한 불순물 준위

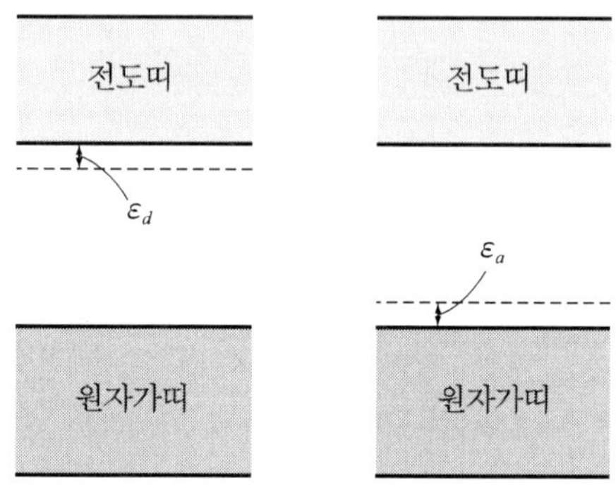

(a) 도너준위, 이온화 에너지 ε_d (b) 억셉터 준위, 이온화 에너지 ε_a

그림 5.22 • 도너준위와 억셉터 준위

표 5.4 • Si 속 III, V족 원소의 이온화 에너지 (준위 meV)

	도너 (V족 원소)				억셉터 (III족 원소)			
	P	As	Sb	Bi	B	Al	Ga	In
Si	44	49	39	69	45	57	65	160

5.8 불순물 반도체의 캐리어 통계

여기에서는 5.6절에서 논의한 진성반도체에서의 캐리어 통계 이론을 불순물 반도체에 적용해 보자. 반도체 중의 도너, 억셉터의 밀도를 각각 N_D, N_A라고 하자. 전기적 중성조

건은, 이온화된 도너는 전하를 띠며, 이온화된 억셉터는 마이너스 전하를 띤다는 점을 생각하면,

$$n + N_A^- = p + N_D^+ \tag{5.48}$$

가 된다. 여기서 N_A^-, N_D^+는 각각 이온화 억셉터, 이온화 도너의 밀도를 나타낸다. 즉, 억셉터 준위를 차지하고 있는 양공밀도를 p_a, 도너준위를 차지하고 있는 전자밀도를 n_d 라고 하면,

$$N_A^- = N_A - p_a \tag{5.49}$$

$$N_D^+ = N_D - n_d \tag{5.50}$$

가 된다. 따라서 중성조건 식 (5.48)은

$$n + N_A - p_a = p + N_D - n_d \tag{5.51}$$

이 된다. 이 식에서 도너, 억셉터의 에너지 준위를 각각 E_D, E_A라고 하면,

$$n_d = N_D \cdot f(E_D) \tag{5.52}$$

$$p_a = N_A\{1 - f(E_A)\} \tag{5.53}$$

단,

$$f(E_D) = \frac{1}{1 + \frac{1}{2}\exp\left(\frac{E_D - E_F}{kT}\right)} \tag{5.54}$$

$$f(E_A) = \frac{1}{1 + \frac{1}{2}\exp\left(\frac{E_A - E_F}{kT}\right)} \tag{5.55}$$

이다. $f(E_D)$, $f(E_A)$는 일반적인 페르미-디락 함수 (식 (5.11))과 비교하면 분모에 1/2의 인자가 붙어 있다. 이는 허용대역 중의 준위에서는 스핀이 두 가지의 전자가 들어갈 수 있는데 반하여, 불순물 준위와 같이 국소화된 (localized) 준위에서는 1개의 전자가 들어가면 쿨롱 반발력 때문에 또 하나의 전자가 들어갈 수 없게 되는 점을 가정하여 붙인 인자이다. 식 (5.51)은 일반식이므로 실제의 몇 가지 경우에 대해 조사하여 보자. 5.4절에서 설명한 바와 같이, 반도체가 n형이 되거나 p형이 되는 것은 일반적으로 $N_D > N_A$

또는 $N_A > N_D$에 따라 결정되는데, n형 반도체의 경우를 다루어보자.

(1) $N_D \gg N_A$로 도너만을 생각하면 되는 경우

이러한 경우는 억셉터를 무시할 수 있는 경우로 중성 조건 (5.51)은 N_A, p_a, p를 무시하여,

$$n = N_D - n_d \tag{5.56}$$

라 할 수 있다. 식 (5.20), 식 (5.52), 식 (5.54)를 식 (5.56)에 대입하여

$$N_c \exp\left(\frac{E_F - E_C}{kT}\right) + \frac{N_D}{1 + \frac{1}{2}\exp\left(\frac{E_D - E_F}{kT}\right)} = N_D \tag{5.57}$$

이 된다. 이를 E_F에 대해 풀면

$$E_F = E_D + kT\ln\left[\sqrt{1 + 8\frac{N_D}{N_C}\exp\left(\frac{E_C - E_D}{kT}\right)} - 1\right] - kT\ln 4 \tag{5.58}$$

를 얻을 수 있다.

극 저온에서는 우변의 평방근 중의 1을 무시할 수 있으므로,

$$E_F \simeq \frac{E_c + E_D}{2} + \frac{kT}{2}\ln\frac{N_D}{2N_C} \tag{5.59}$$

라 할 수 있다. $N_D \ll N_C$이기 때문에, 우변 제 2항은 음의 값을 가지는 양이라 점을 고려하면, $T = 0\,\mathrm{K}$에서 E_F는 도너준위와 전도띠 하단 사이의 중앙에 위치하고 있어, 온도 상승과 함께 금지대역의 중앙을 향해 올라감을 알 수 있다. 그림 5.23는 예로, Si의 E_F의 온도변화를 표시한 것이다. 이 그림에는 억셉터에 대해서도 동등하게 특성 그래프를 표시하였다.

다음 **전자밀도의 온도변화**를 조사하여 보자. E_F가 식 (5.59)에서 주어지기 때문에, 이를 식 (5.20)에 대입하면,

$$n = \sqrt{\frac{N_C N_D}{2}}\exp\left(-\frac{E_C - E_D}{2kT}\right) \tag{5.60}$$

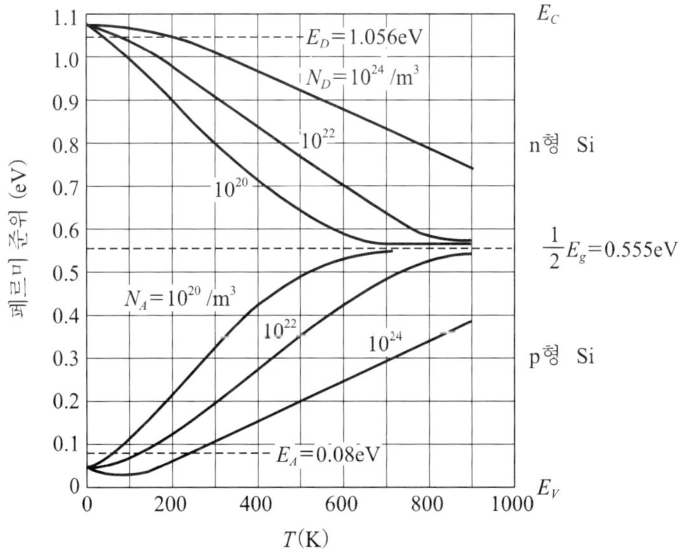

그림 5.23 • Si에서의 페르미 준위의 온도변화, 도너밀도 N_D 억셉터밀도 N_A가 파라미터이다.

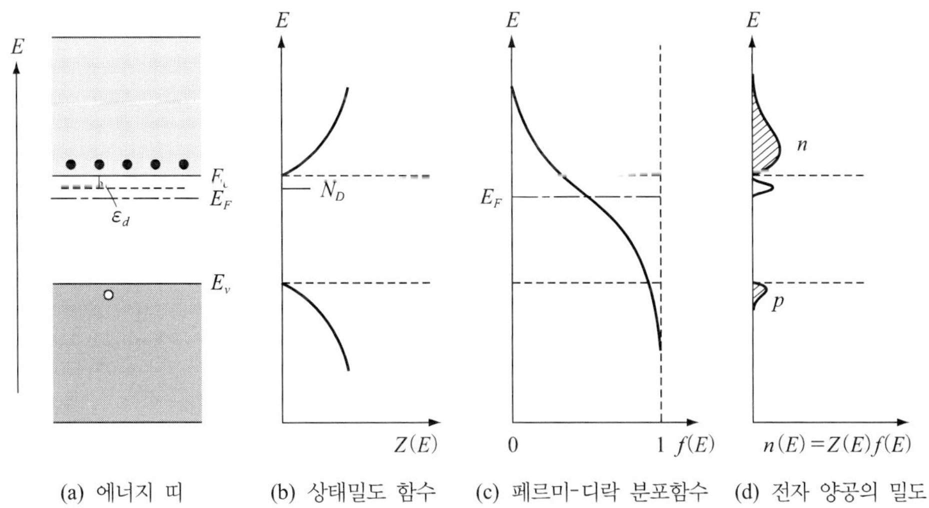

그림 5.24 • 도너를 포함한 불순물 반도체

$$= \sqrt{\frac{N_C N_D}{2}} \exp\left(-\frac{\varepsilon_d}{2kT}\right) \tag{5.61}$$

이 된다. 여기서 ε_d는 그림 5.22에 나타낸 도너의 이온화 에너지이다. 이 식에서 알 수 있듯이, 전자밀도 n의 온도변화를 결정하는 것은 ε_d이며, $\ln n$과 $1/T$ 기울기는 $\varepsilon_d/2$ 이 된다.

그림 5.24은 그림 5.20에 대응되는, 앞서 설명한 $N_D \gg N_A$의 경우에 대한 에너지 띠 그림, $Z(E)$, $f(E)$, n, p 의 그래프의 예를 나타낸 것이다. 그림 5.20와 비교해 보자.

(2) 도너와 억셉터의 양쪽을 생각해야 할 경우(단, $N_D > N_A$)

이 경우의 중성조건은 일반식으로는 식 (5.51)이지만, 5.4절에서처럼 $N_D > N_A$일 때 억셉터는, 우선 도너전자에 의해 채워지므로 (이를 **보상**이라 한다), (그림 5.12 참조) $p_a = 0$로 하여도 무방하다. 따라서 특히 고온인 경우를 생각하면 p를 0으로 하여,

$$n + N_A = N_D - n_d \tag{5.62}$$

이 된다. 식 (5.20), 식 (5.52), 식 (5.54)를 대입하여 식을 정리하면

$$\frac{n(n+N_A)}{N_D - N_A - n} = \frac{N_C}{2}\exp\left(-\frac{\varepsilon_d}{kT}\right) \tag{5.63}$$

를 얻을 수 있다.

계속하여 몇 가지 온도영역으로 나누어 생각해 보자.

(i) 충분한 저온

이 경우는 $N_D > N_A \gg n$이라 생각하면 되므로 식 (5.63)에서 좌변은 $nN_A/(N_D - N_A)$로 근사해도 되므로, 식 (5.63)을 n에 대해 풀어

$$n = \frac{N_D - N_A}{N_A} \cdot \frac{N_C}{2}\exp\left(-\frac{\varepsilon_d}{kT}\right) \tag{5.64}$$

를 얻을 수 있다. 즉, 이 온도영역에서는 $\ln n$에 대한 $1/T$ 기울기는 ε_d가 된다.

(ii) (i)보다도 약간 고온인 경우로 $N_D \gg N_A$인 경우, 즉, $N_D \gg n \gg N_A$인 경우

이 경우는 식 (5.63)은 좌변은 n^2/N_D로 근사해도 되므로

$$n = \sqrt{\frac{N_C N_D}{2}}\exp\left(-\frac{\varepsilon_d}{2kT}\right) \tag{5.65}$$

를 얻을 수 있다. 즉, $\ln n$에 대한 $1/T$의 기울기로 부터 $\varepsilon_d/2$을 얻을 수 있다. 당연히,

이는 도너만을 생각하는 식 (5.61)과 일치한다.

(iii) 더 고온이 되는 경우 (원자가띠로부터 전도띠로 전자여기가 지배적이 되는 영역 (진성 전도 영역) 만큼은 아닌 경우)

일반식 (5.64)에서

$$\exp\left(-\frac{\varepsilon_d}{kT}\right) \simeq 1 \tag{5.66}$$

라고 할 수 있으므로,

$$\frac{(n+N_A)}{N_D-N_A-n} = \frac{N_C}{2n} \tag{5.67}$$

를 얻을 수 있다. $n \geq N_D$라 생각해도 무방하므로

$$\frac{N_C}{2n} \gtrsim \frac{N_C}{N_D} \tag{5.68}$$

가 되어, 식 (5.67)은

$$\frac{(n+N_A)}{N_D-N_A-n} \gtrsim \frac{N_C}{N_D} \tag{5.69}$$

가 되며, 우변은 1 보다 매우 커, 좌변의 분모는 0이라 생각해도 좋으므로, 0으로 하면

$$n = N_D - N_A \tag{5.70}$$

가 얻어진다. 즉 이러한 온도영역에서는, 캐리어 밀도는 온도에 의존하지 않으며 일정하게 된다. 그리고 이때의 n 값은 $N_D - N_A$와 동일하다. 이것은 당연한 것으로 그림 5.25에 나타낸 것과 같이 보상을 생각하면 n을 공급할 수 있는 도너밀도는 $N_D - N_A$이고, 이것이 모두 이온화되어, 원자가띠로부터의 여기는 무시할 수 있는 온도영역이 되면, n은 온도에 의존하지 않는 일정치 $N_D - N_A$가 되는 것이다. 이 온도영역을 **포화영역**이라 한다.

그림 5.26에 지금까지 서술한 (i), (ii), (iii) 온도영역의 $\ln n$에 대한 $1/T$의 그래프를 표시 하였다. 또 (iv)라 표시한 것은 더 고온이 되어, 원자가띠로부터 전도띠로의 여기가 지배적으로 되는 영역으로, 5.6절에서 공부한 진성반도체라 생각할 수 있는 영역 (진성 영역)이다. 따라서 그림 5.26의 (iv) 영역 그래프의 기울기에서 $E_g/2$를 구할 수 있다.

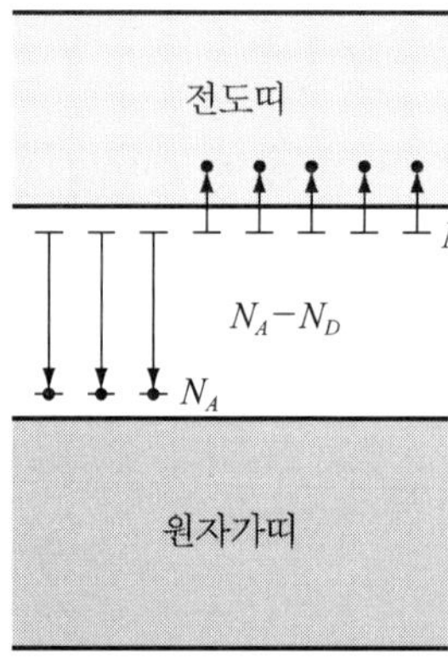

그림 5.25 ◦ 도너에 의한 억셉터의 보상 전도전자를 공급할 수 있는 도너밀도는 N_D-N_A가 된다

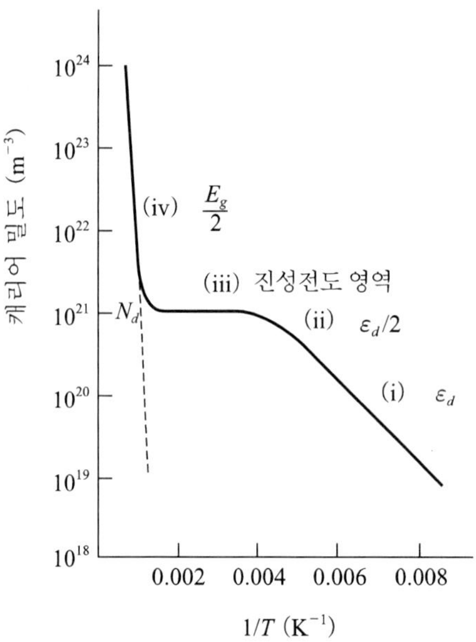

그림 5.26 ◦ 반도체 중 캐리어 밀도 온도변화의 전형적인 예를 나타낸다.

연습문제

5.1 0.1 kg의 Ge과 3.22×10^{-9}의 Sb을 녹여 n형 Ge을 만들었다. Sb이 동일하게 분포하고 있다고 가정하여 (a) 불순물 농도 (b) 실온에서의 저항률을 구하라. 단 Sb에 의한 전자는 실온에서 완전히 여기한다고 가정하고, 그 때 $\mu_n = 0.40\ \mathrm{m}^2/\mathrm{V \cdot s}$라 하자. 또한, Ge의 밀도는 $5.46 \times 10^3\ \mathrm{kg/m^3}$이다.

5.2 진성 Ge에 광을 조사하여 광전효과를 발생시키는데 필요한 광의 한계파장을 구하라.

5.3 300 K에서 진성 Ge의 저항률은 0.47 $\Omega \cdot \mathrm{m}$이다. 전자와 양공의 이동도를 각각 0.40 및 0.15 $\mathrm{m}^2/\mathrm{V \cdot s}$로 하여 진성 캐리어밀도 n_i를 계산하라.

5.4 수소원자 모델을 이용해 Ge의 도너준위를 구하라. 단 Ge의 유전률 16, 전자의 평균 유효질량 $m^* = 0.2\ \mathrm{m}$로 한다.

5.5 1차원 k 공간에서 전도띠의 극소치 근방의 에너지 값 E가

$$E = \frac{\hbar^2 k_1^2}{3m} + \frac{\hbar^2 (k - k_1)^2}{m} \quad (m\text{: 자유전자의 질량})$$

라 할 수 있는 진성반도체가 있다. 여기서 살창상수를 L로 하면, $k_1 = \pi / L$이다. 이 반도체의 페르미 에너지는 $2.17\ \mathrm{eV}$, $\mathrm{L} = 3.14\ \text{Å}$ 이며, 에너지는 모두 원자가띠의 바닥을 기준으로 할 때 다음 (a), (b) 값을 구하라. 단 전자와 양공의 유효질량은 동일하다고 가정한다.

(a) 금지대역의 폭 E_g

(b) 전도띠 바닥에서 전자의 유효질량 m_n

CHAPTER 6

반도체중의 수송현상

6.1 캐리어의 열운동/고전 가스모델/금속 도전현상

전기저항이라는 거시적인 양을 미시적인 입장에서 관찰하면 어떻게 될까 생각해 보자. 우선 **전류**를 미시적으로 생각하면 **전하 입자의 흐름**으로 생각할 수 있으므로, 입자의 전하를 q [C], 속도를 v_d [m/s], 단위체적당 수를 n [m^{-3}]으로 하면, 그림 6.1과 같이 전류 흐름에 수직한 단면 S [m^2]을 통과하는 전류 $\boldsymbol{I}$ [A]는

$$\boldsymbol{I} = nqv_dS \tag{6.1}$$

또는, **전류밀도** J는

$$\boldsymbol{J} = nqv_d \tag{6.2}$$

가 된다.

고체 중에서는 전하를 가지는 것이 자유전자 또는 이온이지만, 대부분의 경우, 이온은 움직이지 못하기 때문에 보통 전자만 생각하면 된다. 따라서 전자의 전하가 $-e\,(=-1.602\times10^{-19}$ [C]$)$이므로 식 (6.2)는

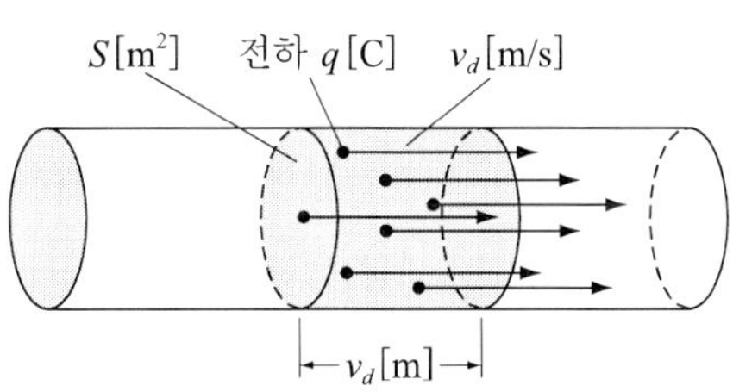

그림 6.1 ◦ 전류의 미크로적 표현 $I = nqv_dS$로 나타난다.

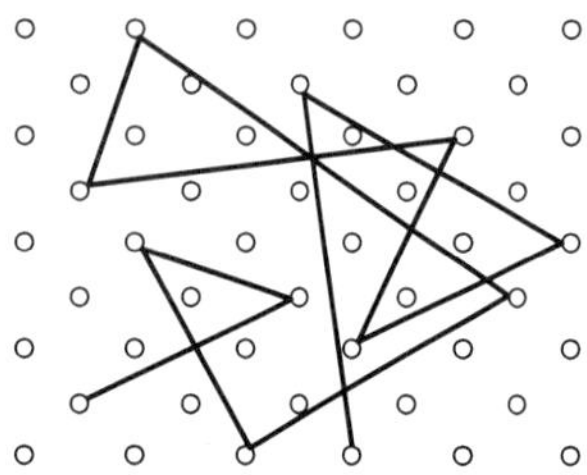

그림 6.2 • 전자는 충돌을 반복하면서 열운동을 한다 (전기장 $\boldsymbol{E}=0$)

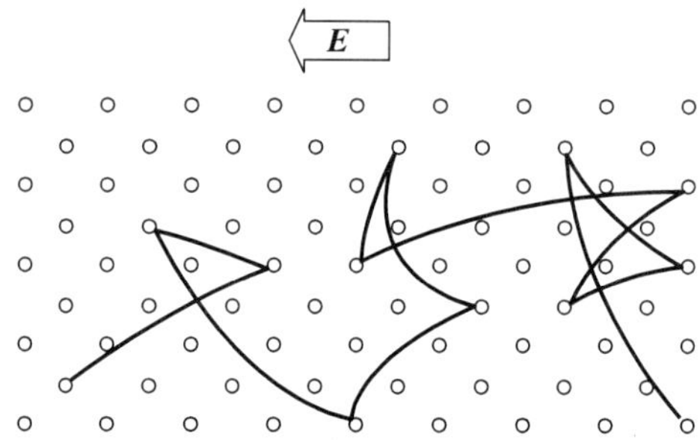

그림 6.3 • 전기장에 의한 가속운동과 열운동이 중첩된 운동

$$J = -nev_d \tag{6.3}$$

이 된다.

이는 고체 중에 단위체적당 n개의 자유전자가 모두 동일 속도 v_d로 운동하고 있을 때 흐르는 전류밀도가 J라는 것을 의미한다.

실제로 고체 중에서 자유전자는 어떤 운동을 할까? 고전 전자가스 모델에서는 자유전자의 운동을 보통 기체분자의 운동에 비교한다. 즉 전기장이 없을 때에도 전자는 에너지를 받아 마치 기체분자와 같이 **열운동**을 한다고 생각한다. 기체의 경우에는 열운동의 원인이 되는 충돌이 분자간의 충돌이지만, 고체중의 자유전자는 원자와의 충돌을 반복하는 열운동을 하고 있다고 생각한다. 왜냐하면 고체 중에는 원자가 많이 늘어서 있고, 그들은 전자보다도 훨씬 질량이 크기 때문이다. 물론 충돌이라 해도 구와 구의 역학적 충돌이 아니라, 전기적인 반발력에 의한, 소위 말하는 **전기적 충돌**이다. 1개의 전자로 보면, 그 운동은 그림 6.2처럼 생각할 수 있다. 전기장이 걸리면 전자는 전기장에 의한 가속 운동과 **열운동 (브라운** 운동이라고도 한다)이 중첩된 그림 6.3과 같이 운동할 것이다. 여기서 전기장이 매우 커지면 전자는 충돌하는데, 그 때까지 전기장으로부터 받은 에너지를 전부 충돌상대 (여기에서는 원자)에 준다고 생각해도 될 것이다. 이와 같은 모델에 기초하여 옴의 법칙을 유도해 보자.

충돌과 충돌사이의 시간을 평균하여 2τ[s]라 하자. 전자 1개의 운동이 아니라, 매우 많은 (금속의 경우 ~10^{28} m^{-3}) 전자집단의 운동이므로, 많은 수의 전자들에 대한 평균을 생각해야 한다. 여기서 열운동은 불규칙한 운동이므로, 전체 전자에 대하여 평균하면 상쇄되어 버린다. 따라서 전기장에 의한 가속도 운동만을 생각하면 된다. 어떤 순간을 생각하면, 어떤 전자는 충돌 직전에 있고, 어떤 전자는 충돌 직후에 있기 때문에, 전체 전자

에 대한 평균속도는 양쪽의 평균, 즉,

$$\text{충돌 직후의 속도} = 0$$

$$\text{충돌 직전의 속도} = -\frac{e\boldsymbol{E}}{m} \cdot 2\tau$$

의 평균값

$$\begin{aligned} v_d &= \frac{1}{2}\left\{0 + \left(-\frac{e\boldsymbol{E}}{m} \cdot 2\tau\right)\right\} \\ &= -\frac{e\tau}{m}\boldsymbol{E} \end{aligned} \tag{6.4}$$

로 나타낼 수 있다. 여기서 m은 전자의 질량이다. 즉 충돌효과는 모든 전자가 식 (6.4)에 나타낸 v_d라고 하는 일정한 속도 (이를 **이동속도**라 한다)로 운동한다고 생각하는 것과 같다. 따라서 전류밀도는 식 (6.3)에 의해

$$\boldsymbol{J} = -nev_d = \frac{ne^2\tau}{m}\boldsymbol{E} \tag{6.5}$$

라고 할 수 있다. $ne^2\tau/m$은 전기장 $\boldsymbol{E}$에는 관계없는 양으로, 이 식은 옴의 법칙을 명확히 나타내고 있으며, 식 (6.2)와 비교하여 도전률 σ는

$$\sigma = \frac{ne^2\tau}{m} \tag{6.6}$$

임을 알 수 있다. m과 e는 물질 불변의 상수이므로, σ의 크기는 단위 체적당 자유전자의 수 n과 충돌 사이의 평균시간 τ에 의해 결정된다는 것을 의미한다. 이때 τ을 **완화시간**이라 한다. 식 (6.4)에서 $v_d \propto \boldsymbol{E}$ 이므로,

$$|v_d| = \mu|\boldsymbol{E}| \tag{6.7}$$

로 표시할 수 있는데, 여기서 μ는 단위 전기장 당 이동속도로 **이동도**라 한다. 단위는 $[m^2/Vs]$이며, 전자가 전기장에 의해 속도를 내기 쉬운 정도를 나타내는 양이라고 생각할 수 있다. μ의 크기가 반도체에서 매우 중요한 의미를 가진다는 것은 나중에 알게 된다.

$$v_d = -\mu E \tag{6.8}$$

이므로, 식 (6.5), 식 (6.6)에서

$$J = ne\mu E \tag{6.9}$$

$$\sigma = ne\mu \tag{6.10}$$

$$\mu = e\tau/m \tag{6.11}$$

등의 관계식을 얻을 수 있다. 이러한 식은 고전 전자가스 모델이라는 간단한 모델에서 유도한 것인데, 더 엄밀히 생각하면, 전자의 에너지 분포를 고려하여 전자와 원자 사이의 상호작용을 양자학적으로 풀어도, τ을 어떤 평균값으로서의 $<\tau>$, m을 상호작용을 고려한 m^*라는 양으로 치환되는 점 이외는 그대로 성립한다는 점을 알 수 있다.

전자가스 모델로 부터 옴의 법칙을 간단히 도출하였는데, **열전도**에 관한 위데만-브란츠의 법칙도 유도해낼 수 있는지 알아보자. 고체중의 열전도는 원자의 열진동이 차례차례로 전달되어 나가는 것과 자유전자의 운동 에너지 형태로 열이 운반되는 것, 두 합으로서 나타낼 수 있다. **열전도율** χ [W/K · m]은 단위 단면적당, 단위시간에 x방향으로 흐르는 열량 (열의 흐름 밀도 Q [W/m^2])과 온도 기울기 $-dT/dx$ [K/m] 사이의 비례계수로

$$Q = \chi\frac{dT}{dx}\left(= -\chi\left(-\frac{dT}{dx}\right)\right) \tag{6.12}$$

로 정의된다. 원자의 열진동에 의한 것을 살창 열전도율 χ_p, 자유전자의 운동 에너지에 의한 것을 **전자 열전도율** χ_e라 하면

$$\chi = \chi_p + \chi_e \tag{6.13}$$

라 할 수 있다. 일반적으로 금속에서는 $\chi_e \gg \chi_p$이며, 절연체에서는 $\chi_p \gg \chi_e$라는 것은 쉽게 상상이 된다.

한편, 금속에서는 $\chi \simeq \chi_e$라 생각해도 좋지만, χ와 σ간에 비례관계가 성립한다. 식으로 나타내면,

$$x|\sigma T = L \tag{6.14}$$

이다. 여기서 T는 절대온도, L은 상수다. 이 법칙을 **위데만-브란츠의 법칙**이라 한다. 여기서 L은 **로렌츠 수**라 하며, 실험으로 구하면 $L = 2.51 \times 10^{-8}$ W · Ω/K^{2}이다. 이제 이 관계식을 유도해 보도록 하자.

열전도이므로, 온도 기울기가 존재하는 곳에서 전자가스에 의해 운반되는 에너지를 구하면 된다. 지금 x 방향에 온도 기울기 $-dT/dx$가 있다고 하자. 전자의 충돌과 충돌사이 거리의 평균값 (**평균 자유행정**)을 l이라 하면, 전자는 첫 번째 점에서의 에너지를 마지막 점으로 운반한다고 생각할 수 있으므로, 1회의 충돌로 1개의 전자가 운반되는 에너지는, $\varepsilon(T)$가 $T(K)$ 장소에 있을 때의 전자에너지로,

$$\Delta\varepsilon = \varepsilon(T) - \varepsilon\left(T - \frac{dT}{dx}l_x\right) = \frac{d\varepsilon(T)}{dT}\frac{dT}{dx}l_x \tag{6.15}$$

이다. 여기서 l_x는 l의 x성분을 나타낸다. 따라서 전하가 운반될 경우 식 (6.2)와 마찬가지로

$$Q = n < \Delta\varepsilon \cdot v_{Tx} > = n\frac{d\varepsilon(T)}{dT} \cdot \frac{dT}{dx} < l_x \cdot v_{Tx} > \tag{6.16}$$

이 된다. 여기서 v_{Tx}는 열운동 속도 v_T의 x 성분을 나타낸다. 또한 < >는 많은 전자에 대한 평균을 나타낸다. 전자는 기체분자와 같이 **막스웰-볼츠만 분포**에 따라 분포하므로

$$\varepsilon\langle T\rangle = \frac{1}{2}m\langle v_T^2\rangle = \frac{3}{2}kT \tag{6.17}$$

라 할 수 있다. 여기서 k는 볼츠만 상수다. $l_x = \tau < v_{Tx} >$이기 때문에

$$\begin{aligned} Q &= \frac{3}{2}nk\frac{dT}{dx} < l_x \cdot v_{Tx} > = \frac{3}{2}nk\frac{dT}{dx} \cdot \tau\langle v_{T\,x}^{\;2}\rangle \\ &= \frac{1}{2}n\tau k\langle v_T^2\rangle\frac{dT}{dx} \\ &\left(\because\ < v_T^2 > = 3 < v_{T\,x}^{\;2} >\right) \end{aligned} \tag{6.18}$$

이 된다. 다시 식 (6.12)와 비교하여

$$x = \frac{1}{2}n\tau k\langle v_T^2\rangle \tag{6.19}$$

이 된다. 도전률 σ는 식 (6.6)으로 주어지므로

$$x/\sigma = \frac{1}{2}n\tau k\langle v_T^2\rangle \bigg/ \frac{ne^2\tau}{m} \tag{6.20}$$

이 된다. 다시 식 (6.17)에서 $< v_T^2 > = 3kT/m$이므로, 식 (6.20)은

$$x/\sigma = \frac{3}{2}\left(\frac{k}{e}\right)^2 T \tag{6.21}$$

이 된다. 이는 위데만-브란츠의 법칙 (식 (6.14))를 나타내고 있으며, 여기서 $L = \frac{3}{2}(k/e)^2 = 1.23 \times 10^{-8}\,\mathrm{W \cdot \Omega/K^2}$이 되며, 실험값과 잘 일치한다.

6.2 드리프트 이동

앞절에서 τ를 '완화시간'이라 하였는데, 그 의미에 대해 알아보자. 여기서 자유전자의 운동 방정식을

$$m\frac{dv(t)}{dl} = \boldsymbol{F} - m\frac{v(t)}{\tau} \tag{6.22}$$

라 하자. 여기서 $v(t)$는 많은 전자의 평균속도라 생각할 수 있다. $\boldsymbol{F}$는 전자에 작용하는 외력이며 전기장 $\boldsymbol{E}$일 때 $\boldsymbol{F} = (-e)\boldsymbol{E}$이다. 우변 제2항은 전자의 외력에 의한 가속을 방해하는 방향으로 작용하는 힘을 나타내며, 충돌을 의미한다. 역학에서는 마찰력에 대응하는 양으로, 따라서 $v(t)$에 비례한다고 생각할 수 있다, 그 때 비례계수는 m/τ이다. 여기에서 τ는 단순한 비례계수의 일부이지만, 이것이 앞서 서술한 완화시간과 동일하다는 것을 나중에 알게 된다. 식 (6.22)를 풀면,

$$v(t) = A\exp\left(-\frac{t}{\tau}\right) + \tau(-e)\frac{\boldsymbol{E}}{m} \tag{6.23}$$

가 된다.

한편, 전기장을 돌연 0으로 할 때 전자의 속도변화를 조사 해보자. 이때 초기 조건 $t = 0$에서 $v(t) = v_0$, $E = 0$로 한다. 그러면

$$v(t) = v_o\exp\left(-\frac{t}{\tau}\right) \tag{6.24}$$

이 되며, 그림 6.4(a)에 나타낸 바와 같이 전자의 속도는 지수 함수적으로 감소하는 것을

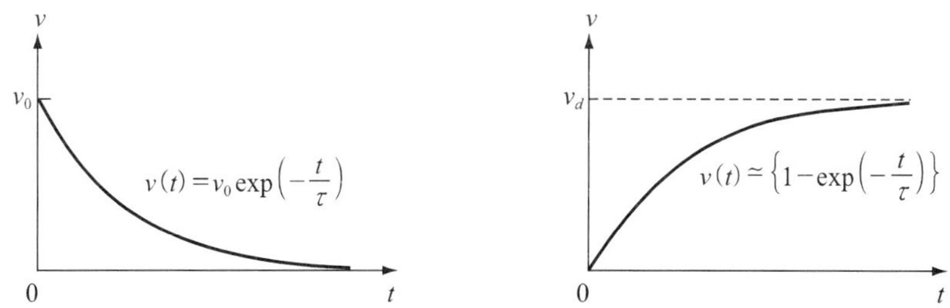

(a) $t=0$에서 전기장을 0으로 했을 때　　(b) $t=0$로 전기장을 인가 할 때의 전자속도 변화

그림 6.4 ◦ 완화 시간의 의미

알 수 있다. 반대로 처음 $\boldsymbol{E}=0$, $v(t)=0$ 이었던 것이 돌연 $\boldsymbol{E}$를 인가하면 $v(t)$가 어떻게 변화할까? 초기 조건으로 $t=0$, $v(t)=0$로 하면

$$v(t)=\tau(-e)\frac{\boldsymbol{E}}{m}\left\{1-\exp\left(-\frac{t}{\tau}\right)\right\} \tag{6.25}$$

이 얻어지며, 이를 그래프로 나타내면 그림 6.4(b)와 같다. 그림 6.4(a), (b)는 모두 **완화 현상**에 특유한 변화를 나타내고 있다. 아울러 τ는 완화시간을 나타내고 있다.

한편 그림 6.4(b)에서 충분히 시간이 경과하면 $v(t)$는 어떤 일정한 값으로 수렴해 가며, 이를 v_d라고 하면 식 (6.25)에서 $t \gg \tau$이므로, $v(t) \to v_d$로 바꾸면

$$v_d=-\frac{e\tau}{m}\boldsymbol{E} \tag{6.26}$$

가 되어, 식 (6.4)와 같아진다. 즉 τ는 완화시간을 의미하며 이때 전기장의 계수 항이 드리프트 이동도라 정의하였으며, 따라서 전류밀도가 식 (6.5)와 같아지는 것은 당연하다.

6.3 전자 산란

결정 내 양공은 그림 6.5와 같이 살창과 충돌하면서 열운동을 하고 있는데, 이 때 **열운동에너지는** $\frac{3}{2}kT$로 전자에 대하여 생각하면

$$\frac{1}{2}m^*v_n^2=\frac{3}{2}kT,\quad v_n=\sqrt{\frac{3kT}{m^*}} \tag{6.27}$$

이고, 전기장 $\boldsymbol{E}$를 공급하면 각각의 충돌시간 t 사이만큼 가속되어 전기장 반대 방향으로 $\frac{1}{2}at^2$만큼 이동한다. 충돌사이의 평균 자유행정 (mean free path) l_n이 전기장의 영향을 받지 않는다면,

$$l_n = v_n t = v_n \tau_n, \; t = \tau_n \tag{6.28}$$

이다.

여기서 τ_n은 전자의 **평균 수명시간**이다. 전기장에 의해서 매초 전자가 이동하는 거리와 이동속도 v_d와의 관계를 구하면

$$v_d = \frac{\frac{1}{2}a\bar{t}^2}{\bar{t}} = -\frac{1}{2}\frac{e\boldsymbol{E}}{m^*}\frac{\bar{t}^2}{\tau_n} \tag{6.29}$$

$$m^* a = -e\boldsymbol{E}$$

이다. t의 분포상태에 의하여 $\bar{t}^2 = 2\tau_n^2$이라 보면

$$v_d = -\frac{e\boldsymbol{E}}{m^*}\tau_n = \mu_n \boldsymbol{E} \tag{6.30}$$

$$\mu_n = \frac{e}{m^*}\tau_n$$

이다. 식 (6.27), 식 (6.28), 식 (6.30)에서 이동도 μ_n은

$$\mu_n = \frac{e}{m^*}\tau_n = \frac{el_n}{m^* v_n} = \frac{el_n}{\sqrt{3m^* kT}} \;\; [\mathrm{m^2/V \cdot s}] \tag{6.31}$$

이고, 양공에 대해서도 동일하게 생각하면

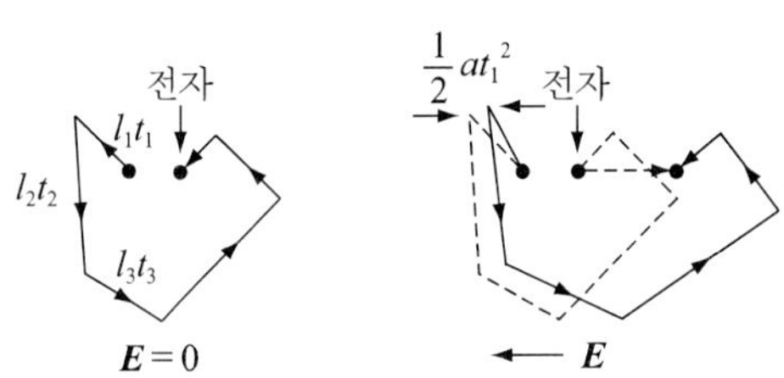

그림 6.5 ◦ 전기장에 의한 전자의 이동

$$\mu_p = \frac{e l_p}{\sqrt{3 m_v k T}} \tag{6.32}$$

이다. l_p는 양공의 평균 자유행정, m_v는 양공의 유효질량이다.

이동도는 여러 종류의 산란에 의하여 방해를 받는다. 불순물이 포함되지 않는 고순도 반도체에서는 보통 살창진동에 의한 산란만이 기여하게 된다. 따라서 저온에서는 살창산란이 억제되고 이동도가 증가하게 된다. 한편, 불순물 반도체에서는 불순물에 의한 산란 때문에 불순물의 농도가 높을수록 이동도는 감소한다. 불순물농노가 10^{16} [cm^{-3}]을 경계로 낮은 쪽에서는 이동도가 크지만, 높은 쪽에서는 이동도는 감소하게 된다. 아울러 전자의 이동도는 보통 양공보다 크다.

불순물 반도체인 경우에는 어느 정도 저온이 되면 이동도 μ는 감소한다. 이것은 저온에서 전자와 양공이 불순물에 의해 산란되어 생기는 현상이다. 극히 저온인 경우를 살펴보자. 살창진동은 매우 적으며 거의 정지하고 있으므로, 전자와 양공은 살창의 주기적 에너지 중을 낮은 속도로 운동한다. 이 주기적 에너지 중에서는 어떠한 방해도 받지 않으므로 평균 이동거리 l이 대단히 길어지고, 살창진동에 의한 이동도 μ_L이 커진다. 그러나 결정 내의 불순물과 이온, 결정의 불완전성 등에 의해 산란되는데, 이들 양이 많을수록 평균 이동거리 l이 짧고, 이동도 μ가 작아지게 된다. 실험결과 저온에서의 불순물에 의한 이동도 μ_I는

$$\mu_I \propto T^{3/2} \tag{6.33}$$

으로 된다.

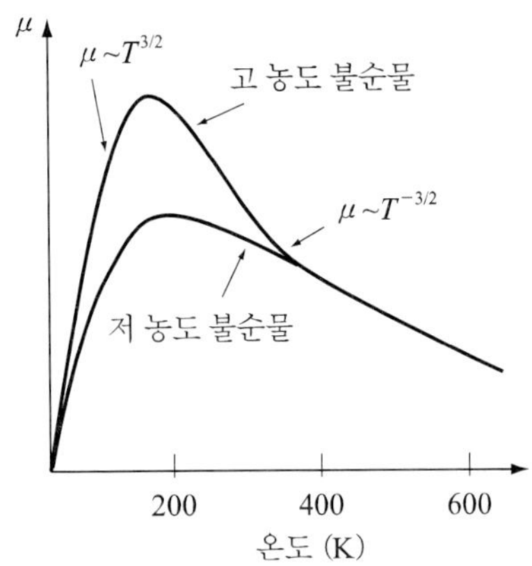

그림 6.6 ◦ 전자 이동도의 온도특성

이동도 μ와 온도와의 관계를 그림 6.6에 나타내었다. 저온영역에서는 $T^{3/2}$, 고온영역에서는 $T^{-3/2}$에 비례하고 중간온도 영역에서 최대가 되며, 이러한 온도는 재료의 종류와 불순물 함유량에 따라 결정된다. 저온에서는 μ_I (불순물 산란에 의한 이동도)가 지배적이고, 고온에서는 μ_L (살창진동 산란에 의한 이동도)이 지배적이다.

6.4 확산 운동

외부에서 전압을 공급하지 않았을 경우에도, 캐리어의 농도차에 따른 기울기가 반도체 내에 존재하면 농도가 높은 쪽에서 낮은 쪽으로 입자의 이동이 생겨 전류가 흐를 수 있다. 이와 같이 캐리어 농도의 기울기에 의한 입자의 이동현상을 **확산 (diffusion)**이라 하며, 확산에 의한 전류를 **확산전류**라 한다. 이 확산작용은 반도체의 도전현상에서 중요한 요소로, 입자의 열운동, 광 조사 등에 의해서도 발생한다.

우선, x방향으로 운동하는 양공을 살펴보자. 확산에 의한 양공 전류밀도를 J_p라 하면

$$J_p = -eD_p \frac{dp}{dx} \tag{6.34}$$

로 된다. 여기서 D_p는 **양공의 확산계수**이며, (−)는 거리 x에 따른 양공농도 p의 감소를 나타낸다. 확산에 의한 전자 전류밀도를 J_n이라 하면

$$J_n = eD_n \frac{dn}{dx} \tag{6.35}$$

이다. 여기서 D_n은 전자의 확산계수를 나타내며, D_n, D_p는 평균자유행정 l과 평균 자유시간 τ로 나타낼 수 있다.

$$\begin{aligned} D_p &= (l_p)^2/\tau_p \\ D_n &= (l_n)^2/\tau_n \end{aligned} \tag{6.36}$$

전자, 양공이 동시에 확산할 때 확산 전류밀도 J_d는 다음과 같다.

$$J_d = J_n + J_p = e\left(D_n \frac{dn}{dx} - D_p \frac{dp}{dx}\right) \tag{6.37}$$

반도체 내에 전기장 E가 존재할 경우는 드리프트 전류와 확산 전류밀도의 합이 전체 전류밀도가 된다. 즉 양공의 확산전류와 드리프트 전류밀도의 합을 i_p라 하면

$$i_p = ep\mu_p \boldsymbol{E} - eD_p \frac{dp}{dx} \tag{6.38}$$

이고, 전자에 의한 확산전류와 드리프트 전류밀도의 합 i_n은 다음과 같이 나타낼 수 있다.

$$i_n = en\mu_n \boldsymbol{E} + eD_n \frac{dn}{dx} \tag{6.39}$$

따라서 반도체 내에서 흐르는 전체 전류밀도는 식 (6.38)과 식 (6.39)의 합으로 된다.

$$i = i_n + i_p = e(n\mu_n + p\mu_p)\boldsymbol{E} + e\left(D_n \frac{dn}{dx} - D_p \frac{dp}{dx}\right) \tag{6.40}$$

6.5 전자기장 중의 전자운동 (Hall 효과)

이제까지 전기장 혹은 농도 기울기가 있을 때의 자유전자 행동을 논하였으나, 여기에서는 전기장과 자기장이 동시에 존재할 때 어떤 현상이 일어나는지를 전자가스 모델의 입장에서 생각해 본다.

진공중 전자에 전기장과 자기장이 동시에 인가될 때 운동은 전자기학에서 잘 알려져 있듯이 **사이크로트론 궤도**가 된다. 전기장 $\boldsymbol{E}$가 x방향, 자기장이 z방향 (지면의 앞면에서 뒷면으로)으로 하면, 그림 6.7(a)와 같이 $-y$ 방향으로 사이크로트론 궤도를 그린다. 그러나 고체 중에서는 충돌을 반복하기 때문에 그림 6.7(b)와 같이 θ정도 기운 방향으로 작은 원호를 그리면서 움직여 나가는 것으로 생각된다. 아무튼 여기서 중요한 것은 전자는 전기장과 자기장의 양방에 대해 직각 방향으로 (θ라는 기울기는 가지고 있지만) 운동해 나간다는 것이다. 따라서 그림 6.8과 같이 직사각형 시료의 긴 방향 (x축 방향으로 한다)으로 전류 I [A]를 흘리고, 여기에 직각인 두께 방향 (z방향으로 한다)으로 자속밀도 $\boldsymbol{B}$ [wb/m^2]의 자기장를 걸면, 시료 내의 자유전자는 전술한 바와 같이, 그림에서 시료 윗면, 즉 $-y$ 방향으로 편향해 나간다. 따라서 윗면에는 마이너스의 전류가 모이고, 밑면에는 플러

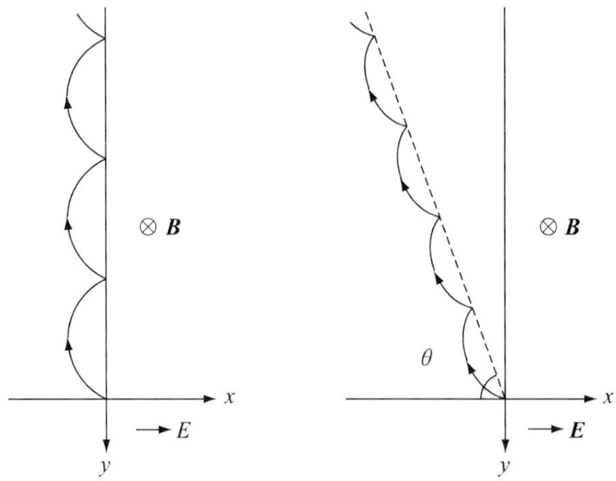

(a) 진공중 (사이크로트론 궤도) (b) 고체 중

그림 6.7 ◦ 전기장과 자기장이 있을 때의 전기장 궤도

스로 하전 된다. 그 결과, 전자를 y 방향으로 (시료의 윗면에서 밑면으로 향해) 되밀려고 하는 전기장에 의한 힘이 발생하며, 로렌츠 힘과 균형을 이루게 된다. 계속하여 전자는 $-x$ 방향으로 운동하여 진행하는데, 이 때 시료의 윗면과 밑면 사이에는 전기장 E_H가 발생하기 때문에, 이 사이에 전압 V_H가 발생한다. 이를 Hall **전압**이라고 하며, 이 현상을 Hall **효과**라고 한다.

이 Hall 효과를 수식화 하여보자. 전자에 작용하는 힘은 로렌츠 힘

$$\boldsymbol{F} = -e(\boldsymbol{E} + \boldsymbol{v}_d \times \boldsymbol{B}) \tag{6.41}$$

이므로, y 방향의 힘의 균형은

로렌츠 힘 : $-ev_dB$

Hall 전기장에 의한 힘 : $(-e)\times(-E_H) = eE_H$

두 힘의 합 $=0$이 된다. 즉,

$$-ev_dB + eE_H = 0 \tag{6.42}$$

$$\therefore E_H = v_dB \tag{6.43}$$

아울러 그림 6.8과 같이 시료 y 방향 폭을 $w\,[\mathrm{m}]$, z 방향의 두께를 $t\,[\mathrm{m}]$이라고 하면

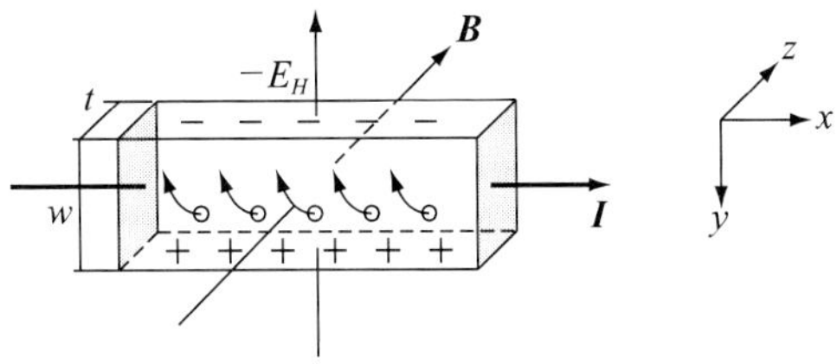

그림 6.8 ◦ 홀 효과

$$\begin{aligned} V_H - E_H \cdot w &= v_d B w \\ &= \frac{I}{n(-e)wt} Bw \end{aligned} \tag{6.44}$$

$$\left(\because J = \frac{I}{wt} = -nev_d \right)$$

가 된다. 결국,

$$V_H = \frac{1}{n(-e)} \frac{IB}{t} \equiv R_H \frac{IB}{t} \tag{6.45}$$

를 얻을 수 있다. 이 식은 Hall 전압 V_H는 전류 I와 자속밀도 B의 곱에 비례하며, 시료의 두께 t에 반비례하는 것을 나타낸다. 비례계수 R_H [m^3/C]는

$$R_H = \frac{1}{n(-e)} \tag{6.46}$$

로 나타나며, **Hall 계수**라 한다.

따라서 식 (6.46)에서 다음을 알 수 있다.

(1) 전자에 대하여 생각하면 R_H는 마이너스가 되지만, 만일 전류 운반체 (캐리어라 한다)가 플러스 전하의 입자라면, Hall 계수의 부호는 플러스가 된다. 즉 R_H의 부호에서 전류 운반체의 전하 부호를 알 수 있다 (즉 전자인지 양공인지 알수 있다).

(2) Hall 계수를 구하면 식 (6.46)에서 n, 즉 단위 체적당 전자수, 즉 캐리어 밀도가 구해진다.

(3) 식 (6.46)과 식 (6.10)에서

$$|R_H|\sigma = \mu \tag{6.47}$$

또는 $$|R_H| / \rho = \mu \tag{6.48}$$

이 되며, Hall 계수와 도전율 (또는 전기 저항률)을 조합하면, 이동도가 구해진다. 이렇게 구한 이동도를 특히 **Hall 이동도**고 하며 μ_H로 쓴다.

그림 6.5(b)에 나타낸 바와 같이, 전자는 θ라고 하는 기울기를 가지고 편향하는데,

$$\tan\theta \simeq \theta \simeq \frac{E_H}{|\boldsymbol{E}|} = \frac{u_d B}{E_x} = \mu B \tag{6.49}$$

이라는 것을 알 수 있다. 이 θ를 **Hall 각**이라고 한다.

6.6 소수 캐리어의 열생성 및 재결합

우리는 5장에서 열평형 상태에서의 캐리어 평형에 대해 공부하였다. 그리고 n과 p간에는 식 (6.20)의 $n \cdot p$ 곱이 일정한 특성을 가진다고 배웠다. 그리고 이러한 캐리어에 대해 전기장이나 자기장가 인가되었을 때의 거동을 논하였다. 여기에서는 열평형 상태에서보다 과잉한 캐리어가 반도체 속에 주입되었을 때 문제에 대해 생각해 보도록 하자. 이와 같은 캐리어를 **과잉 캐리어**라고 한다 (5장 5.5절, 5.6절 참조). N형 반도체에서는 $n > p$이므로, 이 경우 전자를 **다수 캐리어**, 양공을 **소수 캐리어**라고 한다. P형 반도체에서는 반대로 양공이 다수 캐리어, 전자가 소수 캐리어이다. 그리고 과잉하게 주입된 소수 캐리어를 **과잉 소수캐리어**라고 하며, 그 거동에 관한 연구가 트랜지스터의 발명의 동기가 되었다는 점은 반도체 산업의 엄청난 발전을 생각하면 매우 흥미로운 일이다.

일반적으로 과잉 캐리어는 광에 의한 여기, 혹은 **주입** (5.5절 참조)이라는 형태로 도입된다. 지금 열평형 상태에서의 캐리어 밀도를 n_0, p_0라고 하면, p-n곱의 일정성에 의해

$$n_0 p_0 = N_c N_v \exp(-E_g / kT) \equiv K \tag{6.50}$$

이 성립한다.

반도체 중에 주입된 과잉 캐리어 밀도를 Δn, Δp라고 하면, 중성조건에서 $\Delta n = \Delta p$이어야 한다. 예를들면 그림 6.9와 같이 반도체에 광을 조사하여, 전자가 원자가띠로부터 전도띠로 여기하였다고 가정하면, 전도띠 속의 과잉 전자밀도 Δn과 원자가띠 속의 과잉

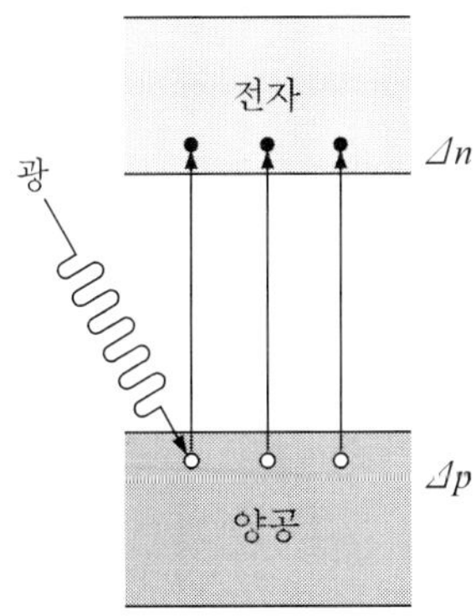

그림 6.9 ◦ 광에 의한 캐리어의 여기

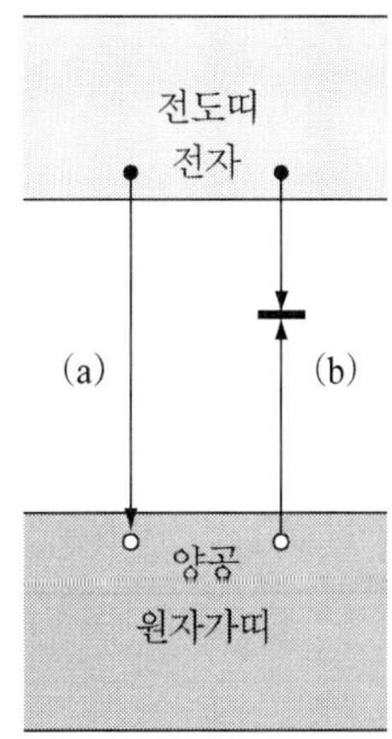

(a) 직접 재결합

(b) 불순물준위를 통한 재결합

그림 6.10 ◦ 캐리어의 재결합 과정

양공밀도 Δp는 동일하다. 혹은 전극으로부터 주입이라는 형태로 과잉전자 Δn을 도입하면, 중성조건을 만족하도록 원자가띠 속에도 같은 수의 양공이 전극으로부터 흘러 들어간다. 하지만, 이처럼 과잉 캐리어가 주입되면, p-n 곱은

$$np = (n_0 + \Delta n)(p_0 + \Delta n) > K \tag{6.51}$$

가 되어 열평형 상태가 무너지게 된다. 과잉 전자와 양공은 재결합을 하여 없어져, 다시 열평형 상태로 돌아간다. 재결합 과정에는 그림 6.10에서와 같이 직접 재결합 (그림 6.10(a))과 불순물 준위 (이를 **재결합 중심이**라고 한다)를 통한 재결합 (그림 6.10(b))이 있다. 재결합 중심으로서 작용하는 불순물 준위는 6.3절에서 설명한 '얕은' 불순물 준위와 달리, 금지대역 중앙 근처의 '**깊은**'준위로, Ge, Si에서는 천이금속 원소가 이와 같은 준위를 형성하는 경우가 많다.

한편 예를들어, **n형 반도체를 생각하면,** Δn은 과잉 다수캐리어, Δp는 과잉 소수캐리어이지만, 다수캐리어는 원래 다수 존재하는 캐리어이기 때문에, 과잉하게 주입되어도 그다지 영향은 없다. 여기서 문제가 되는 것은 과잉 소수캐리어의 거동이다. 지금 n형 반도체 시료 속에 밀도 Δp의 과잉 소수 캐리어인 양공이 주입되었다고 하면, Δp의 시간 변화를 지배하는 것은 앞서 설명한 재결합 외에도 밀도 기울기에 의해 확산이 일어나는데, 현재 생각하고 있는 위치로부터 흘러나가거나 혹은 흘러들어오는 과정, 또한 전기장이 있으면 그에 의한 변화 등을 생각할 필요가 있다. 결국,

(1) 재결합에 의한 소멸
(2) 밀도 기울기에 의한 확산
(3) 전기장에 의한 이동
(4) 광 등에 의한 생성

등 최소한 네 가지 과정을 생각할 필요가 있다. 이들에 대해 Δp의 시간변화가 어떻게 나타나는지 순서대로 생각해 보자.

(1) 재결합에 의한 소멸

재결합의 확률은 일반적으로 Δp에 비례하므로 그 비례계수를 $1/\tau_p$라고 두면, Δp의 시간변화를 나타내는 방정식은

$$\frac{d\Delta p}{dt} = -\frac{\Delta p}{\tau_p} \tag{6.52}$$

이라 할 수 있다. 이를 풀면,

$$\Delta p = C\exp\left(-\frac{t}{\tau_p}\right) \tag{6.53}$$

가 되며, 그림 6.11에서와 같이, Δp는 시간과 함께 지수함수로 감소한다. C는 $t=0$에서의 Δp 값 (초기값)이 된다. Δp가 초기값의 1/exp가 되는 시간은 τ_p이며, τ_p는 n형 반도체 중에 주입된 과잉 소수캐리어인 양공의 **수명**을 나타낸다. P형 반도체 중의 과잉 전자 수명 τ_n도 동일하게 정의된다.

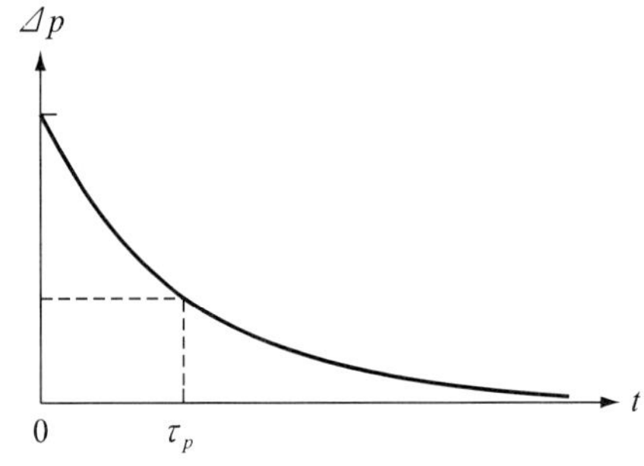

그림 6.11 • 양공 밀도의 재결합에 의한 감소

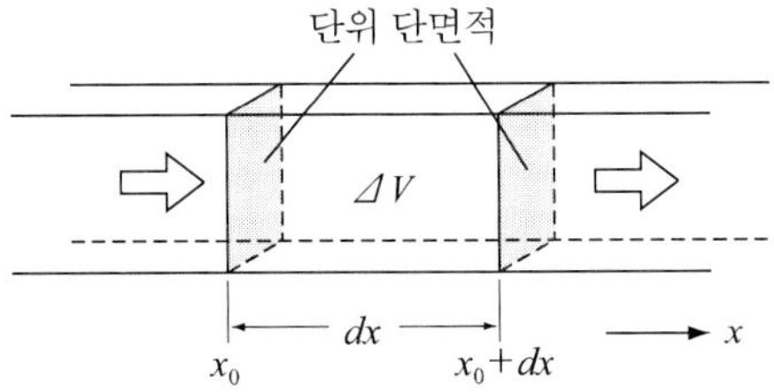

그림 6.12 • 밀도 기울기에 의한 확산의 설명도, 단위 단면적의 미소체적 요소를 생각한다.

(2) 밀도 기울기에 의한 확산

그림 6.12와 같이 시료가 단위 단면적이라 가정하여, 미소체적 ΔV를 생각해, 확산에 의한 흐름의 방향을 단면에 수직한 x방향으로 취하면, 생각하고 있는 미소체적 ΔV로 흘러들어가는 양공 수는, 단위 시간당

$$-D_p\left(\frac{\partial \Delta p}{\partial x}\right)_{x=x_0} \tag{6.54}$$

로 나타난다. 여기서 D_P는 양공의 확산계수다. 또한, 흘러나가는 수는, 단위 시간당

$$-D_p\left(\frac{\partial \Delta p}{\partial x}\right)_{x=x_0+dx} \tag{6.55}$$

이지만,

$$\Delta p(x_0+dx)=\Delta p(x_0)+\frac{\partial \Delta p(x_0)}{\partial x}dx \tag{6.56}$$

임을 생각하면 식 (6.55)는

$$-D_p\left\{\left(\frac{\partial \Delta p}{\partial x}\right)_{x=x_0}+\left(\frac{\partial^2 \Delta p}{\partial x^2}\right)_{x=x_0}dx\right\} \tag{6.57}$$

이 된다. ΔV 속의 단위 시간당 실제 양공 수의 변화는 들어오는 수와 나가는 수의 차, 즉 식 (6.54)와 식 (6.57)의 차이며, $\Delta V = dx \times 1$ (입체 단면적)로 나누면, 단위 체적당

$$\frac{\partial \Delta p}{\partial t}=D_p\frac{\partial^2 \Delta p}{\partial x^2} \tag{6.58}$$

가 된다.

(3) 전기장에 의한 이동

다시 그림 6.12에서 이번에는 $+x$방향으로 전기장 $\boldsymbol{E}_x$가 존재할 경우를 생각한다. 밀도 기울기는 없는 것으로 한다. 체적 ΔV로 흘러 들어가는 양공 수는 단위 시간당

$$\left(\mu_p \Delta p\, E_x\right)_{x = x_0} \tag{6.59}$$

이다. 여기서 μ_P는 양공의 이동도이다. 또한, 흘러 나가는 수는 단위 시간당

$$\left(\mu_p \Delta p\, E_x\right)_{x = x_0 + dx} \tag{6.60}$$

이지만, 식 (6.56)에 의해

$$\mu_p \left\{ \Delta p(x_0) E_x + \frac{\partial \Delta p(x_0)}{\partial x} E_x dx \right\} \tag{6.61}$$

가 된다. ΔV 속의 실제 양공 수의 변화는 식 (6.60)과 식 (6.61)의 차를 $\Delta V = dx \times 1$로 나누어 단위 시간, 단위 체적당

$$\frac{\partial \Delta p}{\partial t} = -\mu_p \frac{\partial \Delta p}{\partial x} E_x \tag{6.62}$$

이 된다.

(4) 광 등에 의한 생성

단위 시간, 단위 체적당

$$\frac{\partial \Delta p}{\partial t} = g \tag{6.63}$$

이다.

이상의 네 가지 과정이 동시에 존재할 때에는 식 (6.52), (6.58), (6.62), (6.63)을 더해 Δp의 시간 변화로서

$$\frac{\partial \Delta p}{\partial t} = -\frac{\Delta p}{\tau_p} + D_p \frac{\partial^2 \Delta p}{\partial x^2} - \mu_p \frac{\partial \Delta p}{\partial x} E_x + g \tag{6.64}$$

가 얻어진다. $\Delta p = p - p_0$ (p_0는 열평형 상태에서의 양공 밀도)이기 때문에, 식 (6.64)는

$$\frac{\partial p}{\partial t} = D_p \frac{\partial^2 p}{\partial x^2} - \mu_p E_x \frac{\partial p}{\partial x} - \frac{p - p_0}{\tau_p} + g \tag{6.65}$$

이 된다. 이 식은 가장 일반적인 식이며, **과잉 소수캐리어 연속의 식**이라 한다. 이 식을 사용해 몇 가지 구체적 문제를 풀어 보자.

예 1 N형 반도체 시료에 광을 펄스로 균일하게 조사하여 과잉 양공을 생성하였다. 광 조사 후 양공 밀도의 시간변화를 구하라.

식 (6.65)에서 $E_x = 0$, $D_p \frac{\partial^2 p}{\partial x^2} = 0$, $g = 0$이라 할 수 있으므로,

$$\frac{\partial p}{\partial t} = -\frac{p - p_0}{\tau_p} \tag{6.66}$$

이 된다.

초기 조건으로 $t = 0$에서 $p = p_1$이라고 두면, 식 (6.66)의 해는

$$p - p_0 = (p_1 - p_0)\exp\left(-\frac{t}{\tau_p}\right) \tag{6.67}$$

이 되며, 이는 식 (6.53)의 해와 동일함을 알 수 있다.

예 2 그림 6.13과 같이, p-n 접합에 있어 p영역에서 n영역으로 과잉 소수캐리어 양공이 주입된다. 양공은 밀도 기울기에 따라 x방향으로 확산된다. 정상상태가 되었을 때 양공 밀도의 분포를 나타내라.

식 (6.65)에서 $E_x = 0$, $g = 0$라 하면, 지금 정상상태이기 때문에, $\partial p / \partial t = 0$이라고 할 수 있으므로, 풀어야 할 방정식은

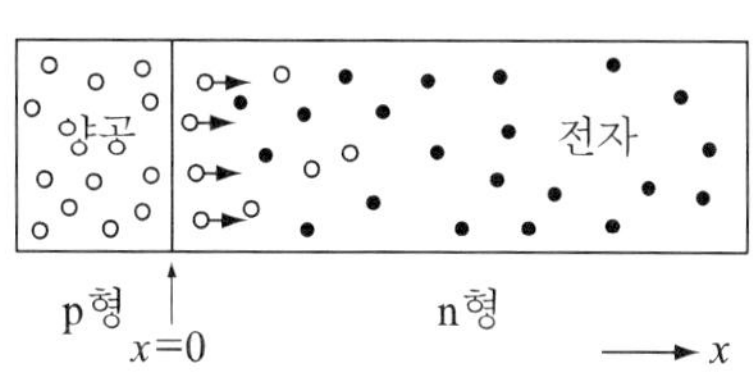

그림 6.13 • p-n 접합에서 양공의 주입

$$D_p \frac{\partial^2 p}{\partial x^2} - \frac{p - p_0}{\tau_p} = 0 \tag{6.68}$$

가 된다. 혹은

$$\frac{1}{p - p_0} \frac{\partial^2 (p - p_0)}{\partial x^2} = \frac{1}{D_p \tau_p} \tag{6.69}$$

$$\left(\because \frac{\partial^2 p}{\partial x^2} = \frac{\partial^2 (p - p_0)}{\partial x^2} \right)$$

이 되기 때문에,

$$p - p_0 = A \exp(\lambda x) \tag{6.70}$$

로 하여 식 (6.69)에 대입하면

$$\lambda = \pm \frac{1}{\sqrt{D_p \tau_p}} \tag{6.71}$$

가 얻어지는데, 플러스 부호는 물리적으로 불합리하기 때문에 버리고, 경계조건으로 $x = 0$에서 $p = p_1$, $x = \infty$에서 $p = p_0$를 식 (6.70)에 대입하여

$$p - p_0 = (p_1 - p_0)\exp\left(-x / \sqrt{D_p \tau_p}\right) \tag{6.72}$$

을 얻는다. P를 x 함수로 표시하면 그림 6.14와 같아진다. 여기서 $(p - p_0)$가 1/exp가 되는 거리로

$$L_p \equiv \sqrt{D_p \tau_p} \tag{6.73}$$

을 양공의 **확산거리**라 한다. 전자의 확산거리도 동일하게

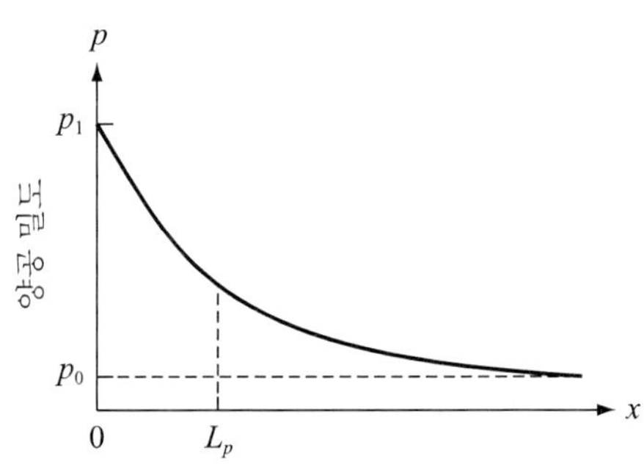

그림 6.14 • p-n 접합에서 주입된 양공의 정상상태에서의 분포, L_p는 양공의 확산 거리를 나타낸다.

$$L_n \equiv \sqrt{D_n \tau_n} \tag{6.74}$$

로 정의된다. 여기서 D_n, τ_n은 각각 전자의 확산계수와 수명이다.

6.7 아인슈타인의 관계식

앞 절에서 전자나 양공의 확산계수를 도입했는데, 직관적으로 생각하여 이동도 μ가 큰 캐리어가 확산계수 D도 클 것이다. 왜냐하면 확산현상은 원래 열운동과 같은 '유동' 운동에 기초하고 있으며, 유동의 크기는 앞에서 설명한 바와 같이 평균 자유행정, 즉 완화시간 τ에 비례하는 양이기 때문이다. 지금 μ와 D의 관계를 n형 반도체 중의 전자의 확산에 적용하여 보자.

그림 6.15와 같이, $-x$ 방향으로 도너밀도 기울기 $\dfrac{\partial n}{\partial x}$이 있을 때, 도너는 모두 이온화되어 있다고 가정하면, 전도전자도 $-x$ 방향으로 밀도 기울기를 발생시켜, $+x$ 방향으로 확산된다. 그러면 시료의 우측은 음으로 대전하며, 좌측은 양으로 대전하기 때문에, $+x$ 방향의 전기장 E_x가 발생하며, 확산에 의해 $+x$ 방향으로 흐르려는 전자를 되돌리는 방향으로 힘이 작용하여, 평형상태가 이루어지게 된다. 즉 전기장에 의한 흐름과 확산에 의한 흐름의 합이 0이 된다. 따라서 양쪽이 균형을 이루며 전체적으로 흐름은 발생하지 않는다.

식으로 나타내면

$$ne\,\mu_n E_x + eD_n \frac{\partial n}{\partial x} = 0 \tag{6.75}$$

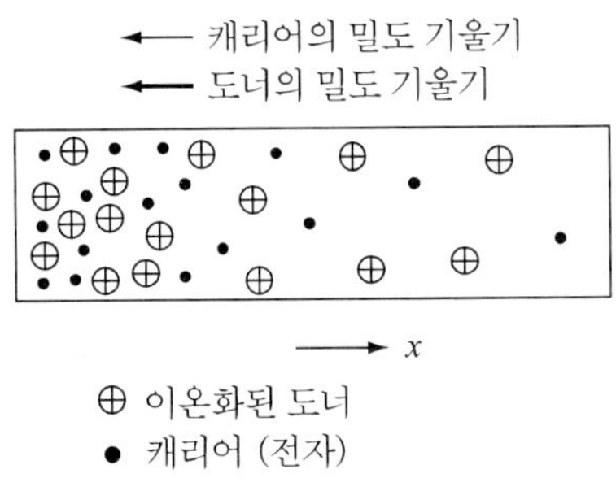

그림 6.15 • $-x$ 방향에 도너의 밀도 기울기가 있다.

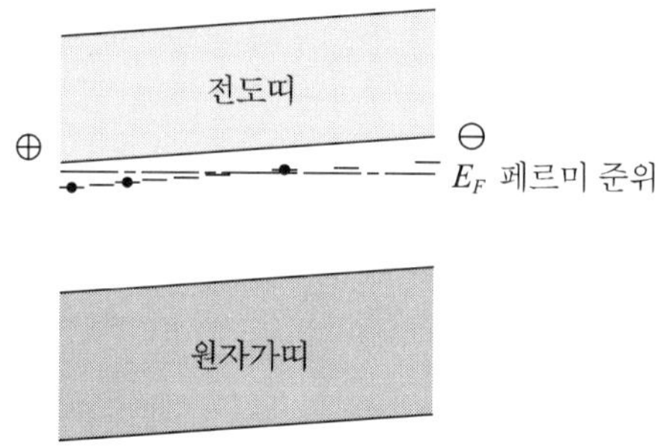

그림 6.16 • 내부 전기장에 의한 흐름과 확산에 의한 흐름이 균형을 이루고 있을 때 에너지 띠 그림

가 된다. 지금 열평형 상태이므로, 페르미 준위는 수평이고, 아울러 내부 전기장 E_x가 발생하므로, 그림 6.16과 같이, 에너지 띠에 기울기가 생긴다. 따라서 식 (6.75)에서

$$n\mu_n E_x = -D_n \frac{\partial n}{\partial x} \tag{6.76}$$

을 얻을 수 있다. 한편, 전도띠 바닥의 에너지 $E_c\ (x)$는 정전 포텐셜 $V(x)$ 함수로서

$$\frac{\partial E_c(x)}{\partial x} = \frac{\partial}{\partial x}\{-eV(x)\} \tag{6.77}$$

라 할 수 있다. 또,

$$\frac{\partial n(x)}{\partial x} = \frac{\partial}{\partial x}\left\{N_c \exp\frac{E_F - E_c(x)}{kT}\right\} \tag{6.78}$$

$$= \frac{1}{kT}\left\{N_c \exp\frac{E_F - E_c}{kT}\right\} \cdot \left(-\frac{\partial E_c(x)}{\partial x}\right) \tag{6.79}$$

$$= -n \cdot \frac{1}{kT}\frac{\partial E_c(x)}{\partial x} \tag{6.80}$$

이기 때문에, 식 (6.80)에 식 (6.77)을 대입하여

$$\frac{\partial n(x)}{\partial x} = \frac{ne}{kT}\frac{\partial V(x)}{\partial x} \tag{6.81}$$

을 얻을 수 있다. 한편 내부 전기장 E_x는 $-\partial V(x)/\partial x$와 같기 때문에, 식 (6.81)은

$$\frac{\partial n(x)}{\partial x} = -\frac{neE_x}{kT} \tag{6.82}$$

가 된다. 이 식과 식 (6.76)에서

$$D_n = \frac{kT}{e}\mu_n \tag{6.83}$$

가 구해진다. 이는 확산계수 D_n과 이동도 μ_n의 관계를 나타내는 식으로 **아인슈타인 관계식**이라 불린다. 양공에 대해서도 마찬가지로

$$D_p = \frac{kT}{e}\mu_p \tag{6.84}$$

가 성립한다.

연습문제

6.1 저항률 $1.72 \times 10^{-8}\ \Omega \cdot \mathrm{m}$ 동 송전선을 이용하여 300 km 떨어진 곳에 송전한다. 동선의 직경이 1 cm라 하면 송전선의 전기저항은 얼마나 될까? 또 200 A 전류를 흘린다고 가정할 때 송전선의 전압강하는 얼마나 되는가?

6.2 저항률의 역수를 도전율이라 한다. 도전율은 물질의 어떤 성질을 나타내는 양인가? 또 직경 0.1 mm, 길이 1 m인 금속선이 2.2 Ω의 저항을 가진다면 이 금속의 도전율은 얼마인가?

6.3 단면적 1 mm^2인 동선 중에 1 A의 전류가 흐를 때, 자유전자의 평균속도를 구하라. 단, 동에 포함되어 있는 자유전자의 밀도는 8.5×10^{28} 개/m^3이다.

6.4 균일한 굵기의 동선에 1 V/cm인 전기장을 인가할 때, (a) 전자의 평균속도 (b) 이동도 (c) 완화시간을 구하라. 단, 동의 저항률 및 자유전자의 밀도는 문제 6.1 및 6.3의 값을 이용하라.

6.5 동의 자유전자 완화 시간이 $2.45 \times 10^{-14}\ \mathrm{sec}$라 할 때, 음의 x 방향으로 1 V/cm의 전기장이 인가된다. 두 변수의 충돌간 x방향 성분속도의 평균증가를 계산하라. 또 두 변수의 충돌간 전자 에너지의 평균 증가는 어느 정도인가?

6.6 은중에 자유전자 완화시간 τ를 구하라. 단, 은의 원자량 10^8, 밀도 10.5 g/cm^3, 전기저항율 $1.6\times10^{-6}\ \Omega\cdot\mathrm{cm}$ 이다. 단, 자유전자 밀도 n은 단위 체적당 은의 원자수와 동일하다고 가정한다.

6.7 본문 식 (6.23)을 증명하라.

6.8 본문 식 (6.45)에서 Hall 계수 R_H의 단위가 [m^3/C] 임을 증명하라.

6.9 Hall 계수 측정에서, 전압 (V_H), 전류 (I), 자속밀도 (B), 시료의 두께 (t)를 실용단위로 측정할 경우, $V_H t/IB$를 10^8배한 것이, [cm^3/C] 단위를 가지는 R_H값이 된다는 점을 보여라.

6.10 전자가스 모델에서는 은 중의 자유전자의 평균 자유행로가 실온 (300 K)에서 약 46 Å로 계산됨을 보여라.

CHAPTER 7

p-n 접합과 정류성

7.1 p-n 접합의 형성

반도체는 p형과 n형이 있으며 하나의 반도체 물질 중에서 p형으로부터 n형으로 변하는 영역을 p-n 접합이라고 한다 (다른 종류의 반도체사이의 p-n 접합 (이종 접합)에 대해서는 나중에 설명한다). p-n 접합은 정류성을 나타내는데, 이장에서는 이 문제를 조금 더 이론적으로 다루어 보도록 하자.

앞의 5.8절에시 설명한 바와 같이, p형 반노체는 페르미 순위가 원자가띠 상단의 조금 위에 존재하며, n형 반도체에서는 전도띠 하단의 조금 아래에 위치하고 있다. 이를 그림 7.1(a), (b)에 나타낸다. 지금, 이 p형 반도체와 n형 반도체를 접촉시키면, n형으로부터 p형으로 전자가 흘러 들어가고, p형으로부터 n형으로는 양공이 흘러들어가 재결합으로 소멸한다. 따라서 n형측의 접합부 근처에는 양전하를 띤 도너이온이 남고, p형 측에는 음전하를 띤 억셉터 이온이 남아, 접합부를 끼고 포텐셜 장벽이 형성되며, 더 이상의 전자,

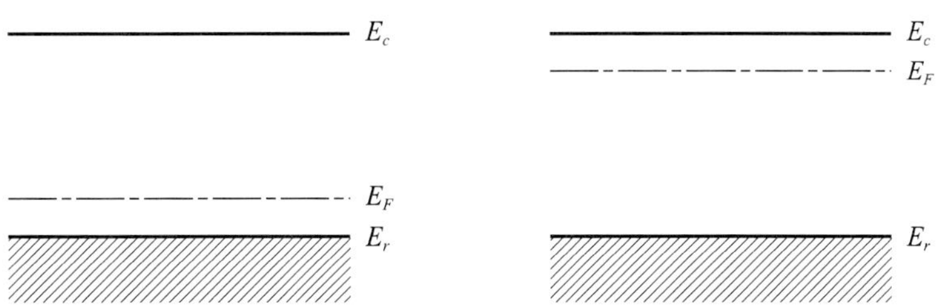

(a) p형　　　　(b) n형

그림 7.1 ◦ n형 반도체와 p형 반도체의 페르미 준위

양공의 유입이 저지되어 열평형 상태가 된다. 이를 에너지 띠 모델로 나타내면 어떻게 될까?

3.2절에서 설명한 바와 같이, 페르미 에너지 E_F는 열역학에서는 화학 포텐셜이라 불리며, 전자의 자유 에너지에 상당하는 양이므로, p형 반도체와 n형 반도체 사이에 열평형이 성립하고 있다면, 양자의 페르미 에너지는 일치해야 한다. 그렇지 않다면 전자의 흐름이 생기기 때문이다. E_F와 E_C (n형측), E_F와 E_V (p형측) (그림 7.1참조) 사이의 갭은 변하지 않기 때문에 (왜냐하면 p와 n을 접촉시켜도, 온도, 도너 농도, 억셉터 농도는 변하지 않기 때문에), 결국 그림 7.2와 같아지며, 접합부 에너지 띠에 단차가 생긴다. 이 에너지의 단차를 eV_D라고 했을 때, V_D를 **확산전압**라고 한다.

p형과 n형으로 페르미 에너지가 일치하듯이, 에너지 띠를 그리는 것이 아무래도 낯설게 생각되는 사람은 그 물리적 의미를 이해하기 위해 다음 두 가지 사항을 생각해 보면 좋다.

첫째 전자의 에너지 E는 전자에 대한 정전 포텐셜 φ와

$$\varphi = -\frac{E}{e} \tag{7.1}$$

의 관계가 있다. 따라서 앞서 설명한 바와 같이, n형 측에는 도너이온에 의한 플러스 전하가, p형 측에는 억셉터이온에 의한 마이너스 전하가 발생하기 때문에 (그림7.3(a), (b)), n형측이 p형보다도 포텐셜이 올라가 그림 7.3(c)에서와 같이 포텐셜 φ의 단차 V_D가 생기게 되며, 이것이 에너지 띠의 단차 V_D에 대응하고 있는 것이다.

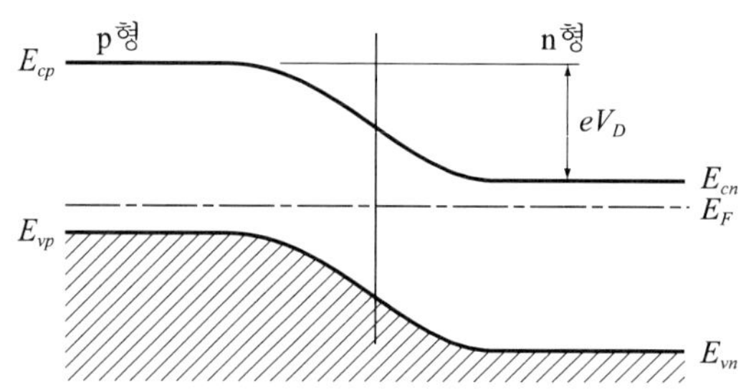

그림 7.2 • p-n접합의 에너지 띠 그림

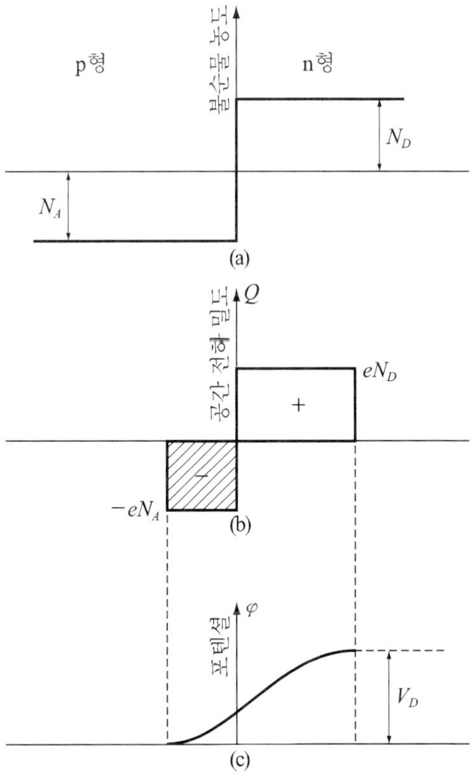

그림 7.3 ◦ p−n접합에서의 불순물 농도, 공간 전하 밀도, 전기포텐셜

두 번째는 어째서 페르미 에너지가 p, n을 통해 일정해져야 하는지에 대한 것인데, 페르미 에너지에 위치적 변화 $\partial E_F / \partial x$가 있다면, 열평형의 조건이 깨지게 되기 때문이다. 일반적으로 전류는 균질한 반도체 중에서는 전기장 E에 의한 전류만을 생각하면 되지만, 지금과 같은 경우에는, 불순물 분포가 불균일하므로 그에 따라 캐리어 농도에도 불균일이 발생하기 때문에, 농도 기울기에 의한 확산전류도 염두에 두어야 한다. 전기장에 의한 전류밀도는 식 (6.9)에 의해

$$J_c = n e \mu E \tag{7.2}$$

라 할 수 있으며, 확산 전류밀도는 6장 6.7절에서

$$J_D = (-e)\left(-D_n \frac{dn}{dx}\right) \tag{7.3}$$

$$= e D_n \frac{dn}{dx}$$

$$= kT\mu_n \frac{dn}{dx} \tag{7.4}$$

로 주어진다.* 식 (7.3)에서 식 (7.4)으로의 변환은 아인슈타인의 관계식 (6장 식 (6.84))를 이용하였다. 따라서 전체 전류밀도는

$$J = J_c + J_D = ne\mu_n E + kT\mu_n \frac{dn}{dx} \tag{7.5}$$

가 된다.

한편 5장 식 (5.17)에 의해

$$n = N_c \exp\left(\frac{E_F - E_c}{kT}\right) \tag{7.6}$$

이 되는데, 식 (7.1)에 의해 에너지를 정전 포텐셜로 치환하면 편리하다. 포텐셜의 원점은 임의로 고르기 때문에, 여기에서는 $n = n_i$ (진성 캐리어 농도)일 때의 E_F를 E_i로 하여 기준으로 한다 (그림 7.4). 그러면,

$$E_i = \frac{1}{2}(E_c + E_v) + \frac{3}{4}kT \ln \frac{m_p}{m_n} \tag{7.7}$$

$$n_i = N_c \exp\left(\frac{E_i - E_c}{kT}\right) \tag{7.8}$$

라 할 수 있으므로, (7.6), (7.8)에서

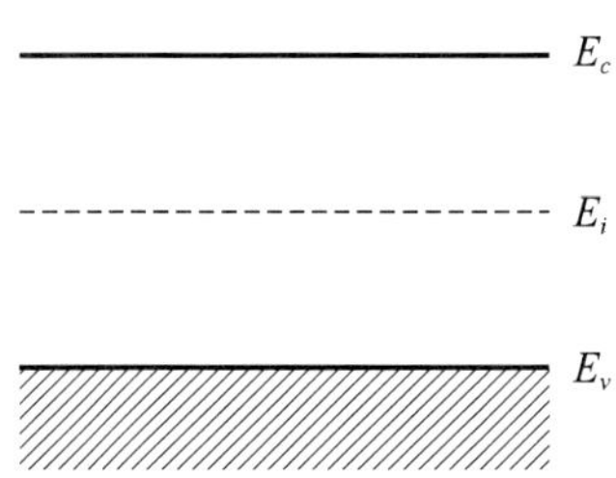

그림 7.4 • 진성 캐리어 농도일 때의 페르미 준위 E_i를 기준으로 한다.

* 캐리어로 전자만을 고려한다.

$$n = n_i \exp\left(\frac{E_F - E_i}{kT}\right)^* \tag{7.9}$$

$$= n_i \exp\left\{\frac{e(\varphi_i - \varphi_F)}{kT}\right\} \tag{7.10}$$

이라 할 수 있다. 단,

$$\varphi_i = -\frac{E_i}{e} \tag{7.11}$$

$$\varphi_F = -\frac{E_F}{e} \tag{7.12}$$

이다. 식 (7.10)의 양변을 x로 미분하면,

$$\frac{dn}{dx} = n\frac{e}{kT}\left(\frac{d\varphi_i}{dx} - \frac{d\varphi_F}{dx}\right) \tag{7.13}$$

가 된다. 이를 식 (7.5)에 대입하고,

$$E = -\frac{d\varphi}{dx} = -\frac{d\varphi_i}{dx} \tag{7.14}$$

임을 고려하면,

$$J = -ne\mu_n\frac{d\varphi_i}{dx} + ne\mu_n\left(\frac{d\varphi_i}{dx} - \frac{d\varphi_F}{dx}\right) \tag{7.15}$$

$$= -ne\,\mu_n\frac{d\varphi_F}{dx}$$

$$= -\sigma_n\frac{d\varphi_F}{dx}\ (\sigma_n = ne\mu_n)$$

가 된다. 열평형의 조건에서 $J = 0$이므로

$$\frac{d\varphi_F}{dx} = 0$$

즉,

---

* 양공밀도에 대해서도 동일하며, 그 때 $p = n_i \exp\left(\frac{E_i - E_F}{kT}\right)$이다.

$$\frac{dE_F}{dx} = 0 \tag{7.16}$$

이 되며, 따라서 페르미 에너지 일정하게 된다.

한편 식 (7.9)에서

$$E_i = E_F - kT\ln\frac{n}{n_i} \tag{7.17}$$

또는 (7.11), (7.12)에서

$$-\varphi_i = -\varphi_F \frac{kT}{e}\ln\frac{n}{n_i} \tag{7.18}$$

x로 양변을 미분하여

$$-\frac{d\varphi_i}{dx} = -\frac{kT}{e}\frac{1}{n}\frac{dn}{dx}\left(\because \frac{d\varphi_F}{dx} = 0\right) \tag{7.19}$$

식 (7.14)에 의해

$$E = -\frac{kT}{e}\frac{1}{n}\frac{dn}{dx} \tag{7.20}$$

이 된다. 지금 $n \simeq N_d$라 하고, 도너밀도에 공간적 분포가 있다면, 그곳에는 내부 전기장이 발생한다는 것을 의미한다. 이것이 앞에서 서술한 확산전기 포텐셜이다. 이는 열평형 상태에서 내부에 생긴 전기장이기 때문에, 에너지원을 가지고 있는 것이 아니라 (예를들면 이 상태에서 반도체의 양단을 단락해도 전류가 흐른다는 것은 아니다), 양단을 전선으로 연결해도 접촉 전기 포텐셜차가 상쇄되어 전류는 흐르지 않는다.

계속하여 열평형에서의 p-n접합을 에너지 띠 모델로 좀 더 상세히 다루어 보자.

7.2 p-n 접합에서의 캐리어 평형

열평형 상태에서의 p-n 접합에 대한 에너지 띠 그림을 그림 7.5에 나타낸다.

이 그림에는 5장 그림 5.24에 나타낸 것과 동일한 캐리어 분포를 나타내고 있다.

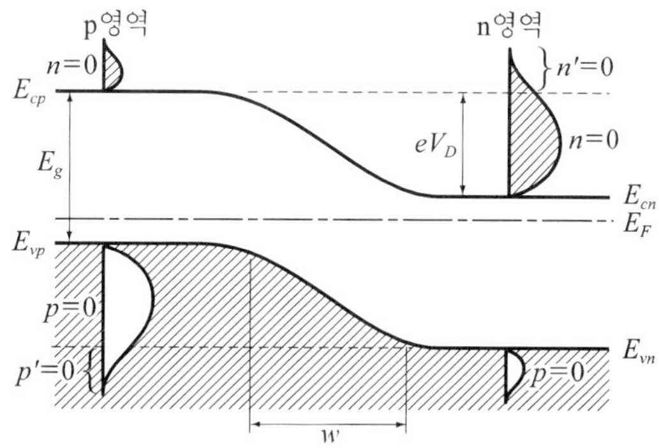

그림 7.5 ◦ 열평형 상태의 p–n접합 에너지 띠 그림, $n_{n0}{}' = n_{p0}$, $p_{p0}{}' = p_{n0}$ 이다.

즉 전도띠중의 전자는 상태 밀도함수 $Z(E)$와 분포함수 $f(E)$를 곱한 형태의 에너지 분포를 하고 있으며, 그림에 빗금이 쳐진 부분의 면적이 전자밀도를 나타낸다.

양공에 대해서도 마찬가지로, p형 영역에서는 양공밀도 p_{p0}쪽이 전자밀도 n_{po}보다도 크며, 전자가 다수 캐리어, 후자가 소수 캐리어이다.

n형 영역에서는 반대로 $n_{n0} > p_{no}$로 된다. 열평형에서는 그림과 같이, $n_{p0} = n'_{n0}$, $p_{n0} = p'_{p0}$로 되어 전류는 흐르지 않는다. 여기서 첨자 p나 n은 p영역 혹은 n영역을 나타내고 있으며, 예를들면 n_n은 n영역에서의 전자밀도, n_p는 p영역에서의 전자밀도, E_{cp}는 p영역에서의 전도띠 바닥의 에너지를 나타낸다. 또한 첨자 0은 열평형 상태를 의미한다. 식 (7.6)에서

$$n_{p0} = N_c \exp\left(\frac{E_F - E_{cp}}{kT}\right) \tag{7.21}$$

$$n_{n0} = N_c \exp\left(\frac{E_F - E_{cn}}{kT}\right) \tag{7.22}$$

이기 때문에, 이 양식에서

$$n_{p0} = n_{n0} \exp\left(\frac{E_{cn} - E_{cp}}{kT}\right) \tag{7.23}$$

$$= n_{n0} \exp\left(-\frac{eV_D}{kT}\right) \tag{7.24}$$

을 얻을 수 있다. 이는 열평형에서의 p영역의 전자밀도 n_{po}와 n영역의 전자밀도 n_{n0}간의 관계를 나타내고 있다. 마찬가지로 양공밀도에 대해서도

$$p_{n0} = p_{p0}\exp\left(-\frac{eV_D}{kT}\right) \tag{7.25}$$

가 성립한다.

그림 7.5에서와 같이, n_{po}는 n'_{n0}와 동일하기 때문에, n'_{n0}와 n_{n0}사이에는

$$n'_{n0} = n_{n0}\exp\left(-\frac{eV_D}{kT}\right) \tag{7.26}$$

의 관계가 있다는 것을 알 수 있다. 이 관계는 전자의 에너지 분포가 볼츠만 분포로 나타나면, 당연히 성립하는 관계이다. 왜냐면,

$$\begin{cases} n_{n0} = A\exp\left(\dfrac{E_F - E_{cn}}{kT}\right) & (7.27) \\ n'_{n0} = A\exp\left(\dfrac{E_F - E_{cp}}{kT}\right) & (7.28) \end{cases}$$

이므로,

$$\frac{n'_{n0}}{n_{n0}} = \exp\left(\frac{E_{cn} - E_{cp}}{kT}\right) = \exp\left(-\frac{eV_D}{kT}\right) \tag{7.29}$$

이기 때문이다.

7.3 p-n 접합의 정류성

앞 절에서는 열평형 상태에서의 p-n접합을 다루었다. 그리고 이미 설명했듯이, 열평형 상태에서는 p-n접합에 전류가 흐르지 않는다. 이 양단에 전압을 가하면 비로소 열평형이 깨지고 실질적인 캐리어 이동이 생겨 전류가 흐르게 되지만, 인가하는 전압의 방향에 따라 흐르는 전류량이 다르다. 즉 정류성이 있다. 이 절에서는 이러한 문제를 생각해 보자.

그림 7.5에서 길이 w로 나타낸 영역은 p에서 n으로 바뀌는 영역으로, **천이영역**이라 불리는데, 도너, 억셉터에 의한 전하가 존재하는 영역 (그림 7.3)이므로 **공간 전하영역**이라고도 불리며, 이 영역에는 캐리어가 존재하지 않는다. 따라서 전기저항이 매우 높기 때문에, 외부에서 인가하는 전압은 거의 이 영역에 걸린다고 생각할 수 있다. 즉 공간 전하영

역 이외의 장소에서는 전기장을 무시해도 좋다.

지금 p측을 플러스, n측을 마이너스 방향으로 전압 (이를 순 방향 바이어스라고 한다) V를 가했다고 하면, p측 전기 포텐셜이 n측보다도 V 만큼 올라가기 때문에, 에너지로는 p측이 n측 보다도 eV만큼 내려가고, 그림 7.6에 나타낸 바와 같이 p-n접합부에서의 장벽 높이가 eV 만큼 감소한다. 그림에서와 같이, 페르미 레벨 E_F는 p측과 n측에서 eV 만큼의 차가 생긴다. 따라서 $n_{p0} < n_{n0}$, $p'_{n0} < p'_{p0}$이 되며, n측에서 p측으로 전자의 확산, p측에서 n측으로는 양공의 확산이 일어난다.

여기서 그림과 같이 공간 전하층의 한쪽 끝을 $x=0$로 하여 좌측으로 x방향을 취하고 전도띠에서의 전자 흐름에만 주목하자. 공간 전하층 내에서의 캐리어 재결합은 없다고 가정하면

$$x = 0 \text{에서 } n_p(0) = n'_{no}$$

이라고 생각할 수 있으므로, 식 (7.29)의 관계로

$$n_p(0) = n_{n0}\exp\left(-\frac{e(V_D - V)}{kT}\right) \tag{7.30}$$

라 할 수 있다. 그리고 p형 영역에서는 $n_p(0)$로부터 n_{po}를 향해 $n_p(x)$의 감소 기울기

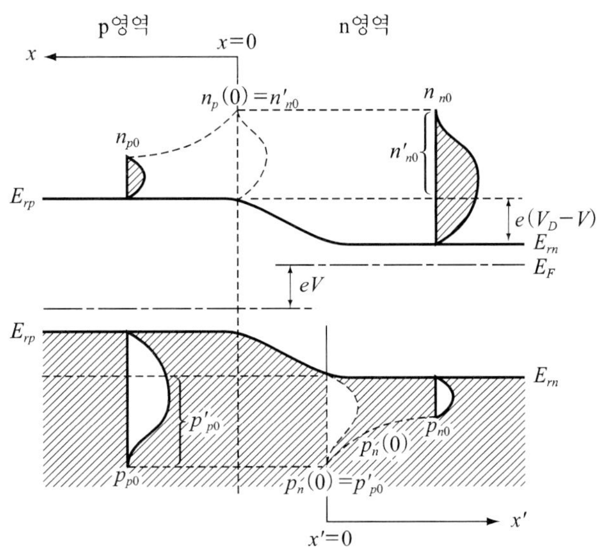

그림 7.6 • 순방향 바이어스를 건 p-n접합, $n_{n0}' > n_{p0}$, $p_{p0}' > p_{n0}$이 된다.

가 발생하여, 이 밀도 기울기에 따른 확산전류가 생긴다. 즉 전자에 의한 확산 전류밀도 J_n은 식 (7.3)에 의해

$$J_n(x) = eD_n \frac{dn_p(x)}{dx} \tag{7.31}$$

으로 주어진다. 이제 $dn_p(x)/dx$를 구하기 위해 6장 식 (6.65)의 과도 소수캐리어 연속의 식을 적용하자. 앞서 설명한 바와 같이, 전기장은 공간 전하영역 이외에서는 무시할 수 있기 때문에, E_x=0, 또한 캐리어 생성은 없기 때문에, $g = 0$라고 하면

$$\frac{\partial n_p(x)}{\partial t^2} = D_n \frac{\partial^2 n_p(x)}{\partial x^2} - \frac{n_p(x) - n_{p0}}{\tau_n} \tag{7.32}$$

가 된다. 여기서 τ_n은 과잉 소수캐리어인 전자의 수명이다. 지금 정상상태를 다루기 때문에 $\partial n_p(x)/\partial t = 0$라 두고

$$D_n \frac{\partial^2 n_p(x)}{\partial x^2} - \frac{n_p(x) - n_{p0}}{\tau_n} = 0 \tag{7.33}$$

을 얻는다. 여기에서

$$\frac{\partial^2 n_p(x)}{\partial x^2} = \frac{\partial^2 (n_p(x) - n_{p0})}{\partial x^2}$$

이기 때문에, (7.33)의 일반해는

$$n_p(x) - n_{p0} = A\exp\left(-\frac{x}{L_n}\right) + B\exp\left(\frac{x}{L_n}\right) \tag{7.34}$$

가 된다. 여기서 L_n은 식 (6.74)에서 정의한 확산거리

$$L_n = \sqrt{D_n \tau_n} \tag{7.35}$$

이다. p 영역은 L_n에 비해 충분히 두껍다고 생각하며, 경계조건은

$$\left.\begin{aligned} x = \infty &: \ n_p(x) = n_{p0} \\ x = 0 &: \ n_p(x) = n_p(0) \end{aligned}\right\} \tag{7.36}$$

이 된다. 제1조건에서

$$B = 0$$

제2조건에서 식 (7.30)에 의해

$$A = n_{n0} \exp\left\{-\frac{e(V_D - V)}{kT}\right\} - n_{p0}$$

을 얻는데, 식 (7.24)에서

$$n_{n0} = n_{p0} \exp\left(\frac{eV_D}{kT}\right) \tag{7.37}$$

의 관계가 있으므로,

$$A = n_{p0}\left\{\exp\left(\frac{eV}{kT}\right) - 1\right\} \tag{7.38}$$

이 되며, 결국, 해로서

$$n_p(x) - n_{p0} = n_{p0}\left\{\exp\left(\frac{eV}{kT}\right) - 1\right\} \cdot \exp\left(-\frac{x}{L_n}\right) \tag{7.39}$$

을 얻을 수 있다. 이 식을 x로 미분하면

$$\frac{dn_p(x)}{dx} - \left(\frac{1}{L_n}\right) \exp\left(-\frac{x}{L_n}\right) n_{p0}\left\{\exp\left(\frac{eV}{kT}\right) - 1\right\}$$

이 되기 때문에, 이를 식 (7.31)에 대입하여 $x = 0$라고 둠으로써 $x = 0$, 즉 공간전하층 끝에서 전자에 의한 전류밀도 $J_n(0)$은

$$J_n(0) = -e\frac{D_n}{L_n} n_{p0}\left\{\exp\left(\frac{eV}{kT}\right) - 1\right\} \tag{7.40}$$

로 주어진다. 임의의 x에서의 $J_n(x)$는

$$J_n(x) = J_n(0) \exp\left(-\frac{x}{L_n}\right) \tag{7.41}$$

이 되며, x의 증가 (그림 4.6에서 x는 왼쪽 방향으로 양을 취하고 있다는데 주의)와 함께 전자에 의한 전류가 감소하는 것을 나타낸다.* 그러나 전체전류는 x에 의하지 않고

* 식 (7.40)에서 우변에 마이너스 부호가 있는 것은 전류방향이 x의 음의 방향, 즉, 그림 7.6에서 오른쪽 방향 ($p \to n$ 방향)임을 나타낸다.

일정한 차이에 있기 때문에, 소수 캐리어인 전자에 의한 전류 $J_n(x)$는 다수 캐리어인 양공에 의한 전류에 의해 보충되고 있어 전체전류는 일정하게 유지된다. 바꿔 말하자면, p영역에 확산에 의해 들어온 '주입된' 소수 캐리어 전자는 다수 캐리어인 양공과 재결합하여 없어지지만, 그렇기 때문에 감소한 양공만큼의 전하를 보충하는 양공이 전극으로부터 들어오게 되는 것이다. 이것이 소수 캐리어에 의한 전류이다. 물론 이 일부는 소수캐리어 전류로서 n형 영역으로 들어간다.

이상 식 (7.30)에서 식 (7.41)까지 n측에서 p측으로 확산하는 전자의 흐름에 대해 기술하였는데, 동일하게 p측에서 n측으로 확산하는 양공의 흐름에 대해서도 기술할 수 있다. 그림 7.6에서 공간전하층의 n영역에서의 단을 $x'=0$로 취하고, x'축을 오른쪽 방향으로 취하면 식 (7.30)에 대응하여

$$p_n(0) = p_{p0}\exp\left\{-\frac{e(V_D - V)}{kT}\right\} \tag{7.42}$$

식 (7.31)에 대응하여 양공은 +e라는데 주의하여

$$J_p(x') = -eD_p\frac{dp_n(x')}{dx'} \tag{7.43}$$

라 할 수 있다. 그리고 (7.40), (7.41)에 대응하여

$$J_p(0) = e\frac{D_p}{L_p}p_{n0}\left\{\exp\frac{eV}{kT} - 1\right\} \tag{7.44}$$

$$J_p(x') = J_p(0)\exp\left(-\frac{x'}{L_p}\right) \tag{7.45}$$

가 성립한다. 여기서 D_p, L_p는 각각 양공의 확산계수와 확산거리를 나타낸다.

전체전류는 x축과 x'축이 취하는 방향이 반대 방향이라는 것을 고려하여, 식 (7.40)의 부호를 반대로 하여 식 (7.44)에 더함으로써,

$$J = J_n(0) + J_p(0) = e\left(\frac{D_n}{L_n}n_{p0} + \frac{D_p}{L_p}p_{n0}\right)\left\{\exp\frac{eV}{kT} - 1\right\} \tag{7.46}$$

이 된다. 혹은 식 (7.24), 식 (7.25)를 대입하여

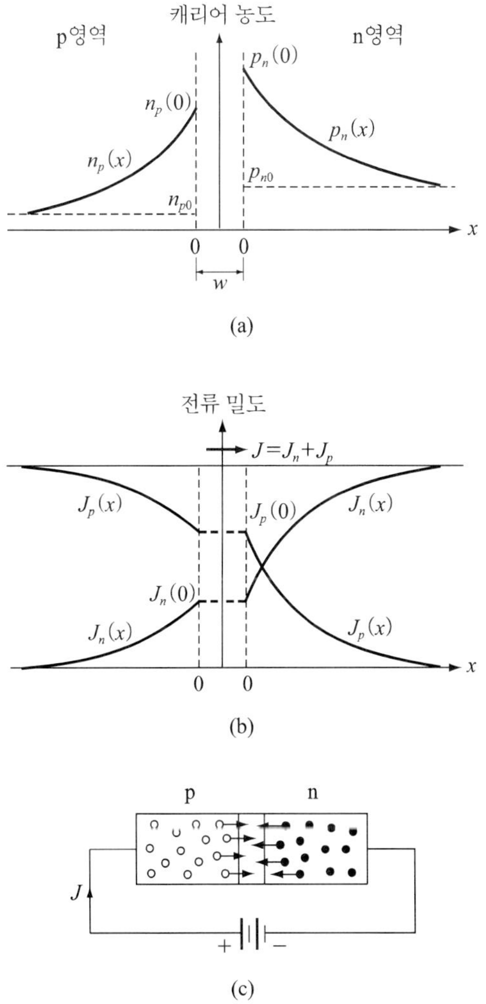

그림 7.7 ◦ p−n접합에서 소수캐리어 밀도와 전류밀도 (+방향 바이어스일 때)

$$J = e\left(\frac{D_n}{L_n}n_{n0} + \frac{D_p}{L_p}p_{p0}\right)\exp\left(-\frac{eV_D}{kT}\right)\cdot\left\{\exp\left(\frac{eV}{kT}\right)-1\right\}$$

이 된다.

그림 7.7은 소수 캐리어 밀도 n_p, p_n (그림 7.7(a)), 전자에 의한 전류 J_n과 양공에 의한 전류 J_p 및 전체전류 J를 (그림 7.7(b)), 위치함수로 나타낸 것이다. 그림 7.7(a)에서의 $n_p(x)$는 식 (7.39)에 의한 것이며, 공간 전하층 끝에서의 값 $n_p(0)$로부터, p영역 안으로 들어감에 따라 지수 함수적으로 감소하여 n_{p0}와 비슷해 진다는 것을 알 수 있다.

$p_n(x)$에 대해서도 동일하다. 여기에 대응하는 전류는 그림 7.7(b)의 $J_n(x)$와 $J_p(x)$인데, 이 그림에는 동시에 다수캐리어에 의한 J_n, J_p도 점선으로 나타냈다. 그리고 전체전류 $J = J_n(0) + J_p(0)$는 x에 의하지 않고 일정하다는 것을 나타낸다.

다음 p-n 접합에 역전압, 즉 n측을 플러스 p측을 마이너스의 전압 (이를 **역방향 바이어스**라고 한다) 을 거는 경우를 생각해 보자. 이 때 장벽의 높이는 $e(V_D + V)$가 되며, 공간전하층의 폭도 확대되어* 그림 7.8과 같아진다. 그림에서 알 수 있듯이, n영역에서 p영역으로의 전자의 흐름, p영역에서 n영역으로의 양공의 흐름은 모두 0라고 생각할 수 있으므로, 전류는 p영역에서 n영역으로의 전자의 흐름과 n영역에서 p영역으로의 양공의 흐름에 의한 것만을 생각하면 된다. 이는 열적으로 발생한 소수 캐리어 (그림의 n_{p0}와 p_{n0})이기 때문에, 전류 값으로는 매우 적은 양으로, 역전압에 의존하지 않는 일정한 값이다. 여기서 전류-전압 특성을 나타내는 식을 유도해 보자.

식 (7.39)에서 V가 음이고 kT에 비해 크다고 하면 $\exp(eV/kT)$는 1에 비해 작으며, 무시할 수 있기 때문에

$$n_p(x) = n_{p0}\left\{1 - \exp\left(-\frac{x}{L_n}\right)\right\} \tag{7.47}$$

가 된다. 확산전류는 식 (7.31)에 의해

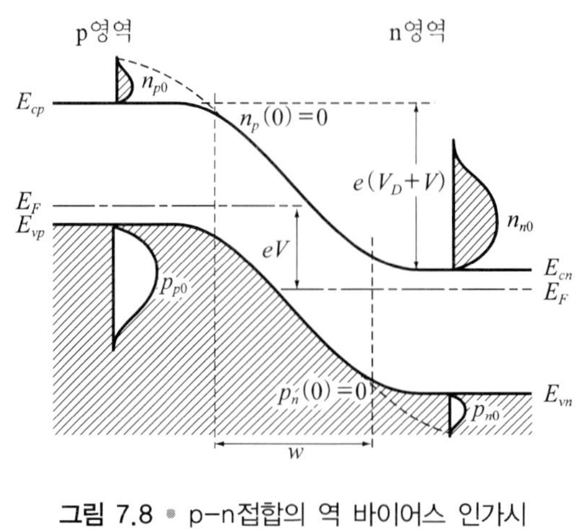

그림 7.8 • p-n접합의 역 바이어스 인가시

* 공간 전하층의 폭과 바이어스의 관계는 다음 (7.6)절에서 자세하게 설명한다.

$$
\begin{aligned}
J_n(x) &= eD_n \frac{dn_p(x)}{dx} \\
&= eD_n \frac{d}{dx}\left\{-n_{p0}\exp\left(-\frac{x}{L_n}\right)\right\} \\
&= e\frac{D_n}{L_n} n_{p0}\exp\left(-\frac{x}{L_n}\right)
\end{aligned}
\tag{7.48}
$$

가 된다. 여기서

$$
J_n(0) = e\frac{D_n}{L_n} n_{p0} \tag{7.49}
$$

를 얻을 수 있다. 마찬가지로

$$
J_p(0) = e\frac{D_n}{L_p} p_{n0} \tag{7.50}
$$

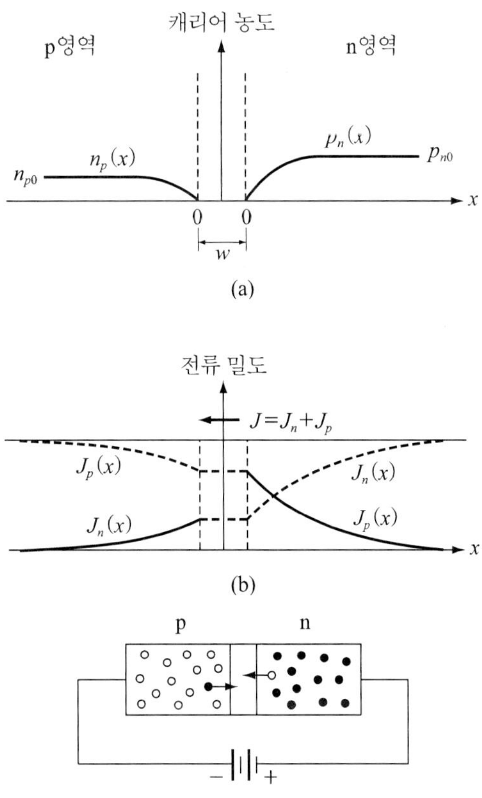

그림 7.9 • p−n 접합에서의 소수 캐리어 밀도와 전류밀도 (역방향 바이어스일 때)

이 되며, 전체 역전류 밀도로서

$$
\begin{aligned}
J &= J_n(0) + J_p(0) \\
&= e\left(\frac{D_n}{L_n} n_{p0} + \frac{D_p}{L_p} p_{n0}\right)
\end{aligned}
\tag{7.51}
$$

을 얻을 수 있다. 이 식은 식 (7.46)에서 V가 음의 값으로 매우 큰 값을 가진다고 가정할 때에 같음을 알 수 있다. 이를 **역방향 포화전류**라 한다. 그림 7.7에 대응하여 소수 캐리어 밀도와 전류를 위치함수로서 나타내면 그림 7.9와 같다.

7.4 정류 특성에 대한 이론과의 차이

p-n 접합의 전류-전압 특성은 식 (7.46)으로 부터

$$
J = J_s\left\{\exp\left(\frac{eV}{kT}\right) - 1\right\} \tag{7.52}
$$

여기서

$$
J_s = e\left(\frac{D_n}{L_n} n_{p0} + \frac{D_p}{L_p} p_{n0}\right) \tag{7.53}
$$

으로 나타나며, 순방향 바이어스에서는 $V > 0$, 역방향 바이어스에서는 $V < 0$라고 하면 된다. J_s는 역방향 포화 전류밀도를 나타낸다. 이 식을 도시하면 그림 7.10과 같아진다. 이를 반 대수적으로 좌표화 시킨 것이 그림 7.10이다. 반 대수 좌표화를 했을 때 순방향 전류의 기울기는 식 (7.52)에 ln을 취해 $eV > kT$라는 것을 고려하면

$$
\ln J = \ln J_s + \frac{eV}{kT} \tag{7.54}
$$

가 되므로, e/kT로 주어진다. 그림 7.11에는 실험적으로 얻게 된 $V-I$ 특성의 대표적인 곡선을 점선으로 나타냈다. 이를 보면 알 수 있듯이, 대체적으로 이론 곡선과 일치하지만, 다음 몇 가지 점에서 이론과 차이가 있다.

(1) 순방향 특성에서 V가 작은 영역에서 $\ln J$에 대한 V의 기울기가 e/kT가 아니라 $e/2kT$로 된다.

(2) 순방향 특성에 있어 J가 큰 영역에서 $J \propto V$ 영역이 나타난다.

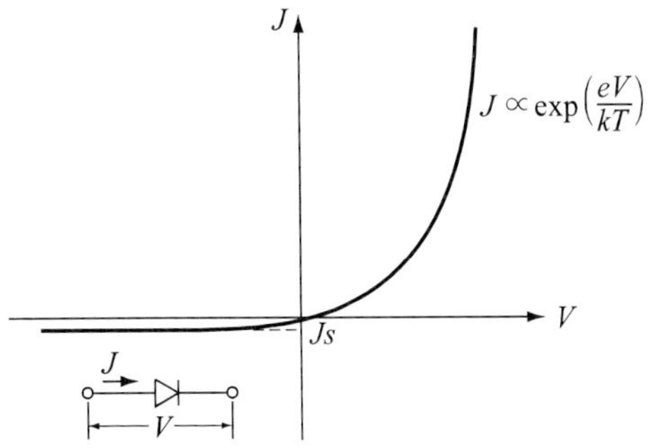

그림 7.10 ◦ p-n 접합 다이오드의 전류-전압 특성

(a) 생성 재결합 전류영역
(b) 역확산 전류 영역
(c) 고주입 영역
(d) 직렬 저항의 효과

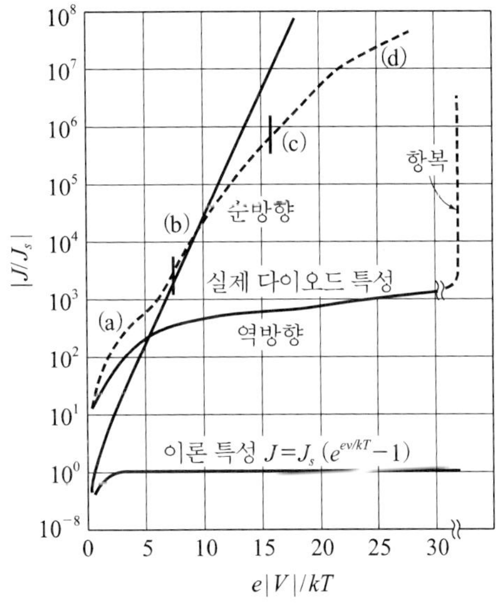

그림 7.11 ◦ 대수 눈금을 나타낸 실제의 Si 다이오드 전류-전압 특성 (점선)

(3) 역방향 전류가 이론치보다 크고 포화 되지 않고, 역전압과 함께 증가한다.

(4) 역방향 전류가 어느 일정 전압 이상에서 급격히 증가한다. 이를 **역방향 항복현상**이라 한다.

(1)의 효과는 공간 전하층 내에서의 캐리어 재결합에 의한 것으로 식 (7.46)을 유도할 때 무시한 요소이다. 간단히 계산하여 보면 이 재결합에 의한 전류는

$$J_r = \frac{en \cdot w}{2\pi} \exp(eV/2kT) \tag{7.55}$$

로 표시된다. 여기서 w는 그림 7.5에서 나타낸 공간 전하층의 두께이다. V가 작을 때에

는 이 재결합 전류 쪽이 확산전류보다 커지며 기울기가 $e/2kT$가 된다.

재결합 전류와 확산전류가 같은 정도일 때 기울기는 e/kT와 $e/2kT$의 중간 값을 가진다. 따라서 일반적으로 순방향 특성을

$$J = J_s\{\exp(eV/nkT) - 1\} \tag{7.56}$$

과 같이 나타낼 수 있으며, n을 **이상계수**라 한다. n은 1과 2 사이의 수치를 가지며 1에 가까울수록 이상적인 p-n 접합 특성에 가깝다는 것을 나타내고 있다.

위에 설명한 효과는 역전류가 이론치보다도 크며 V와 함께 증가한다는 (3) 항목에도 관계하게 된다. 즉 역방향 전류에 의해 공간 전하층내의 과잉 소수 캐리어가 없어지면, $pn < \mathrm{n_i^2}$이 되며 공간 전하층 내에서는 캐리어 생성 (열에 의한)이 증가한다. 이때에는 식 (7.55)의 재결합 전류를 대신하여 생성 전류

$$J_g = \frac{en_iw}{2\tau} \tag{7.57}$$

가 역전류에 가해지게 된다. w는 V와 함께 커지므로 (그 이유는 다음 절에서 설명한다) V와 함께 역전류가 증가한다.

또한 순방향으로 주입된 소수 캐리어 밀도가 열평형에서 다수 캐리어 밀도보다도 클 경우 (이를 고주입 레벨이라고 한다)에도 $\ln J$에 대한 V의 기울기는 $e/2kT$가 된다고 알려져 있다. 따라서 이는 일반적으로 J가 큰 영역에서 문제가 된다.

다음으로 (2)의 효과는 순방향 전류가 큰 영역에서 p영역 혹은 n영역의 벌크 저항 (직렬저항 R로 표현된다)에 의한 전압강하 IR이 바이어스 전압보다도 커져 $V-I$특성에 오옴성 영역이 나타나는 효과이다.

항목 (4)에는 다음과 같은 두 가지 기능을 생각할 수 있다.

(i) 어밸런치 항복

역바이어스를 인가하면 그림 4.8에서 본 바와 같이 공간 전하층의 끝에서 소수캐리어는 신속하게 n영역 혹은 p영역으로 이동하는데, 그 때 공간 전하층 내의 전기장에 의해 가속되어 결정살창과 충돌을 일으켜 이온화하여 그림 7.12에서와 같이, 전자-양공쌍을 생성한다. 생성된 전자-양공쌍은 더욱 많은 충돌을 일으키고 따라서 새로이 전자-양공쌍을 만들게 된다. 이렇게 하여 캐리어가 매우 증가하게 되고 (**어밸런치 항복이라** 한다)

따라서 큰 전류가 흐르게 되어 전압 항복현상 (voltage breakdown)을 일으킨다.

(ii) 제너 효과

역전압이 커지면 그림 7.13에서와 같이 원자가띠와 전도띠 사이를 전자가 터널 효과에 의해 이동할 수 있게 되며, 역전류가 급속히 증가하여 항복현상이 생긴다. 이것을 **제너효과**라고 하며, 일반적으로 어밸런치항복에 의한 경우보다도 항복현상이 발생하는 전압은 작다.

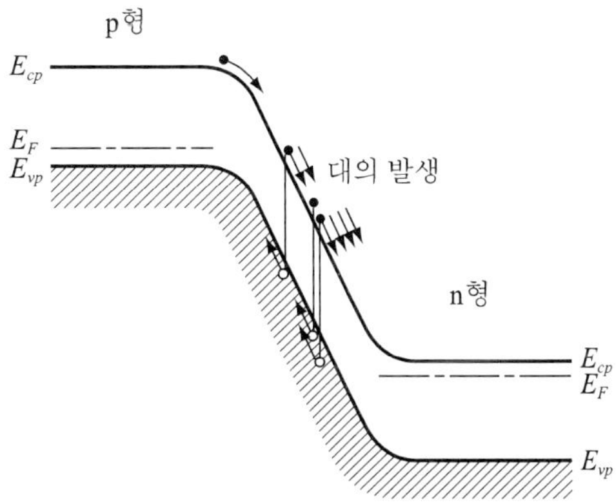

그림 7.12 ◦ 어밸런치 항복의 발생 모델

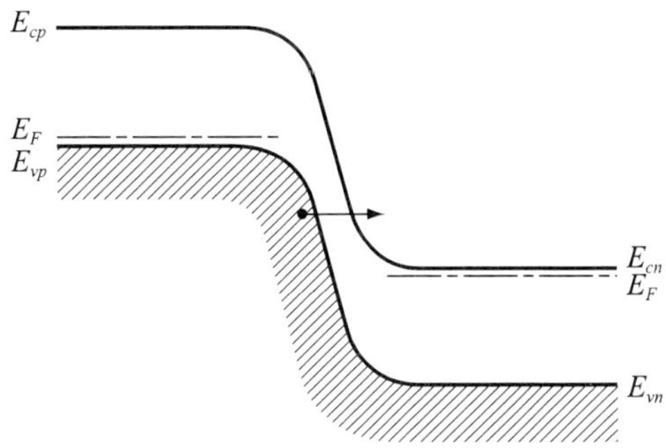

그림 7.13 ◦ 제너 효과

7.5 모의 페르미 준위

그림 7.6, 7.8은 순방향 혹은 역방향 바이어스 아래에서 p-n 접합의 에너지 띠 그림인데, 여기에서 페르미 준위 E_F는 p영역 n영역, 전자, 양공 모두 공통된 것으로 나타나

있다. 공간전하층으로 부터 충분히 떨어진 곳에서는 캐리어 분포는 열평형 상태와 다르지 않으므로 (바이어스는 대부분 공간전하층에 걸리므로) 이것은 올바르지만, 접합부 근방에서는 전자와 양공은 열평형이 없기 때문에 공통된 페르미 준위로 나타낼 수 없다. 그러나 전자 층중에서만 혹은 양공 층중에서 만의 열평형을 가정하여 각각에 페르미 준위 E_{Fn}, E_{Fp}를 생각할 수 있다. 즉 (7.21), (7.22) 대신에

$$\begin{cases} n_p = N_c \exp\left(\dfrac{E_{Fn} - E_{cp}}{kT}\right) & (7.58) \\ n_n = N_c \exp\left(\dfrac{E_{Fn} - E_{cn}}{kT}\right) & (7.59) \end{cases}$$

마찬가지로,

$$\begin{cases} p_n = N_v \exp\left(\dfrac{E_{vn} - E_{Fp}}{kT}\right) & (7.60) \\ p_p = N_v \exp\left(\dfrac{E_{vp} - E_{Fp}}{kT}\right) & (7.61) \end{cases}$$

로 E_{Fn}, E_{Fp}를 정의하고 **모의 페르미 준위**라고 한다. 전자밀도, 양공밀도는 식 (7.9)에 의해, n영역, p영역 구별 없이 (따라서 첨자 n, p를 생략하여),

$$\begin{cases} n = n_i \cdot \exp\left(\dfrac{E_{Fn} - E_i}{kT}\right) & (7.62) \\ p = n_i \cdot \exp\left(-\dfrac{E_i - E_{Fp}}{kT}\right) & (7.63) \end{cases}$$

과 같다고 할 수 있으므로,

$$\begin{cases} E_{Fn} = E_i + kT\ln(n/n_i) & (7.64) \\ E_{Fp} = E_i + kT\ln(p/n_i) & (7.65) \end{cases}$$

가 되며, 또한 p-n 곱은

$$pn = n_i^2 \exp\left(\frac{E_{Fn} - E_{Fp}}{kT}\right) \tag{7.66}$$

이 된다. E_{Fn}, E_{Fp}를 에너지 띠 그림 속에 적어 넣으면, 순방향, 역방향 바이어스의 경

우에 대해, 각각 그림 7.14(a), (b)와 같아진다. 순방향 바이어스에서는 $E_{Fn} > E_{Fp}$이기 때문에 식 (7.56)에 의해

$$pn > n_i^2$$

역방향 바이어스에서는 $E_{Fn} < E_{Fp}$ 이기 때문에

$$pn < n_i^2$$

이나.

식 (7.15)에서

$$J_n = -\sigma_n \frac{d\varphi_{Fn}}{dx} \tag{7.67}$$

$$J_p = -\sigma_p \frac{d\varphi_{Fp}}{dx} \tag{7.68}$$

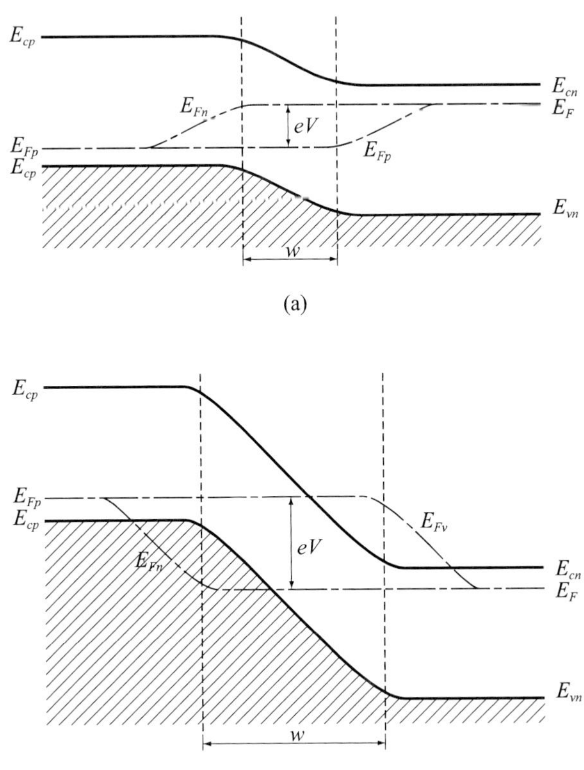

그림 7.14 • 모의 페르미 준위

로 나타낼 수 있다. 여기서 φ_{F_n}, φ_{F_p}은 각각 전자 층, 양공 층에 대한 φ_F를 나타낸다 (식 (7.12) 참조). 열평형 상태에서는 $E_{Fn} = E_{Fp} = E_F$로 위치와 상관없이 일정하기 때문에,

$$J_n = J_p = 0$$

가 된다.

7.6 공간 전하층의 폭과 바이어스의 관계

p-n접합에서 종종 중요한 문제는 공간 전하층의 폭과 바이어스간의 관계이다. 이 관계를 도출하기 위해서는 포아슨 방정식을 풀 필요가 있다. 7.1에서 설명한 바와 같이, 공간 전하층에서, n형 측에서는 양으로 하전된 이온화 도너, p측에서는 음으로 하전된 이온화 억셉터가 존재하며, 불순물 농도, 전하밀도, 포텐셜을 위치함수로 나타내면 그림 7.3과 같아진다.

이처럼 불순물 분포가 억셉터로부터 도너로 급격한 변화를 하고 있는 p-n접합을 특히 **계단형 접합**이라고 한다. 이 계단형 접합에서의 공간 전하층 폭 w와 바이어스 전압 V의 관계를 도출해 보자.

그림 7.15에서와 같이 x축의 원점 및 포텐셜의 원점을 접합면에 취하고, 공간 전하층의 폭을 p측에서 x_p, n측에서 x_n으로 하면, 포아슨 방정식은 도너와 억셉터가 모두 이온화되었다고 가정하여

$$\frac{d^2\varphi_1(x)}{dx^2} = \frac{eN_A}{\varepsilon_0\varepsilon_s} \qquad -x_p \leqq x < 0 \tag{7.69}$$

$$\frac{d^2\varphi_1(x)}{dx^2} = -\frac{eN_D}{\varepsilon_0\varepsilon_s} \qquad 0 < x \leqq x_n \tag{7.70}$$

라 할 수 있다. 여기서 ε_0, ε_S는 각각 진공의 유전률 및 반도체의 비유전률을 나타낸다. 공간 전하층의 폭 w는

$$w = x_n + x_p \tag{7.71}$$

로 주어진다.

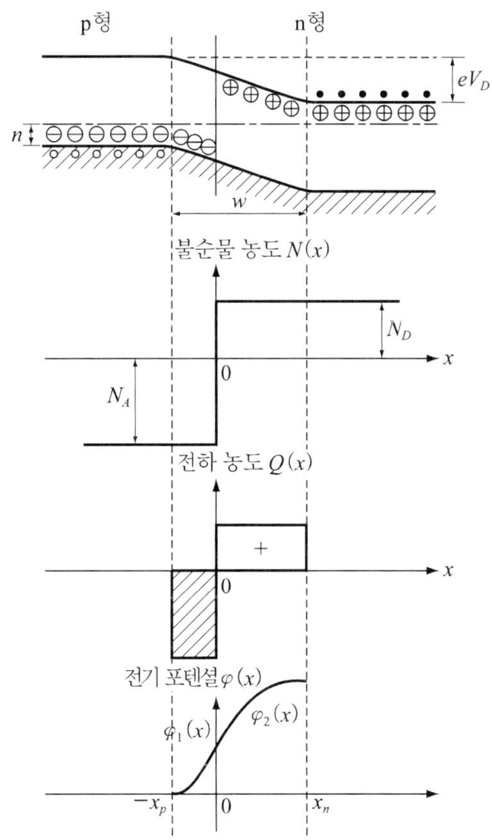

그림 7.15 ◦ 단계형 p-n 접합에서의 불순물 농도, 공간 전하밀도, 전기 포텐셜 분포

우선 식 (7.69)를 적분하여

$$\begin{cases} \dfrac{d\varphi_1(x)}{dx} = \dfrac{eN_A}{\varepsilon_0\varepsilon_s}x + C_1 & (7.72) \\ \qquad\qquad\qquad\qquad (-x_p \leqq x < 0) & \\ \varphi_1(x) = \dfrac{eN_A}{2\varepsilon_0\varepsilon_s}x^2 + C_1 x + C_2 & (7.73) \end{cases}$$

을 얻는다. 경계조건

$$x = -x_p \quad : \quad \frac{d\varphi_1(x)}{dx} = 0 \tag{7.74}$$

에서

$$C_1 = \frac{eN_A}{\varepsilon_0\varepsilon_s}x_p \tag{7.75}$$

가 되므로 이를 식 (7.73)에 대입하여

$$\varphi_1(x) = \frac{eN_A}{2\varepsilon_0\varepsilon_s}x^2 + \frac{eN_A}{\varepsilon_0\varepsilon_s}x_p x + C_2 \tag{7.76}$$

이 된다. 더욱이 경계조건

$$x = 0 \quad : \quad \varphi_1(x) = 0$$

에서

$$C_2 = 0 \tag{7.77}$$

가 되며 식 (7.76)에서

$$\varphi_1(x) = \frac{eN_A}{\varepsilon_0\varepsilon_s}\left(\frac{x^2}{2} + x_p x\right) \tag{7.78}$$

단, $$-x_p \leqq x < 0$$

을 얻을 수 있다.

다음 식 (7.70)을 적분하여

$$\begin{cases} \dfrac{d\varphi_2(x)}{dx} = -\dfrac{eN_D}{\varepsilon_0\varepsilon_s}x^3 + C_3 & (7.79) \\ & (0 < x \leqq x_n) \\ \varphi_2(x) = -\dfrac{eN_D}{2\varepsilon_0\varepsilon_s}x^2 + C_3 x + C_4 & (7.80) \end{cases}$$

을 수 있다. 경계조건

$$x = x_n \quad : \quad \frac{d\varphi_2(x)}{dx} = 0$$

에서

$$C_3 = \frac{eN_D}{\varepsilon_0\varepsilon_s}x_n \tag{7.81}$$

$$\therefore \varphi_2(x) = -\frac{eN_D}{2\varepsilon_0\varepsilon_s}x^2 + \frac{eN_D}{\varepsilon_0\varepsilon_s}x_n x + C_4 \tag{7.82}$$

경계조건

$$x = 0 \quad : \quad \varphi_2(x) = 0$$

에서

$$C_4 = 0 \tag{7.83}$$

$$\therefore \varphi_2(x) = -\frac{eN_D}{\varepsilon_0 \varepsilon_s}\left(\frac{x^2}{2} - x_n x\right) \tag{7.84}$$

단 $0 < x \leqq x_n$을 얻을 수 있다.

공간 전하층의 양단간 전기 포텐셜차는 식 (4.78), (4.84)에 의해

$$\begin{aligned} V_0 &= \varphi_2(x_n) - \varphi_1(-x_p) \\ &= \frac{eN_D}{2\varepsilon_0 \varepsilon_s} x_n^2 + \frac{eN_A}{2\varepsilon_0 \varepsilon_s} x_p^2 \end{aligned} \tag{7.85}$$

가 된다. 이 V_0는 바이어스가 0일 때에는 확산전압 V_D이며, 바이어스 V가 걸려있을 때에는 $V_D - V$가 된다 (순방향 $V > 0$, 역방향 $V < 0$).

한편, 전기적 중성 조건, 공간 전하층에서 양, 음의 전하량은 동일해야 하기 때문에,

$$N_A x_p = N_D x_n \tag{7.86}$$

$$\therefore \frac{x_p}{x_n} = \frac{N_D}{N_A} \tag{7.87}$$

이 성립한다. 즉, 공간 전하층의 폭은 많이 도핑된 쪽이 좁다. 식 (7.85)와 식 (7.87)에서 χ_n, χ_p를 구하고, 공간 전하층의 폭 w와 바이어스 V의 관계에서

$$w = x_p + x_n = \left\{\frac{2\varepsilon_0 \varepsilon_s (N_A + N_D)}{eN_D N_A}(V_D - V)\right\}^{1/2} \tag{7.88}$$

(순방향에서는 $V > 0$, 역방향에서는 $V < 0$)

를 얻을 수 있다.

일반적으로 p-n 접합의 일부가 더 많이 도핑되어 있을 경우 (이를 '**부분 계단 접합**'이라고 한다)가 많은데, 예를들면 $N_A \gg N_D$의 경우에 식 (7.88)은

$$w = \left\{\frac{2\varepsilon_0 \varepsilon_s}{eN_D}(V_D - V)\right\}^{1/2} \tag{7.89}$$

이 된다. 식 (7.88) 혹은 식 (7.89)는 공간 전하층의 폭이 역바이어스를 증가시키면 커진다는 것을 나타낸다.

7.7 접합 용량

지금까지에서 알 수 있듯이, p-n접합의 공간 전하층은 p측에 마이너스, n측에 플러스 전하를 비축한 콘덴서로 볼 수 있다. 이 콘덴서의 정전용량은 단위 면적당

$$C = \frac{\varepsilon_0 \varepsilon_s}{w} \tag{7.90}$$

이므로, 식 (7.88)에 의해

$$C = \left\{ \frac{e\varepsilon_0\varepsilon_s N_A N_D}{2(N_A + N_D)} \cdot \frac{1}{(V_D - V)} \right\}^{1/2} \tag{7.91}$$

이 된다. 혹은

$$\frac{1}{C^2} = \frac{2(N_A + N_D)}{e\varepsilon_0\varepsilon_s N_A N_D}(V_D - V) \tag{7.92}$$

라 할 수 있다. 즉 $1/C^2$와 V는 직선관계에 있다. 따라서 p-n 접합의 접합용량 C를 여러 바이어스 V로 측정하여, $1/C^2$를 V의 함수로서 플로트하면, 그림 7.16에서와 같이 직선을 얻을 수 있다. 직선이 가로축을 자르는 점에서 확산전기 포텐셜 V_D가 구해진다.

특히 부분 계단접합의 경우, 예를들면 $N_A \gg N_D$라고 하면 식 (7.92)는

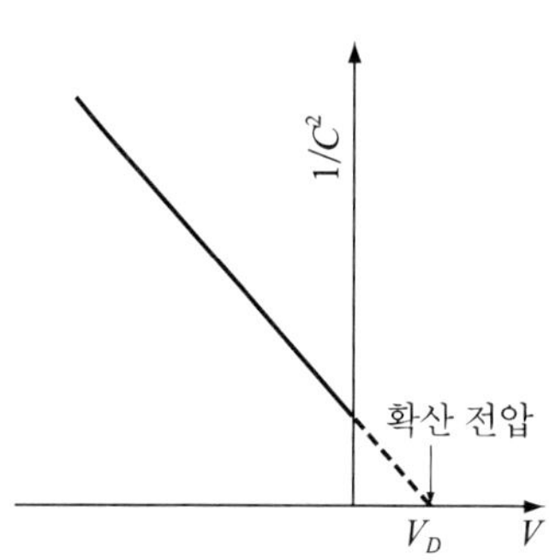

그림 7.16 • 접점 용량의 바이어스 의존성 (계단형 p-n 접합의 경우)

$$\frac{1}{C^2} = \frac{2}{e\varepsilon_0\varepsilon_s N_D}(V_D - V) \tag{7.93}$$

가 된다. 이때 그림 7.16의 플로트에서 세로축을 자르는 점에서 N_D, 즉 가볍게 도핑된 측의 불순물 농도가 구해진다.

$1/C^2$이 V에 대해 직선이 된다는 점은 p-n접합이 계단형 접합이라는 것을 나타내는 실험적 증거로서도 이용된다. p-n접합이 계단형이 아니라, 그림 7.17에 나타낸 바와 같은 **기울기형 접합**일 경우에는 동일한 해석으로부터 공간 전하층의 폭은

$$w = \left\{\frac{12\varepsilon_0\varepsilon_s}{ea}(V_D - V)\right\}^{1/3} \tag{7.94}$$

로 주어진다는 것을 알 수 있다. 단, a는 접합의 불순물 농도의 기울기

$$a = \frac{dN_A}{dx} = \frac{dN_D}{dx}$$

를 표시한다. 접합용량은

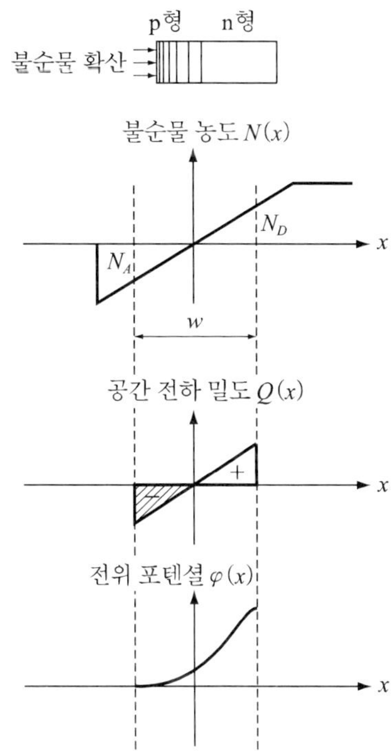

그림 7.17 ◦ 기울기형 p-n 접합에서의 불순물 농도, 공간 전하 밀도, 전기 포텐셜 분포

$$C = (\varepsilon_0 \varepsilon_s)^{2/3} \left\{ \frac{ea}{12} \frac{1}{V_D - V} \right\}^{1/3} \tag{7.95}$$

가 되어, $1/C^3$과 V의 사이에 비례관계가 성립한다.

7.8 이종 접합

지금까지 동일한 반도체 p형과 n형 사이의 접합을 공부하였다. 최근 다른 종류의 반도체간 p-n 접합이 주목되고 있다. 이와 같은 접합을 **이종접합**이라고 하며, 그에 반해 같은 종류간 접합을 **동종접합**이라고 한다. 이종접합의 이점은 우선 반도체 중에 p형 또는 n형의 어느 한쪽밖에 얻을 수 없는 물질이 있는데, 이와 같은 반도체는 동종접합을 만들 수 없다. 따라서 이러한 경우 한쪽을 다른 재료 반도체로 하여 p-n접합을 만들 수 있다면, 그 결점을 보충할 수 있게 된다.

또 적극적인 응용 방법으로는 이종 반도체간의 에너지갭 차이나 굴절률 차이 등을 이용해 옵토일렉트로닉스 분야에서 새로운 디바이스를 만들 수 있다. 더욱 넓게 생각하면 다른 반도체가 가지고 있는 특징을 살려 특정한 물질에서는 얻을 수 없는 새로운 디바이스를 얻을 수 있는 가능성도 있다. 최근에는 이종 접합을 매우 얇은 (전자파동 파장 정도, 예를들면 100 Å 이하) 반도체 층을 이용하여 형성한 초살창 구조 (superlattice structures)로 지금까지 없는 새로운 디바이스를 얻고자 하는 연구가 시도되고 있지만, 초살창 구조에 대해서는 다른 문헌을 이용하고 여기에서는 이종접합의 기본적인 사항만을 다루기로 한다.

이종접합의 에너지 띠 구조를 생각할 경우 금속-반도체 접합 부분에서 공부하였듯이 전자 친화력 χ의 차가 문제가 된다. 전자 친화력은 전도띠의 바닥과 진공준위와의 에너지 차이다. 그림 7.18(a)와 같이, χ, E_g가 다른 반도체를 생각해 보자. 그림에서 알 수 있듯이, 전도띠 바닥의 에너지 차, 가전자띠 상단의 에너지차를 각각 ΔE_c, ΔE_v, 라고 하면

$$\Delta E_c = \chi_n - \chi_p \tag{7.96}$$

$$\Delta E_v + \Delta E_c = |E_{gn} - E_{gp}| \tag{7.97}$$

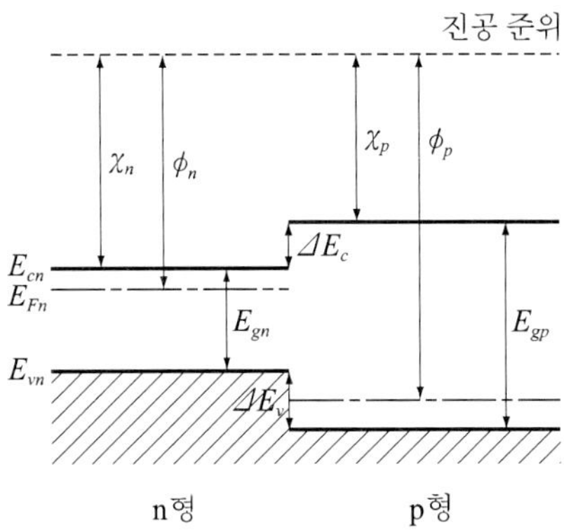

(a) 접합 전의 에너지 다이어그램

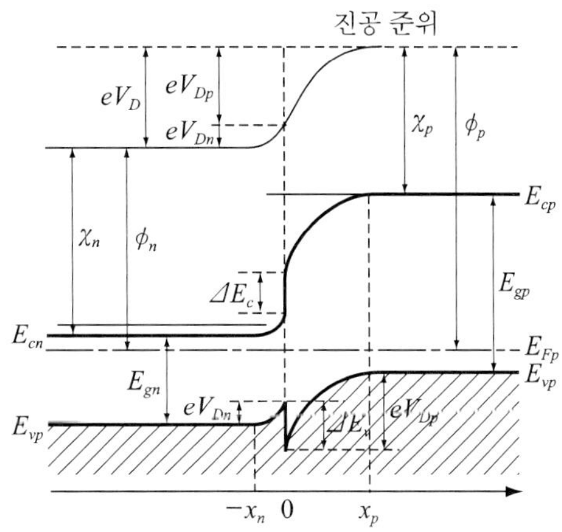

(b) 이종접합 후의 에너지 다이어그램

그림 7.18 ◦ ϕ_n, ϕ_p은 일 함수를 나타낸다.

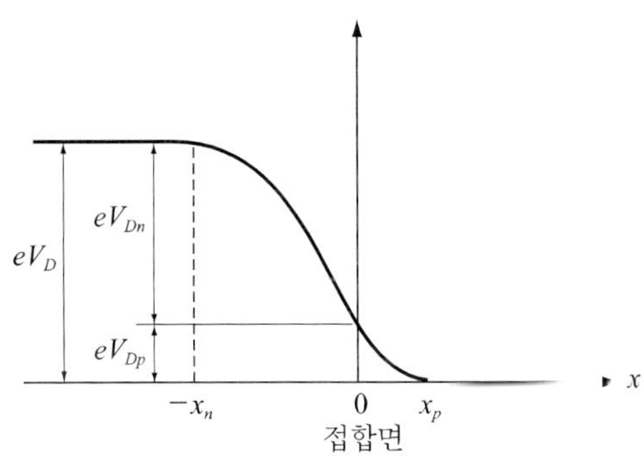

그림 7.19 ◦ 공간 전하층에서의 확산전압 (V_{Dp}와 V_{Dn}의 비는 공간전하층 두께 χ_p와 χ_n의 비로 결정된다.)

이다. 지금, 이 두 개의 반도체 간에 p-n 접합이 형성되었다고 하면, 그림 7.18(b)와 같이 될 것이다. 확산전기 포텐셜 V_D는 n형 측에서의 값과 p형 측에서의 값의 합으로 주어진다. 즉

$$V_D = V_{Dn} + V_{Dp} \tag{7.98}$$

이다. V_D의 V_{Dn}, V_{Dp}로의 할당은 그림 7.19에서와 같이 공간전하층 두께의 비, 즉 도너 밀도 N_D와 억셉터 밀도 N_A의 비로 얻어진다. 이를 유도해 보자. 그림 7.18(b)에서, 포아슨 방정식은

$$\begin{cases} \dfrac{d^2\varphi_n}{dx^2} = -\dfrac{eN_D}{\varepsilon_n\varepsilon_0} \quad (-x_n \le x \le 0) & (7.99) \\ \dfrac{d^2\varphi_p}{dx^2} = \dfrac{eN_A}{\varepsilon_p\varepsilon_0} \quad (0 \le x \le x_p) & (7.100) \end{cases}$$

으로 주어진다. 여기서 ε_n, ε_p는 각각 n형 반도체, p형 반도체의 비유전률이다. 위의 식을 적분하면

$$\begin{cases} \dfrac{d\varphi_n}{dx} = -\dfrac{eN_D}{\varepsilon_n\varepsilon_0}x + C_n & (7.101) \\ \dfrac{d\varphi_p}{dx} = \dfrac{eN_A}{\varepsilon_p\varepsilon_0}x + C_p & (7.102) \end{cases}$$

이 된다. 여기서 C_n, C_p는 적분상수이다. 경계조건

$$x = -x_n : \quad \frac{d\varphi_n}{dx} = 0 \tag{7.103}$$

에서

$$C_n = -\frac{eN_D}{\varepsilon_n\varepsilon_0}x_n \tag{7.104}$$

을 얻을 수 있으며, 경계조건

$$x = x_p : \quad \frac{d\varphi_p}{dx} = 0 \tag{7.105}$$

에서

$$C_p = -\frac{eN_A}{\varepsilon_p\varepsilon_0}x_p \tag{7.106}$$

이 얻을 수 있다. 여기서

$$\begin{cases} \dfrac{d\varphi_n}{dx} = -\dfrac{eN_D}{\varepsilon_n\varepsilon_0}(x + x_n) & (7.107) \\ \dfrac{d\varphi_p}{dx} = -\dfrac{eN_A}{\varepsilon_p\varepsilon_0}(x_p - x) & (7.108) \end{cases}$$

이므로, 이를 다시 적분하면

$$\begin{cases} \varphi_n = -\dfrac{eN_D}{\varepsilon_n\varepsilon_0}\dfrac{x^2}{2} - \dfrac{eN_D}{\varepsilon_n\varepsilon_0}x_n x + C_n' & (7.109) \\ \varphi_p = -\dfrac{eN_A}{\varepsilon_p\varepsilon_0}x_p x + \dfrac{eN_A}{\varepsilon_p\varepsilon_0}\dfrac{x^2}{2} + C_p' & (7.110) \end{cases}$$

이 된다. 여기서 C_n', C_p'는 적분상수이다. 다시 경계조건

$$x = -x_n \; : \; \varphi_n = V_D \qquad (7.111)$$

$$x = x_p \; : \; \varphi_p = 0 \qquad (7.112)$$

을 이용하면

$$\begin{cases} \varphi_n = -\dfrac{eN_D}{2\varepsilon_n\varepsilon_0}(x + x_n)^2 + V_D & (7.113) \\ \varphi_p = \dfrac{eN_A}{2\varepsilon_p\varepsilon_0}(x_p - x)^2 & (7.114) \end{cases}$$

을 얻을 수 있다. 식 (7.114)에서

$$x = 0 \; : \; \varphi_p = V_{Dp} \qquad (7.115)$$

을 이용하면

$$V_{Dp} = \frac{eN_A}{2\varepsilon_p\varepsilon_0}x_p^2 \qquad (7.116)$$

을 얻을 수 있다. 또한, 식 (7.113)에서

$$x = 0 \; : \; \varphi_n = V_{Dp} \qquad (7.117)$$

을 이용해

$$V_{Dp} = -\frac{eN_D}{2\varepsilon_n\varepsilon_0}x_n^2 + V_D \qquad (7.118)$$

을 얻을 수 있다. 한편 식 (7.98)에서

$$V_{Dn} = V_D - V_{Dp} = \frac{eN_D}{2\varepsilon_n\varepsilon_0} x_n^2 \tag{7.119}$$

가 되므로, (7.116), (7.119)에서

$$\frac{V_{Dn}}{V_{Dp}} = \frac{\varepsilon_p N_D}{\varepsilon_n N_A}\left(\frac{x_n}{x_p}\right)^2 \tag{7.120}$$

을 얻을 수 있다. $x=0$의 전기변위 $D\,(=\varepsilon E)$의 연속성에서

$$x = 0 \ : \ \varepsilon_n \frac{d\varphi_n}{dx} = \varepsilon_p \frac{d\varphi_p}{dx} \tag{7.121}$$

이므로, (7.107), (7.108)에서

$$-N_D x_n = -N_A x_P \tag{7.122}$$

$$\therefore \frac{N_D}{N_A} = \frac{x_p}{x_n} \tag{7.123}$$

이를 식 (7.120)에 대입하여

$$\frac{V_{Dn}}{V_{Dp}} = \frac{\varepsilon_p N_A}{\varepsilon_n N_D} \tag{7.124}$$

를 얻을 수 있다.

그림 7.18(b)는 $E_{gn} < E_{gp}$, $x_n > x_p$인 경우지만, 전도띠에 에너지의 '장벽' ΔE_c가, 원자가띠에는 ΔE_v가 발생함을 알 수 있다. 그림 7.20은 nn 이종 결합을 나타낸다.(a)가 접합 형성 전, (b)가 형성 후이다. 이 그림은 $E_{g1} < E_{g2}$, $\chi_1 > \chi_2$인 경우를 나타낸다. 전도띠에 ΔE_c가 가전자대에 ΔE_v가 발생하고 있다.*

이상은 이상적인 이종접합을 고려하였지만, 실제는 두 반도체의 살창상수의 차가 크면 계면에 결함준위가 생겨 순조로운 결합은 얻을 수 없다. 이를 **살창 부정합**이라 한다. 두 반도체의 살창상수를 a_1, a_2라고 하면, 살창 부정합률은

---

* 여기에서 에너지 띠의 불균일에 대해 x의 차이로 나타내고 있지만, 실제로는 간단하지는 않다는 것이 최근 연구로 밝혀지고 있다.

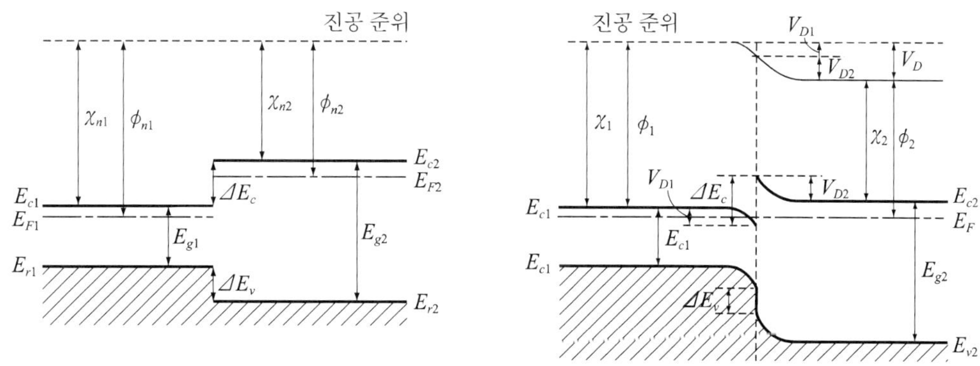

(a) 접합 전의 에너지 다이어그램　　(b) $n-n$이종 접합 후의 에너지 다이어그램

그림 7.20

$$\frac{|a_1 - a_2|}{(a_1 + a_2)/2} \times 100\,(\%) \tag{7.125}$$

로 나타난다. 표 4.1은 여러 가지 조합의 경우에 부정합률을 나타낸다.

표 7.1 • 반도체 이종 접합의 살창 부정합률

이종 접합	살창정수의 부정합 (%)
Ge/GaAs	0.08
GaAs/AlAs	0.08
Gap/Si	0.35
GaAs/ZnSe	0.25
ZnSe/ZnTe	7.1

연습문제

7.1 n형 영역의 전자밀도가 $1.8 \times 10^{23}/\mathrm{m}^3$, p형 영역의 전자밀도가 $1.5 \times 10^{17}/\mathrm{m}^3$인 p-n 접합 다이오드가 있다. 실온 ($T = 300K$) 열평형 상태에서 확산 전압을 구하라.

7.2 반도체의 억셉터 밀도 N_A와 도너 밀도 N_D가 모두 $9\times10^{20}/\text{m}^3$인 계단 접합형 p-n 다이오드가 있다. 아래에 나타내는 조건에서의 공간전하층 두께 및 단위 면적당 정전용량을 구하라. 단 확산 전압은 0.4V, 반도체의 비유전률을 16이다.

(a) 인가 전압 0일 때.

(b) 5V의 역방향 전압을 가했을 때

(c) 1V의 순방향 전압을 가했을 때.

7.3 앞 문제에서의 p-n 접합에 대해 21[V]의 역방향 바이어스 전압을 가했을 때, 공간 전하층의 두께는 어떻게 될까? 또 전기장 강도의 최대치를 구하라.

7.4 $2\,\text{mm}^2$의 면적을 가진 p-n 접합 다이오드가 있고, p형 영역의 저항률이 $10^3\,\Omega\cdot\text{m}$, n형 영역의 저항률이 $10^2\,\Omega\cdot\text{m}$이며, 소수캐리어의 수명은 전자, 양공이 각각 100 및 200 μs이다. 또한, 전자 및 양공의 이동도는 각각 $0.35\,\text{m}^2/\text{Vs}$, $0.18\,\text{m}^2/\text{Vs}$일 때, 이 p-n 접합의 실온 ($T=300\ K$)에서의 역방향 포화전류를 구하라. 단, 진성일 경우의 캐리어밀도 n_i는 $2.5\times10^{19}/\text{m}^3$이다.

7.5 경사형 접합의 p-n 접합에서 공간 전하층의 폭, 식 (7.94) 및 정전용량 식 (7.95)를 유도하라.

7.6 반도체 이종 접합에서 공간전하층의 폭 w 및 공간전하층 용량 C는 아래의 식으로 나타난다는 것을 증명하라.

$$w=\left[\frac{2\varepsilon_n\varepsilon_0\varepsilon_p\varepsilon_0(N_D+N_A)^2V_D}{eN_DN_A(\varepsilon_n\varepsilon_0N_D+\varepsilon_p\varepsilon_0N_A)}\right]^{1/2}$$

$$C=\left[\frac{eN_DN_A\varepsilon_n\varepsilon_0\varepsilon_p\varepsilon_0}{2(\varepsilon_n\varepsilon_0N_D+\varepsilon_p\varepsilon_0N_A)}\cdot\frac{1}{(V_D-V)}\right]^{1/2}$$

단 N_D는 n형 반도체 쪽의 도너 밀도, N_A는 p형 반도체 쪽의 억셉터 밀도, ε_n 및 ε_p는 n형 및 p형 반도체의 비유전률, V_D는 확산 전압을 나타낸다.

7.7 도너밀도 $10^{21}/\text{m}^3$을 가진 n형 GaAs와 억셉터 밀도 $3\times10^{21}/\text{m}^3$을 가진 p형 Ge으로 p-n접합을 만들었다고 가정할 때, 바이어스를 인가하지 않을 때 공간전하층 용량 및 그 두께는 얼마인가? 단 확산 전압 V_D는 0.52 eV, Ge 및 GaAs의 비유전률을 각각 16 및 11.5이다.

CHAPTER 8

금속-반도체 접합

앞 장에서 우리들은 p-n 접합의 정류성에 대해 배웠다. 이는 반도체-반도체 접합이다. 그러나 정류성 특성은 금속-반도체 접합에서 먼저 발견되어 이미 다이오드로 응용되기 시작하였다. p-n 접합의 출현으로 금속-반도체 접합은 한때 응용면에서 그다지 기대를 받지 못했지만, 여러 기술의 진보와 함께 최근 응용면에서 새삼토하게 되었다. 이 장에서는 금속-반도체 접합의 정류특성을 p-n접합에서와 동일한 에너지 띠 모델에 의한 방법으로 공부해 보자.

8.1 금속-반도체 접합의 에너지 띠 모델

7장에서 동종 반도체의 p형과 n형의 접합을 공부하였다. p-n 접합에 발생하는 포텐셜 장벽은 p형과 n형의 페르미 에너지 준위의 차에 의한 것으로, 동일 물질에서 이 차이는 바로 알 수 있으며 거의 E_g에 가까운 값이 됨을 알 수 있었다. 즉 페르미 에너지는 n형에서는 전도띠의 바로 아래에 존재하며, p형에서는 원자가띠 바로 위에 존재하기 때문이다. 하지만 금속과 반도체와 같이 서로 다른 물질간의 접합에서는 양쪽의 페르미 준위 차는 무엇을 기준으로 생각하면 좋을까? 그것은 양쪽의 **일함수 차**이다. 일함수라고 하는 것은 고체 중에서 1개의 전자를 진공 중으로 꺼내는데 요구되는 에너지로, 진공준위에서 페르미 준위 에너지까지의 에너지 차로 정의한다 (그림 7.18 참조).

또 한 가지 금속-반도체 접합이 p-n 접합과 다른 점은, 정류성에 있어서 중요한 역할을 하는 것이 p-n 접합에서는 주로 소수캐리어였지만, 금속-반도체 접합에서는 다수캐리어라는 점이다. 이러한 점은 이제부터 에너지 띠 모델로 금속-반도체 접합의 정류성을 공부하면서 점차 알게 될 것이라 생각한다.

우선 금속-n형 반도체의 접합을 생각해 보자. 금속의 일함수를 ϕ_m, 반도체의 일함수를 ϕ_s라 할 때,

$$\phi_m > \phi_s$$

인 경우를 생각해 보자. 에너지 띠 그림을 그리면 접합 전에는 그림 8.1(a)와 같이 그릴 수 있을 것이다. 금속에서 전자는 페르미 준위까지 채워져 있지만, 반도체에서는 자유전자는 전도띠에 존재하기 때문에 실제로 진공준위로부터 전도띠 바닥까지의 에너지 χ_s (**전자 친화력**이라고 한다)가 문제가 된다.

금속과 반도체를 접합시키면, 반도체 쪽의 전자가 에너지가 높기 때문에 반도체로부터 금속으로 전자가 이동하며, 금속은 음으로 대전하게 된다. 반도체에는 이온화된 도너가 남게 되어, 이 양전하에 의해 양의 공간전하층이 발생하며, 금속과의 사이에 내부 전기장이 발생한다. 결국 더 이상의 전자이동이 억제되어 열평형 상태가 된다. 이때의 에너지 띠 형태는 그림 8.1(b)와 같으며, 금속과 반도체의 페르미 준위는 일치하게 된다. 반도체 내에는 p-n 접합에서와 동일한 확산장벽 에너지

$$e V_D = \phi_m - \phi_s \tag{8.1}$$

이 존재하며, 금속에서 반도체를 볼 때

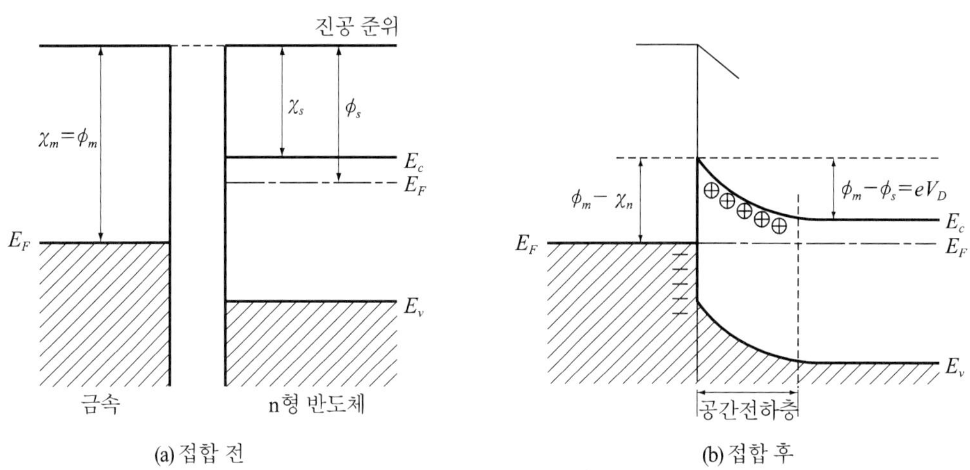

그림 8.1 ◦ 금속-n형 반도체 접합 에너지 띠 그림, $\phi_m > \phi_s$의 경우

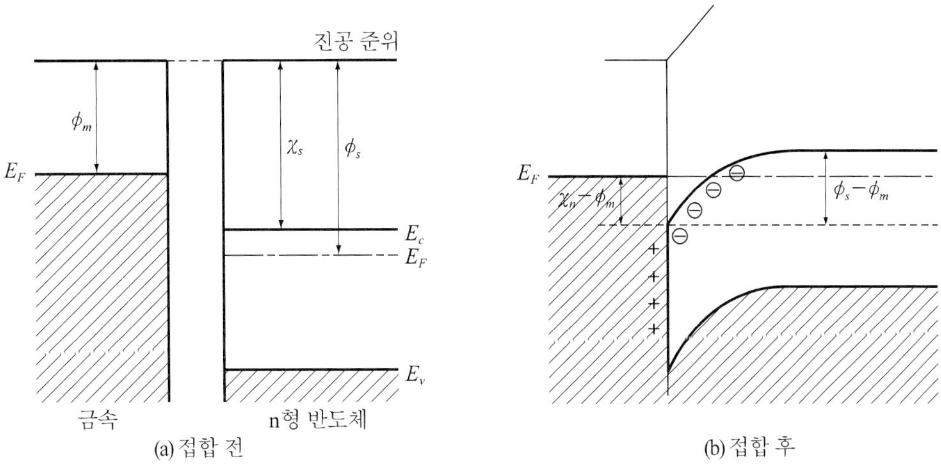

그림 8.2 ▪ 금속–n형 반도체 접합의 에너지 띠 그림, $\phi_m < \phi_s$일 경우

$$\phi_B = \phi_m - \chi_s \tag{8.2}$$

높이를 가지는 장벽이 존재한다. 이에 따라, 나중에 설명하겠지만 **정류성**이 생기게 되는데, 반대로 $\phi_m < \phi_s$일 때에는 어떻게 될까? 이때 접합하기 전은 그림 8.2(a)와 같으므로 접합을 하면 금속으로부터 반도체로 전자의 이동이 생기며, 금속 쪽 경계면은 플러스 전하가 생기고, 반도체 쪽 경계면에는 마이너스 전하가 축적되기 때문에 그림 8.2(b)와 같아진다. 따라서 오옴성 접합이 형성된다. 마찬가지로 금속–p형 반도체 접합에서는 $\phi_m < \phi_s$일 때 정류성 (그림 8.3(a)), $\phi_m > \phi_s$일 때 오옴성 접합 (그림 8.3(b))을 얻을 수 있다.

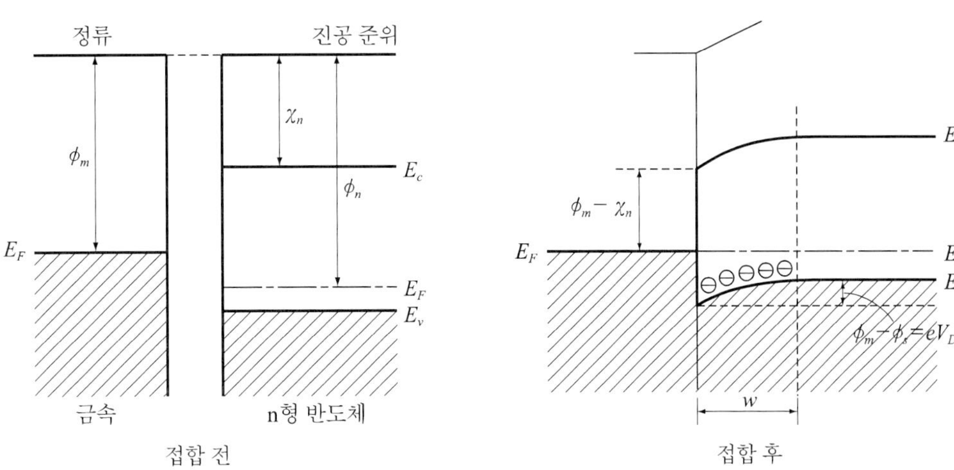

그림 8.3(a) ▪ 금속–p형 반도체 접합 에너지 띠 그림, $\phi_m < \phi_s$일 경우

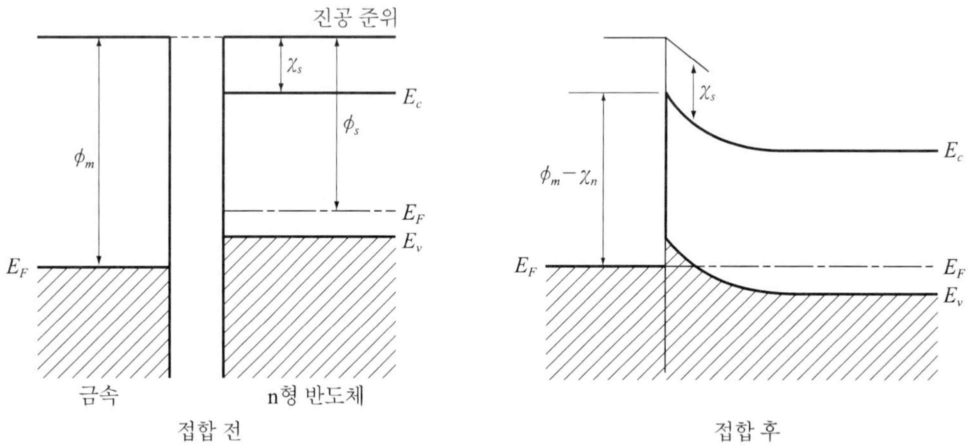

그림 8.3(b) ◦ 금속–p형 반도체 접합 에너지 띠 그림, $\phi_m > \phi_s$일 경우

8.2 금속-반도체 접합에서의 정류 원리

다시 금속-n형 반도체 접합에서 $\phi_m > \phi_s$일 경우에 대해 생각해 보자. 앞 절에서 나타낸 바와 같이, 열평형 상태에서 반도체 쪽에는 $\phi_m - \phi_s$의 확산 전기포텐셜이 생겨 공간전하층이 존재하며, 금속 쪽에는 $\phi_m - \chi_s$의 장벽이 존재한다. 접합면에서 충분히 떨어진 곳에서의 전자분포를 그리면, 그림 8.4와 같아지며, 그림에서 E_0로 나타낸 에너지보다도 높은 에너지를 갖는 전자 (그림에서 검게 칠한 부분)만이 금속과 반도체 사이를 이동할

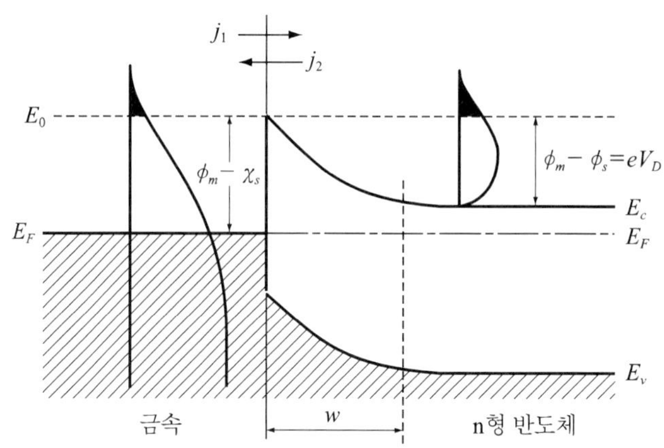

그림 8.4 ◦ 금속–반도체 접합의 정류 원리, 열평형 상태

수 있다. 열평형 상태, 즉 바이어스 0에서는 이동하는 전자의 밀도는 동일하며, 금속에서 반도체로의 전자류 j_1과 반도체로부터 금속으로의 전자류 j_2는 크기가 같으며, 그림 7.5를 이용한 7.2절에서의 논리 (식 (7.24) 참조)와 동일하게 생각하면,

$$j_1 = j_2 \tag{8.3}$$

$$= A_1 \exp\left(-\frac{eV_D}{kT}\right) \tag{8.4}$$

가 되며, 전류는 흐르지 않는다.

여기에 순방향, 즉 n형 반도체 쪽이 마이너스가 되는, 크기 V의 바이어스를 걸면, 그림 8.5에서와 같이 반도체내에서의 전기 포텐셜차가 V_D로부터 $V_D - V$로 감소하기 때문에, j_2는 변화하여

$$j_2' = A_1 \exp\left\{-\frac{e(V_D - V)}{kT}\right\} \tag{8.5}$$

가 된다. j_1은 $\phi_B = \phi_m - \chi_s$가 변하지 않기 때문에 불변이다. 결국, 전체적으로

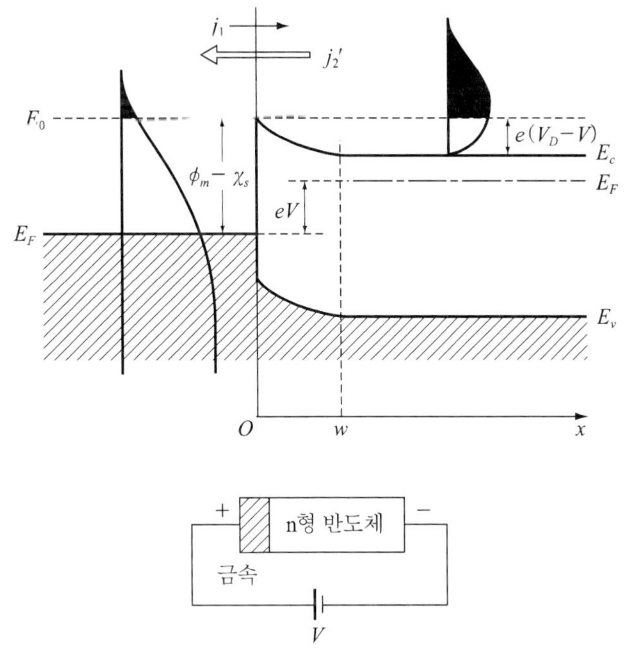

그림 8.5 ◦ 금속-반도체 접합의 정류 원리, 순방향 바이어스일 때

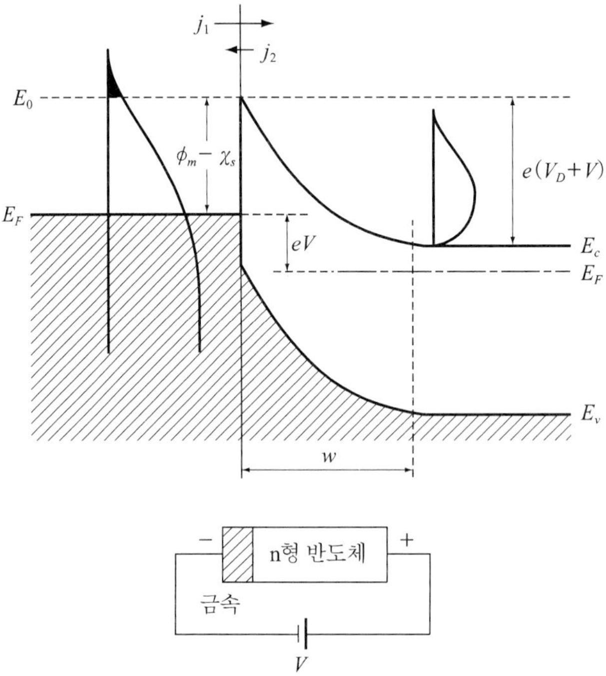

그림 8.6 • 금속-반도체 접합의 정류 원리, 역방향 바이어스일 때

$$j_2{}' - j_1 = A_1 \exp\left(-\frac{eV_D}{kT}\right)\left\{\exp\left(\frac{eV}{kT}\right) - 1\right\} \tag{8.6}$$

의 전자류가 반도체로부터 금속으로 흐르게 된다. 따라서 전류는 $-e$를 곱하면

$$J = -eA_1 \exp\left(-\frac{eV_D}{kT}\right)\left\{\exp\left(\frac{eV}{kT}\right) - 1\right\} \tag{8.7}$$

의 전류밀도가 금속에서 반도체를 향해 발생하게 된다.

다음 역 바이어스 (크기 V)를 걸면, 그림 8.6에서와 같이 j_1은 역시 불변하지만 j_2는 매우 작아져 일정한 역방향 포화전류가 흐르게 된다. 이것은 (8.7) 식에서 V를 음으로 크게 했을 때에 상당한다.

이와 같이 금속-반도체 접합의 정류특성은 p-n접합의 경우와 매우 유사한 식으로 표현된다는 것을 알 수 있다. 그러나 원리적으로는 근본적 차이가 있다는데 주의해야 한다. 그것은 앞에서 설명했듯이, p-n 접합에서의 주역은 소수캐리어인데 반해, 금속-반도체 접합의 경우에는 다수캐리어가 주역이라는 점이다. 즉 순방향 전류는 p-n 접합에서는 p영역 혹은 n영역으로 '주입'된 소수캐리어인 전자 혹은 양공에 의한 것인데 반해, 금속-반도체 접합의 경우에는 반도체 쪽에 발생한 공간전하층 속을 이동하는 다수캐리어 (금속-n형 반도체 접합의 경우에는 전자)에 의한 것이다 다음에 좀 더 자세히 정류원리를 조사하여 전류-전압 특성을 유도하여 보자.

8.3 금속-반도체 접합의 전류-전압 특성

금속-n형 반도체 접합을 생각하자. 공간전하층의 폭 w가 전자의 평균 자유행정 l보다 작을 경우 $(w < l)$와, 클 경우 $(w > l)$에 따라 정류 원리가 달라진다.

(1) $w < l$의 경우

대부분의 반도체 (Ge, Si, GaAs 등)에서는 이 조건이 성립한다. 이 경우는 그림 8.5에서, 반도체로부터 금속으로의 전자류 j_2'는 전자가 공간전하층 거리 내에서 충돌을 일으키지 않기 때문에 이 층을 뚫고 금속 층에 도달하는 흐름이다. 이와 같은 경우에는 진공중의 열전자 방출원리를 그대로 적용할 수 있다. 금속으로 [방출]될 수 있는 전자는 그림의 E_0보다도 높은 에너지 전자이기 때문에,

$$\begin{aligned} j'_2 &= -\int v_x dn = \int_{v_x > 0} v_x \cdot Z(E) f(E) dE \\ &= -\int_0^{\infty}\int_{-\infty}^{\infty}\int_{-\infty}^{\infty} v_x \cdot 2\frac{1}{8\pi^3} \cdot f(E) d\boldsymbol{k}_x d\boldsymbol{k}_y d\boldsymbol{k}_z \\ &= -\frac{1}{4\pi^3}\int_0^{\infty}\int_{-\infty}^{\infty}\int_{-\infty}^{\infty} v_x \left\{\exp\left(-\frac{E-E_F}{kT}\right)\right\} d\boldsymbol{k}_x d\boldsymbol{k}_y d\boldsymbol{k}_z \end{aligned} \tag{8.8}$$

라 할 수 있다. 여기서 v_x는 전자의 x방향의 속도성분을 나타내며, 반도체에서의 전자 유효질량을 m_n이라고 하면

$$v_x = \frac{\hbar \boldsymbol{k}_x}{m_n} \tag{8.9}$$

라 할 수 있다. 또한,

$$E = E_0 + \frac{\hbar^2}{2m_n}\left(\boldsymbol{k}_x^2 + \boldsymbol{k}_y^2 + \boldsymbol{k}_z^2\right) \tag{8.10}$$

이기 때문에, 식 (8.8)은

$$j_2{}' = -\frac{1}{4\pi^3}\int_0^{\infty}\int_{-\infty}^{\infty}\int_{-\infty}^{\infty}\frac{\hbar \boldsymbol{k}_x}{m_n}\exp\left\{-\frac{\hbar^2\left(\boldsymbol{k}_x{}^2+\boldsymbol{k}_y{}^2+\boldsymbol{k}_z{}^2\right)}{2m_n kT}\right\}$$

$$\exp\left(-\frac{(E_0-E_F)}{kT}\right)d\boldsymbol{k}_x d\boldsymbol{k}_y d\boldsymbol{k}_z$$

$$= -\frac{1}{4\pi^3}\frac{\hbar}{m_n}\exp\left(-\frac{(E_0-E_F)}{kT}\right)\int_0^{\infty}k_x\exp\left(-\frac{\hbar^2\boldsymbol{k}_x^2}{2m_n kT}\right)$$

$$d_{\kappa x}\int_{-\infty}^{\infty}\exp\left(-\frac{\hbar^2\boldsymbol{k}_y^2}{2m_n kT}\right)d_{ky}\int_{-\infty}^{\infty}\exp\left(-\frac{\hbar^2\boldsymbol{k}_z^2}{2m_n kT}\right)d_{\kappa z}$$

$$= -\frac{4\pi m_n k^2 T^2}{h^3}\exp\left(-\frac{(E_0-E_F)}{kT}\right) \tag{8.11}$$

이 된다. 여기서

$$\int_0^{\infty}\exp(-at^2)dt = \frac{1}{2\,a} \tag{8.12}$$

$$\int_0^{\infty}\exp(-at^2)dt = \frac{1}{2}\sqrt{\frac{\pi}{a}} \tag{8.13}$$

의 적분공식을 이용하였다. 반도체 쪽에서는

$$E_0 - E_F = \phi_m - \chi_s - eV \tag{8.14}$$

이기 때문에, (8.11) n식에 대입하여

$$j_2{}' = -\frac{4\pi m_n k^2 T^2}{h^3}\exp\left(-\frac{\phi_m-\chi_s-eV}{kT}\right) \tag{8.15}$$

가 된다.

동일하게 금속에서 반도체로의 전자류 j_1에 대해서도 적용하여 식 (8.15)의 $\Phi_m-\chi_s-eV$를 $\phi_m-\chi_s$로 치환하면

$$j_1 = -\frac{4\pi m_n k^2 T^2}{h^3}\exp\left(-\frac{\phi_m-\chi_s}{kT}\right) \tag{8.16}$$

가 된다. 결국 실질적인 전자류는

$$j_2{}' - j_1 = -\frac{4\pi m_n k^2 T^2}{h^3} \exp\left(-\frac{\phi_m - \chi_s}{kT}\right)\left\{\exp\left(\frac{eV}{kT}\right) - 1\right\} \tag{8.17}$$

이 된다. 전류밀도는 $-e$를 곱하여

$$J = \frac{4\pi m_n e k^2 T^2}{h^3} \exp\left(-\frac{\phi_m - \chi_s}{kT}\right)\left\{\exp\left(\frac{eV}{kT}\right) - 1\right\} \tag{8.18}$$

이 되며, 식 (8.6)과 같은 형태의 전류-전압 특성을 얻을 수 있다.

한편 역방향 포화전류 J_s는

$$J_s = \frac{4\pi m_n e k^2 T^2}{h^3} \exp\left(-\frac{\phi_m - \chi_s}{kT}\right) \tag{8.19}$$

$$\equiv A^* T^2 \exp\left(-\frac{\phi_m - \chi_s}{kT}\right) \tag{8.20}$$

으로 주어진다. 여기서 A^*는 열전자 방출의 **리차드슨 상수**에 상당하며, $m_n = m$이라고 하면

$$A^* \cong 1.2 \times 10^6 \ [\mathrm{Am^{-2}K^{-2}}] \tag{8.21}$$

이다.

(2) $w > l$의 경우

이 경우에도 반도체의 공간전하층을 통해 다수캐리어의 이동이 전류값을 결정하는 것은 (7.1)과 동일하지만, 공간전하층의 폭이 넓으므로 (7.1)과 같은 열전자 방출원리는 적당하지 않다. 전류밀도는 드리프트전류와 확산전류의 합으로 주어지며, 식 (7.2), 식 (7.3)에서

$$J_n = en\mu_n E + eD_n \frac{dn}{dx} \tag{8.22}$$

라 할 수 있다. 식 (7.14)에 의해 $\phi(x)$를 포텐셜로서

$$E = -\frac{d\varphi(x)}{dx} \tag{8.23}$$

이기 때문에, 아인슈타인 관계식 (6.83)을 이용하면

$$J_n = eD_n\left(-en\frac{1}{kT}\frac{d\varphi(x)}{dx}+\frac{dn}{dx}\right) \tag{8.24}$$

이 된다. 이 식의 양변에 $\exp(-e\varphi(x)/kT)$를 곱하면, 우변의 괄호 항은

$$-en\frac{1}{kT}\frac{d\varphi(x)}{dx}\left\{\exp\left(-\frac{e\varphi(x)}{kT}\right)\right\}+\frac{dn}{dx}\left\{\exp\left(-\frac{e\varphi(x)}{kT}\right)\right\}$$

$$=\frac{d}{dx}\left\{n\exp\left(-\frac{e\varphi(x)}{kT}\right)\right\} \tag{8.25}$$

가 되므로, 식 (8.24)는

$$J_n\exp\left(-\frac{e\varphi(x)}{kT}\right)=eD_n\frac{d}{dx}\left\{n\exp\left(-\frac{e\varphi(x)}{kT}\right)\right\} \tag{8.26}$$

이 된다. 이 식을 공간전하층에 걸쳐 적분하면,

$$\int_0^w J_n\exp\left(-\frac{e\varphi(x)}{kT}\right)dx = eD_n\left[n\exp\left(-\frac{e\varphi(x)}{kT}\right)\right]_0^w$$

$$=eD_n\left\{n_n\exp\left(-\frac{e\varphi_n}{kT}\right)\right\}-n_0\exp\left(-\frac{e\varphi_0}{kT}\right) \tag{8.27}$$

가 된다. 여기서 n_0, n_n은 각각 $x=0$, $x \geq w$에서의 전자밀도이며, φ_0, φ_n은 각각 $x=0$, $x\geq w$에서의 $\varphi(x)$값이다. 순방향 바이어스의 경우에 대해서는 그림 8.7을 보자. n_0는 바이어스 0일 때의 n과 동일하기 때문에 식 (7.24)의 경우와 마찬가지로

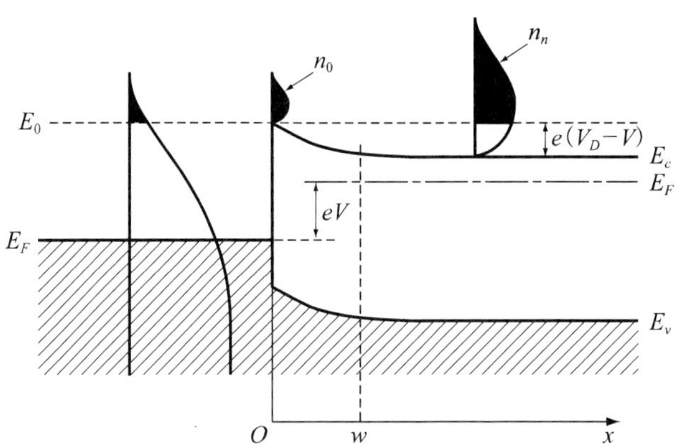

그림 8.7 • $w > l$ 경우의 순방향 전류 원리

$$n_0 = n_n \exp\left(-\frac{eV_D}{kT}\right) \tag{8.28}$$

이라 할 수 있다. 또 그림 8.7에서 알 수 있듯이,

$$\varphi_n - \varphi_0 = V_D - V \tag{8.29}$$

이기 때문에, 식 (8.27)은

$$\begin{aligned}\int_0^w J_n \exp\left(-\frac{e\varphi(x)}{kT}\right)dx &= eD_n\left[n_n \exp\left(-\frac{e\varphi_0}{kT}\right)\right.\\ &\quad \left.\times \exp\left\{-\frac{e(V_D - V)}{kT}\right\} - \left\{n_n \exp\left(-\frac{e\varphi_0}{kT}\right)\exp\left(-\frac{eV_D}{kT}\right)\right\}\right]\\ &= eD_n n_n\left\{\exp\left(-\frac{e\varphi_0}{kT}\right)\exp\left(-\frac{eV_D}{kT}\right)\right\}\left\{\exp\left(\frac{eV}{kT}\right) - 1\right\}\end{aligned} \tag{8.30}$$

이 된다.

식 (8.30)의 좌변 적분을 하기 위해서는 $\varphi(x)$ 형태를 알아야 한다. 이를 구하기 위해서는 공간전하층 내에서의 포아슨 방정식을 풀면 되는데, 이 문제에 대해서는 다음 절에서 상세히 설명하기로 하고, 여기에서는 그 결과만을 이용하기로 하자. 그 결과에 따르면, $\varphi(x)$는

$$\varphi(x) = \frac{eN_D}{\varepsilon_0 \varepsilon_s}\left(wx - \frac{x^2}{2}\right) \tag{8.31}$$

로 주어진다. 한편 전기장 $E = -d\varphi(x)/dx$는 $x = 0$ 근방에서의 값으로 근사할 수 있으므로, $\varphi(x)$는 x가 작은 값에 대해서만 구하면 된다. 따라서 식 (8.31)은

$$\begin{aligned}\varphi(x) &= \frac{eN_D}{2\varepsilon_0 \varepsilon_s} w^2 \left\{\frac{2x}{w} - \left(\frac{x}{w}\right)^2\right\}\\ &\simeq \frac{eN_D}{2\varepsilon_0 \varepsilon_s} w^2 \cdot \frac{2x}{w} \quad (\because x/w \ll 1)\\ &= \frac{eN_D w}{\varepsilon_0 \varepsilon_s} x\end{aligned} \tag{8.32}$$

로 근사할 수 있다. 따라서 식 (8.30)의 좌변은

$$\int_0^w J_n \exp\left(-\frac{e^2 N_D w}{kT\varepsilon_0\varepsilon_s}x\right)dx = J_n\left(-\frac{kT\varepsilon_0\varepsilon_s}{e^2 N_D w}\right)\times\left|\exp\left(-\frac{e^2 N_D w}{kT\varepsilon_0\varepsilon_s}x\right)\right|_0^w$$

$$= J_n\left(-\frac{kT\varepsilon_0\varepsilon_s}{e^2 N_D w}\right)\left\{\exp\left(-\frac{e^2 N_D w^2}{kT\varepsilon_0\varepsilon_s}\right)-1\right\} \tag{8.33}$$

이 된다. 한편 식 (8.31)에서

$$\varphi_n = \varphi(w) = \frac{eN_D}{\varepsilon_0\varepsilon_s}\cdot\frac{w^2}{2} \tag{8.34}$$

이 되는데, 식 (8.29)에 의하면 이는 $V_D - V + \varphi_0$와 동일하다. 지금 $x=0$에서의 ϕ 값을 원점으로 취하면 $\varphi_0 = 0$이므로,

$$\varphi(w) = V_D - V \tag{8.35}$$

가 되므로 식 (8.34), (8.35)에 의해 식 (8.33), 즉 식 (8.30)의 좌변은

$$J_n\left(-\frac{kT\varepsilon_0\varepsilon_s}{e^2 N_{DW}}\right)\left[\exp\left\{-\frac{2e(V_D - V)}{kT}\right\}-1\right]$$

이 되지만, $(V_D - V) \gg kT$이므로 위의 값은

$$J_n\left(\frac{kT\varepsilon_0\varepsilon_s}{e^2 N_D w}\right) = J_n\frac{kT\varepsilon_0\varepsilon_s}{e^2 N_D}\left\{\frac{eN_D}{2\varepsilon_0\varepsilon_s(V_D - V)}\right\}^{1/2}$$

$$= J_n\frac{kT}{e}\left\{\frac{\varepsilon_0\varepsilon_s}{2eN_D(V_D - V)}\right\}^{1/2} \tag{8.36}$$

이 된다. 결국 식 (8.30)은 $\phi_0 = 0$로서

$$J_n\frac{kT}{e}\left\{\frac{\varepsilon_0\varepsilon_s}{2eN_D(V_D - V)}\right\}^{1/2} = eD_n n_n \exp\left(-\frac{eV_D}{kT}\right)\times\left[\exp\left(\frac{eV}{kT}\right)-1\right] \tag{8.37}$$

이라 할 수 있다. 여기서

$$J_n = e\frac{eD_n}{kT}n_n\left\{\frac{2eN_D(V_D - V)}{\varepsilon_0\varepsilon_s}\right\}^{1/2}\exp\left(-\frac{eV_D}{kT}\right)\times\left\{\exp\left(\frac{eV}{kT}\right)-1\right\}$$

$$= e\mu_n n_n \left\{ \frac{2eN_D(V_D - V)}{\varepsilon_0 \varepsilon_s} \right\}^{1/2} \exp\left(-\frac{eV_D}{kT} \right) \left\{ \exp\left(\frac{eV}{kT} \right) - 1 \right\}$$

$$= \sigma_n \left\{ \frac{2eN_D(V_D - V)}{\varepsilon_0 \varepsilon_s} \right\}^{1/2} \exp\left(-\frac{eV_D}{kT} \right) \left\{ \exp\left(\frac{eV}{kT} \right) - 1 \right\}$$

$$= J_s \left\{ \exp\left(\frac{eV}{kT} \right) - 1 \right\} \tag{8.38}$$

단,

$$J_s \equiv \sigma_n \left\{ \frac{2eN_D(V_D - V)}{\varepsilon_0 \varepsilon_s} \right\}^{1/2} \exp\left(-\frac{eV_D}{kT} \right) \tag{8.39}$$

가 된다. 여기서 σ_n은 n형 반도체의 도전율이다.

8.4 금속-반도체 접합에서의 공간전하 용량

p-n 접합과 마찬가지로 금속-반도체 접합에서도 공간전하층은 일종의 콘덴서라고 생각할 수 있으며 전기용량을 가지게 된다. 이를 구해보자. 포아슨 방정식은

$$\frac{d^2\varphi(x)}{dx^2} = \frac{eN_D}{\varepsilon_0 \varepsilon_s} \tag{8.40}$$

이 된다. 이를 적분하면

$$\frac{d\varphi(x)}{dx} = -\frac{eN_D}{\varepsilon_0 \varepsilon_s} x + C_1 \tag{8.41}$$

$$\varphi(x) = -\frac{eN_D}{2\varepsilon_0 \varepsilon_s} x^2 + C_1 x + C_2 \tag{8.42}$$

를 얻을 수 있다. 그림 8.7과 같이 x축에 원점을 취하고, $x = 0$에서 $\varphi(x) = \varphi_0 = 0$가 되도록 포텐셜 φ의 원점을 잡아, 식 (8.42)에서 $x = 0$, $\varphi(x) = 0$로 하면

$$C_2 = 0 \tag{8.43}$$

이 된다. 또 식 (8.41)에서 $x=w$에서 $d\varphi(x)/dx=0$로 하면

$$C_1 = \frac{eN_D}{\varepsilon_0\varepsilon_s}w \tag{8.44}$$

를 얻을 수 있다. 따라서

$$\varphi(x)= \frac{eN_D}{\varepsilon_0\varepsilon_s}\left(wx-\frac{x^2}{2}\right) \tag{8.45}$$

이 얻어진다. 아울러 $x=w$에서 $\varphi(w)=V_D-V$로 하면

$$w=\left\{\frac{2\varepsilon_0\varepsilon_s(V_0-V)}{eN_D}\right\}^{1/2} \tag{8.46}$$

을 얻을 수 있다. 따라서 정전용량 C는

$$C=\frac{\varepsilon_0\varepsilon_s}{w}=\left\{\frac{e\varepsilon_0\varepsilon_s N_D}{2(V_D-V)}\right\}^{1/2} \tag{8.47}$$

또는

$$\frac{1}{C^2}=\frac{2}{e\varepsilon_0\varepsilon_s N_D}(V_D-V) \tag{8.48}$$

로 주어진다. 이때 $1/C^2$을 바이어스 V의 함수로서 플로팅하여, 즉 식 (8.48)을 이용하면 V_D, N_D 등의 값을 구할 수 있다. 아울러

$$N_D \cong n_n = N_c \exp\left(-\frac{E_c-E_F}{kT}\right) \tag{8.49}$$

에 의해 E_C-E_F를 구할 수 있으므로, 그림 8.4에서

$$\phi_m-\chi_s=eV_D+(E_c-E_F) \tag{8.50}$$

라는 것을 이용하면, 금속 쪽에서 반도체 쪽으로의 장벽의 높이 $\phi_B=\phi_m-\chi_s$가 구해진다. 그림 8.8은 W-Si 및 W-GaAs의 금속-반도체 접합에 대한 $1/C^2$대한 V의 실험 데이터이다. 표 8.1에 여러 금속의 일함수 ϕ_m을, 표 8.2에 여러 반도체의 전자친화력 χ_s를 나타내었다. 이러한 방법으로 구한 ϕ_B의 값은 반드시 실험을 통해 구한 값과 일치하지는 않는다. 이러한 이유는 반도체의 표면상태 때문이다.

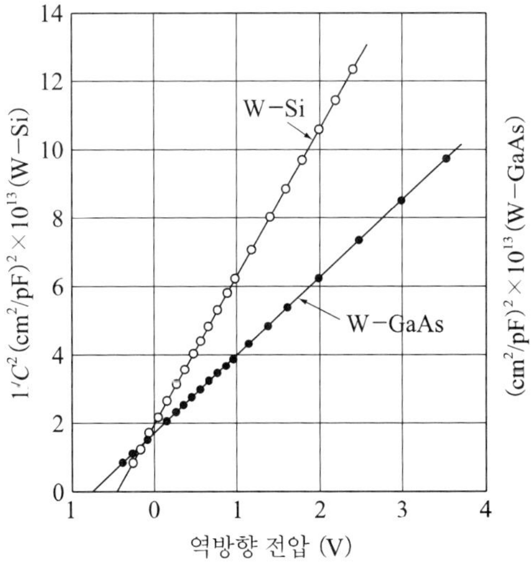

그림 8.8 ◦ 접합 용량과 역방향 바이어스의 관계

표 8.1 ◦ 금속의 일 함수 Φ_m

금속	일 함수 (ev)
Al	4.2
Cu	4.4~4.5
Ni	4.6~5.1
Ag	4.2~4.4
Au	4.7~5.2
Pr	5.48

표 8.2 ◦ 여러 종류 반도체의 전자 친화력 χ_s

물질	전자 친화력 (eV)	물질	전자 친화력 (eV)
Si	4.01	InP	4.38
Ge	4.13	InSb	4.59
AlSb	3.65	ZnS (hex)	3.9
GaP	4.3	ZnSe	4.09
GaAs	4.07	CdS (hex)	4.5
GaSb	4.06	CdTe	4.28

연습문제

8.1 도너밀도 $10^{22}/m^3$의 n형 반도체와 금속을 접합한 경우, 접합부에 형성되는 공간전하층의 두께 및 정전용량을 구하라. 단, 확산 전기포텐셜은 1 V, 또한 반도체의 비유전률은 16이다.

8.2 도너밀도가 $10^{21}/m^3$인 n형 반도체와 금속의 접합이 있다. 10 V의 역방향 바이어스 전압을 인가할 때의 공간전하층 두께, 단위 면적당 정전용량 및 접합면의 전기장 세기를 구하라. 단, 확산 전기포텐셜은 0.5 V, 반도체의 비유전률은 16이다.

8.3 앞 문제에서 0.3 V의 순방향 바이어스를 인가할 때 다음 값을 구하라.

(a) 공간전하층의 두께

(b) 단위 면적당 정전용량

(c) 접합면의 전기장세기

8.4 금속과 n형 반도체의 접합이 있다. 역방향 포화전류 I_s가 1 μA일 때, 순방향으로 0.13 V의 전압을 인가할 때 흐르는 순방향 전류를 구하라. 단, $T = 300$ K이다.

8.5 앞 문제에서 역방향으로 0.026 V의 전압을 인가할 때, 흐르는 역방향전류를 구하라.

8.6 금속-반도체 접합에서 바이어스 전압을 바꾸면서 공간전하층의 정전용량을 측정하여 확산 전기포텐셜 및 불순물 밀도를 구할 수 있다. 그 원리를 설명하라.

CHAPTER 9

바이폴라 트랜지스터

트랜지스터의 발명은 반도체 기판에 2개의 금속바늘을 대고, 한쪽 바늘을 통해 반도체 속으로 소수캐리어를 주입할 때, 다른 한쪽바늘에서 증폭작용이 발생한다는 사실로부터 발명하게 되었다. 이때 주입전극을 이미터, 흡입 쪽의 전극을 컬렉터라 부른다. 그러나 이러한 구조 그대로는 현재의 트랜지스터와 같이 뛰어난 특성을 얻을 수 없다. 이미터, 컬렉터를 모두 금속-반도체 접합에서 p-n 접합으로 바꿔, 비로소 현재 전자공학에서 가장 중요한, p-n 접합 트랜지스터가 탄생한 것이다. 즉, p-n-p 혹은 n-p-n과 같이 p-n 접합이 두 개가 있는 디바이스가 트랜지스터이다. p-n 접합 트랜지스터는 전자와 양공의 양극성 캐리어가 관여하는 트랜지스터로 다음 장의 다수캐리어만이 관여하는 전기장효과 트랜지스터 (FET)와 구별하여, **바이폴라 트랜지스터**라 부른다. 이 장에서는 이 바이폴라 트랜지스터의 동작원리에 대해 배우기로 한다. 당연하겠지만 제7장 p-n 접합에 대한 지식이 기초가 된다.

9.1 바이폴라 트랜지스터의 증폭작용

일반적으로 증폭이라는 의미는 입력 쪽의 전류 혹은 전압이 소폭 변화할 때 출력 쪽에서는 큰 폭의 변화가 생기는 작용을 말한다. 먼저 바이폴라 트랜지스터가 왜 증폭작용이 생기는지를 생각해 보자.

그림 9.1은 n-p-n 트랜지스터의 구조와 기본회로를 나타낸 것이다. 이후 n-p-n에 대해 생각하지만, p-n-p에서도 동일하다 할 수 있다. 그림에서 **E, B, C는 각각 이미터, 베이스,**

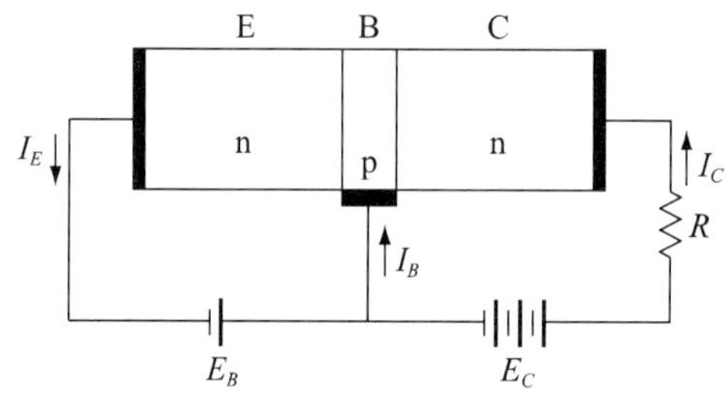

그림 9.1 • 바이폴라 트랜지스터의 구성과 np-n 기본회로

컬렉터를 나타내며, 이미터-베이스간의 접합 (**이미터 접합**이라 한다)은 순방향으로 바이어스 되고 베이스-컬렉터 접합 (**컬렉터 접합**이라 한다)은 역방향으로 바이어스 되어있다. 또한, I_E는 이미터 접합을 통해 흐르는 전류 (**이미터 전류**), I_B는 베이스로 흘러 들어가는 전류 (**베이스 전류**), I_C는 컬렉터 접합을 통해 흐르는 전류 (**컬렉터 전류**)를 나타낸다. 따라서

$$I_E = I_B + I_C \tag{9.1}$$

가 된다. 공간전하층 내에서의 캐리어 재결합을 생각하면, I_E는 이미터로부터 베이스로 주입되는 전자의 흐름 I_{En}과 베이스로부터 이미터로 주입되는 양공전류 I_{Ep}로 구성된다. 즉,

$$I_E = (-I_{En}) + I_{Ep} \tag{9.2}$$

이다. I_{En}에 음의 부호를 붙인 것은 전자의 흐름과 실제전류와는 방향이 반대이기 때문이다. 다음 I_C는 베이스에 주입된 전자들 중 베이스 내에서 재결합으로 사라지지 않고 컬렉터에 도달한 전자에 의한 전류 I_{Cn}과 컬렉터 접합의 역방향 포화전류 I_{Cp}에서

$$I_C = (-I_{Cn}) + I_{Cp} \tag{9.3}$$

이다. 마지막으로 I_B는 I_{Ep}로 구성되지만, 그 밖에 이미터로부터 베이스로 주입된 전자의 일부가 베이스 내에서 양공과 재결합하면서 그때 잃은 양공을 보충하기 위해 베이스 전극에서 인입되는 양공에 의한 전류로, 이는 $-(I_{En} - I_{Cn})$이다. 아울러 I_B에는 컬렉터의 역방향 포화전류 I_{Cp}도 포함된다. 따라서

$$I_B = I_{Ep} + \{-(I_{En} - I_{Cn})\} - I_{Cp} \tag{9.4}$$

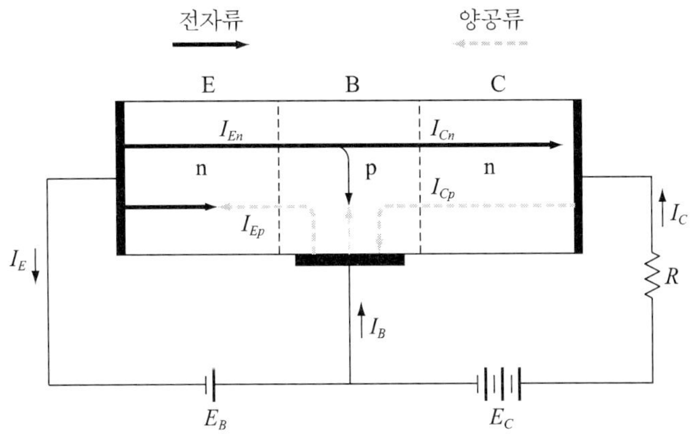

그림 9.2 npn 트랜지스터에서의 전자류와 양공류

가 된다. 그림 9.2는 위의 세 식의 관계를 나타내었다. 여기서 실선은 전자의 흐름, 점선은 양공의 흐름을 나타낸다.

한편 이와 같이 바이어스가 인가된 트랜지스터에서 이미터-베이스간의 전압 V_{EB}를 약간 바꾸어 이미터 전류 I_E를 변화시킬 때, 컬렉터 전류 I_C 와 컬렉터-베이스간 전압 V_{CB}는 어떻게 변화할까? 우선 $I_E - V_{EB}$ 특성과 $I_C - V_{CB}$ 특성을 생각할 필요가 있다. $I_E - V_{EB}$ 특성은 일반적인 p n접합의 순방향 특성과 동일하다. 이를 그림 9.3의 왼쪽에 나타냈다. $I_C - V_{CB}$ 특성은, 그림 9.1 혹은 그림 9.2에서도 알 수 있듯이, 순방향의 전류 방향이 I_E와 역방향임을 고려하여 그림 9.3의 오른쪽에 나타내었다. 아울러 역 바이어스가 걸려 있으므로 오른쪽 그림의 $I_C > 0$쪽은 역방향 전류를 나타내고 있다. 즉,

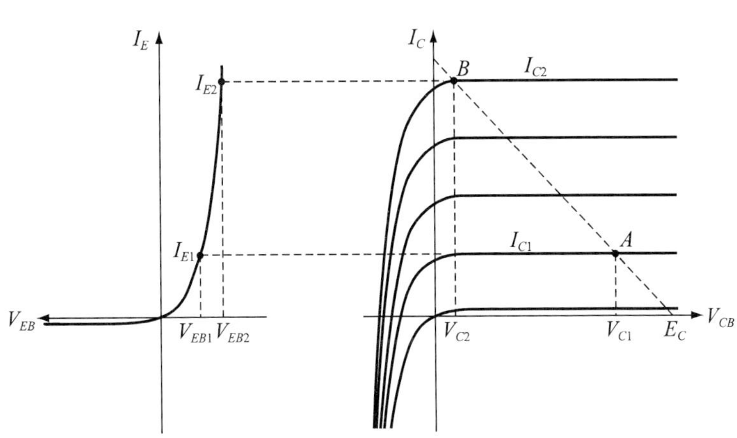

그림 9.3 • 바이폴라 트랜지스터의 증폭 원리

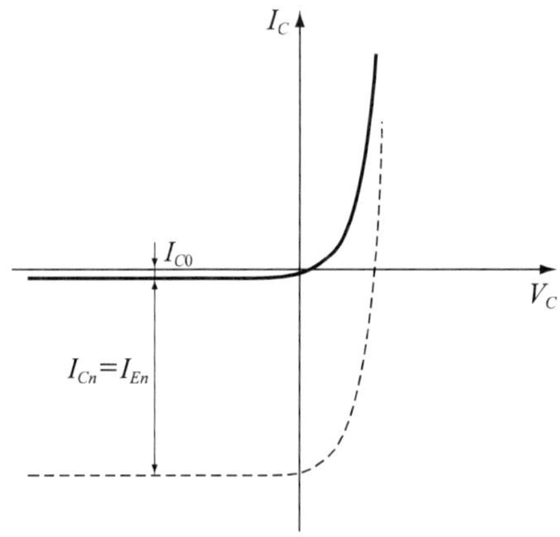

그림 9.4 • 컬렉터 접합의 I-V 특성, 점선은 이미터로부터의 전자류 영향을 나타낸다.

$I_C - V_{CB}$ 특성은 만약 $I_E = 0$, 즉 이미터로부터 베이스로 빠져나가 컬렉터에 도달하는 전류 I_{Cn} (그림 9.2 참조)가 없다면, 그림 9.4에 실선은 일반적인 p-n 접합 특성을 나타내는데, I_{Cn}이 추가되면 그만큼 역방향 전류가 증가하여 그림의 점선과 같은 특성이 된다. (I_{cn}에 의한 전류는 컬렉터 접합에서는 역방향 전류방향임에 주의). 만일 $|I_{Cn}| \simeq |I_{En}| \simeq |I_E|$이라면 역방향 전류의 방향에서 거의 I_E 만큼 평행 이동한 곡선이 된다. 이 그림을 반대로 나타낸 것이 그림 9.3의 오른쪽 그래프라고 생각하면 된다. $I_E = 0$일 때의 포화전류 I_{C0}는 I_E에 관계없이 흐르는, 컬렉터 접합의 역방향 포화전류이다 (그림 9.2의 I_{Cp}와 동일하다).

한편, 그림 9.3에서 $V_{EB} = V_{EB1}$일 때는 $I_E = I_{E1}$이 흐르지만, 이때 $I_C \simeq I_{C1}$이 된다. 또 $V_{EB} = V_{EB2}$일 때 $I_E = I_{E2}$가 흐르며 이때 $I_C \simeq I_{C2}$가 흐른다. 이제 그림 9.2와 같이 컬렉터 회로에 부하저항 R이 들어 있으면

$$I_C = (E_C - V_{CB})/R \tag{9.5}$$

의 관계가 성립하기 때문에, I_C 변화에 따라 V_{CB}는 그림 9.3의 직선 (점선으로 표시함)과 같이 변화하게 된다. 이 직선을 **부하직선**이라 하며, 기울기가 부하저항 R을 나타낸다. 따라서 이미터와 베이스 사이 전압 V_{EB}가 V_{EB1}에서 V_{EB2}로 변화하면, 이미터 전류 I_E는 I_{E1}에서 I_{E2}로 변화하지만, 컬렉터 특성은 그림 A점에서 B점으로 변화하고, 컬렉터-베이스간 전압 V_{CB}는 그림의 V_{C1}에서 V_{C2}로 변화한다. 이 때 I_C의 변화 $I_{C2} - I_{C1}$은 I_{C0}를 무시하면 거의 I_E의 변화 $I_{E2} - I_{E1}$과 동일하다. 이 때 V_C의 변화 $V_{C2} - V_{C1}$은

$V_{EB2} - V_{EB1}$에 비하여 매우 큰 값이다. 즉 동일 전류변화에 대해, 전압의 변화는 컬렉터 접합 쪽이 이미터 접합보다 훨씬 커진다. 즉 전압이 증폭되는 것을 알 수 있다.

9.2 증폭 조건

앞 절에서 알 수 있듯이, 트랜지스터가 증폭기로서 작동하기 위해서는

$$I_E \simeq I_C - I_{C0} \simeq I_C \qquad (\therefore\ I_{C0}\ (= I_{Cp}) \ll I_C) \tag{9.6}$$

인 조건을 만족하여야 한다. 그림 9.2에서 알 수 있듯이, 이는

$$I_E \simeq - I_{En} \simeq - I_{Cn} \tag{9.7}$$

을 의미한다. 즉, I_{En}에 비해 I_{Ep}, $(I_{En} - I_{Cn})$이 매우 작을 필요가 있다. 따라서 n-p-n 트랜지스터가 증폭기로 작동하는 조건은

(1) 이미터로부터 베이스에 주입되는 전자의 흐름이, 베이스로부터 이미터로 주입되는 양공의 흐름보다 커야한나. 즉,

$$|I_{En}| \gg |I_{Ep}| \tag{9.8}$$

이다. 그러기 위해서는 이미터를 베이스에 비해 고농도로 도핑하면 된다 (이 이유는 4 절에서 설명하기로 한다).

(2) 이미터로부터 베이스로 주입된 전자의 대부분이 양공과 재결합하지 않고, 컬렉터에 도달해야한다. 이를 위해서는 베이스 폭 w_B를 전자의 확산거리 L_n에 비해 충분히 작게 해야 한다. 즉,

$$L_n \gg w_B \tag{9.9}$$

(3) (2) 조건에서 베이스를 너무 얇게 하면 이미터 접합에서의 공간전하층과 컬렉터 접합에서 공간전하층이 겹쳐져 이미터와 컬렉터가 쇼트하게 된다. 이를 Punch-through라고 한다. 따라서 베이스 폭은 Punch-through를 일으키지 않을 만큼 두꺼울 필요가 있다. 즉,

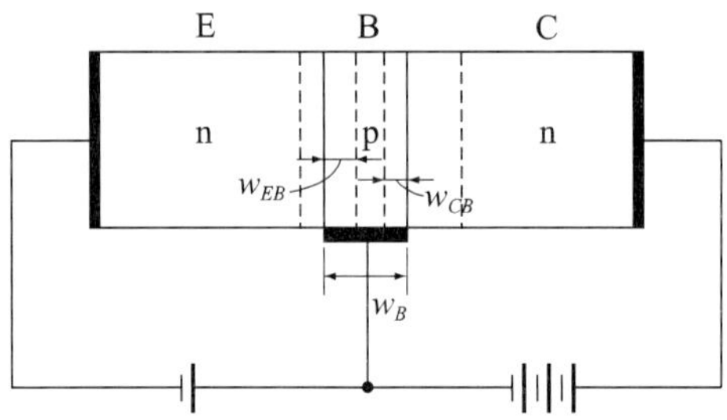

그림 9.5 ● Punch-through를 일으키지 않는 베이스폭의 조건

$$w_B > w_{EB} + w_{CB} \tag{9.10}$$

여기서 w_{EB}, w_{CB}는 그림 9.5에서와 같이 각각 베이스 영역 내에 인입되어 있는 이미터, 컬렉터의 공간전하층 폭이다.

이상 설명한 조건이 만족되면 그림 9.3에서 이미터 입력전력의 변화를 ΔP_E로 하면

$$\Delta P_E = (V_{EB2} - V_{EB1})(I_{E2} - I_{E1}) \tag{9.11}$$

이다. 컬렉터 출력전력을 ΔP_C라고 하면

$$\Delta P_C \cong (V_{C1} - V_{C2})(I_{E2} - I_{E1}) \tag{9.12}$$

이라고 할 수 있기 때문에,

$$\frac{\Delta P_C}{\Delta P_E} \simeq \frac{V_{C1} - V_{C2}}{V_{EB2} - V_{EB1}} = \frac{\Delta V_C}{\Delta V_E} \gg 1 \tag{9.13}$$

가 되며, 전압 및 전력의 증폭이 발생한다는 것을 알 수 있다.

일반적으로 컬렉터 전류 I_C와 이미터 전류 I_E의 비를 트랜지스터의 **전류 전달율**이라 하는데, 전류 증폭률을 의미하며,

$$\alpha = \frac{I_C - I_{C0}}{I_E} \simeq \frac{I_C}{I_E} \tag{9.14}$$

라 정의한다. 그림 9.1에 나타낸 기본회로 (이를 **베이스 접지 회로**라고 한다)에서는 지금까지의 설명을 통해 알 수 있듯이 $\alpha \leq 1$이며, 따라서 전압 혹은 전력은 증폭되지만, 전류 증폭은 발생하지 않는 것을 알 수 있다.

9.3 이미터 접지

베이스 접지회로에서 이미터-베이스 사이에 입력을 가하여 컬렉터 베이스 사이에서 출력을 얻었지만, 그림 9.6에서와 같이 이미터-베이스간에 입력하여 이미터-컬렉터 사이에서 출력을 얻어내는 회로를 **이미터 접지회로**라고 한다. 이 경우에도 식 (9.1)과 마찬가지로

$$I_E = I_B + I_C \tag{9.15}$$

가 성립하지만, 이 식에 (9.14)을 대입하면

$$\frac{I_C}{\alpha} = I_B + I_C$$

에서

$$I_C\left(\frac{1}{\alpha} - 1\right) = I_B$$

가 되므로, 이미터 접지회로에서의 전류 증폭률

$$\beta = \frac{I_C}{I_B} \tag{9.16}$$

는,

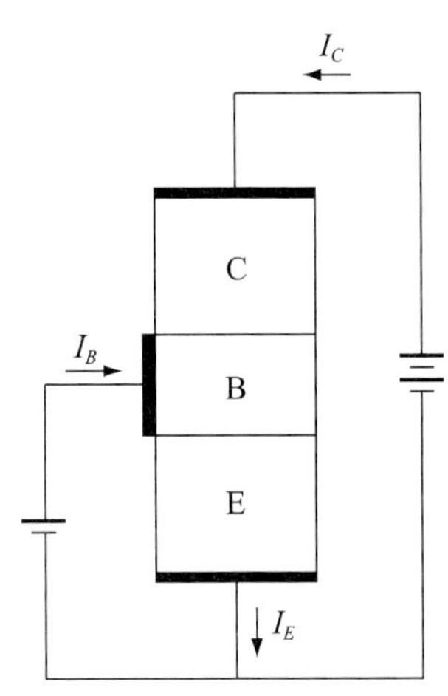

그림 9.6 ◦ 이미터 접지회로

$$\beta = \frac{\alpha}{1-\alpha} \tag{9.17}$$

가 되는 것을 알 수 있다. 따라서 $\alpha \lesssim 1$이므로 β는 매우 큰 값이 되어 전류증폭이 발생하는 것을 알 수 있다. 물론 전압증폭도 발생하는데, 이는 베이스 접지의 경우와 동일하다.

이미터 접지회로는 베이스 접지회로와 무엇이 다를까? 두 회로 모두 이미터로부터 베이스에 주입된 전자 (n-p-n 접합을 다루고 있음)는 모두가 컬렉터에 도달하는 것이 아니라, 일부는 양공과 재결합하여 없어져버린다. 그리고 전기적 중성조건을 만족시키기 위해, 이를 보충하여 베이스 전극에서 양공이 흘러들어간다. 이것이 베이스 전류 I_B가 되는 것이다. 이 근소한 I_B를 변화시킴으로써 I_C를 제어하는 것이 이미터 접지회로의 원리이다. 즉 I_B를 줄이면 베이스 영역은 양공 부족으로 음으로 대전되며, 이미터로부터의 전자 주입이 감소한다. 반대로 I_B를 늘리면 양으로 대전되어 이미터로부터의 주입이 증가한다. 즉 베이스 접지회로가 이미터 전류 I_E를 변화시켜 I_C를 제어하는 것에 비해, 이미터 접지 회로에서는 I_E보다 훨씬 작은 I_B를 변화시켜 I_C를 제어하므로 전류증폭을 얻을수 있다는 것이다. 따라서 $I_B = 0$일 때 $I_E = I_C = 0$ ($I_{C0} \simeq 0$ 으로 한다)가 성립하므로 베이스 접지회로 그림 9.3의 $I_C - V_{CE}$ 특성에 상당하는 $I_C - V_{CE}$특성은 그림 9.7과 같아져 원점을 통과하는 곡선이 된다.

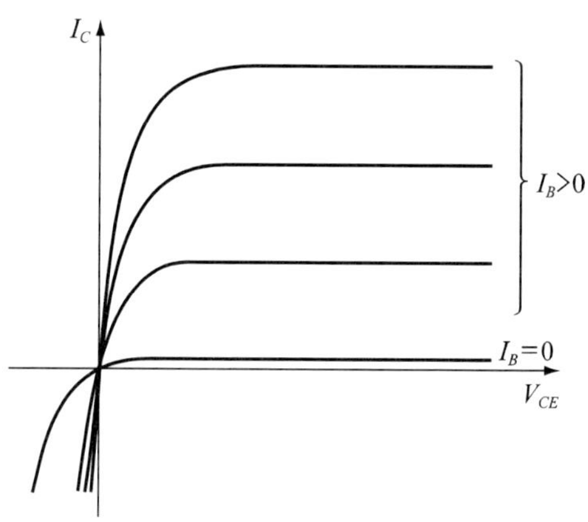

그림 9.7 이미터 접지일 경우의 $I_C - V_{CE}$ 특성 (그림 9.3과 비교).

9.4 증폭률을 결정하는 인자

바이폴라 트랜지스터의 전압 증폭률, 전류 증폭률을 결정하는 것은 식 (9.14)에서 정의한 전류 전달율 α 라는 것을 알 수 있다. 그래서 이 α의 크기는 어떤 인자에 의해 좌우되는지 n-p-n 트랜지스터에 대해 생각해 보자.

전류 전달율 $\alpha \equiv I_C / I_E$를 풀면

$$\alpha = \frac{I_C}{I_E} = \frac{-I_{En}}{I_E} \cdot \frac{-I_{Cn}}{-I_{En}} \cdot \frac{I_C}{-I_{Cn}} \equiv r \cdot \alpha_t \cdot \alpha^* \tag{9.18}$$

로 쓸 수 있어, r, α_t, α^* 세 인자로 구성되는 것을 알 수 있다 (여기서 I_{En}, I_{Cn} 등은 식 (9.2), (9.3)에 나타낸 바와 같이, 전자의 흐름을 나타내고 있으므로 실제의 전류는 마이너스 부호를 붙여 나타낸다).

(1) 이미터 주입효율 $r \equiv -I_{En} / I_E$

이미터 주입효율은 이미터 전류 I_E중 주입 전자전류 $(-I_{En})$이 차지하는 비율을 나타내고 있다. 이 인자에 대해 공부하기 위해 에너지 띠 모델을 생각해 보자.

그림 9.8은 바이어스를 걸지 않았을 때 n-p-n 트랜지스터의 에너지 띠 그림이다. 열평형 상태이므로 E_F는 일정하며 전류는 흐르지 않는다. 여기에 이미터-베이스 접합에 순방향, 베이스-컬렉터 접합에 역방향 바이어스가 인가하면 그림 9.9와 같아지며, 확산전류가 흐르게 된다. 이 때 이미터-베이스 접합을 통해 흐르는 전류 I_E는 식 (7.46)에서 단위

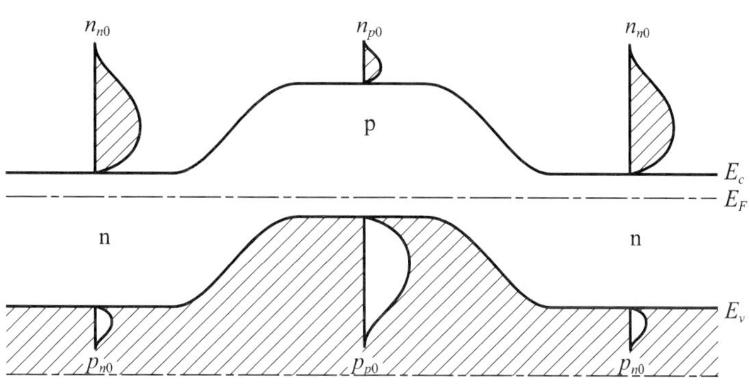

그림 9.8 ◦ 열평형에서 n-p-n 트랜지스터의 에너지 띠 그림

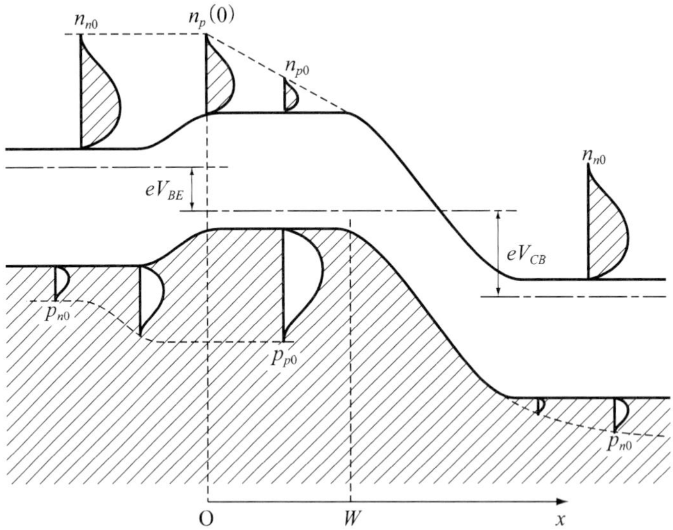

그림 9.9 ◦ 동작 상태에서 n-p-n 트랜지스터의 에너지 띠 그림

단면적을 고려하면

$$I_E = e\left(\frac{D_n}{L_n}n_{n0} + \frac{D_p}{L_p}p_{p0}\right)\exp\left(-\frac{eV_D}{kT}\right)\left\{\exp\left(\frac{-eV_{EB}}{kT}\right)-1\right\} \tag{9.19}$$

로 나타난다. 단, V_{EB} 그 자체가 음의 전압이므로 식 (7.46)의 $eV \to -eV_{EB}$로 하였다. 이 중 전자에 의한 전류 $-I_{En}$, 양공에 의한 전류 I_{Ep}는 각각

$$-I_{En} = e\frac{D_n}{L_n}n_{n0}\exp\left(-\frac{eV_D}{kT}\right)\left\{\exp\left(-\frac{eV_{EB}}{kT}\right)-1\right\} \tag{9.20}$$

$$I_{Ep} = e\frac{D_p}{L_p}p_{p0}\exp\left(-\frac{eV_D}{kT}\right)\left\{\exp\left(-\frac{eV_{EB}}{kT}\right)-1\right\} \tag{9.21}$$

이다. 그리고 식 (9.2)에 의해

$$I_E = (-I_{En}) + I_{Ep} \tag{9.22}$$

이다. 여기서 생각해야 할 점은 7장에서 식 (7.46)은 p영역이 전자의 확산거리 L_n에 비해 충분히 두꺼운 경우였다. 그러나 n-p-n 트랜지스터에서는 베이스 영역의 폭 w가 충분히 얇고, 대부분의 전자가 베이스를 통과해 컬렉터 접합에 도달하여 컬렉터에 인입되는 것을 생각하면 (따라서 베이스-컬렉터 접합에서는 전자밀도가 0이 된다), 식 (9.20)은

$L_n \to w$로 치환하여

$$-I_{En} = e\frac{D_n}{w}n_{n0}\exp\left(-\frac{eV_D}{kT}\right)\left\{\exp-\frac{eV_{EB}}{kT}-1\right\} \tag{9.23}$$

로 해야 한다. 그러면 r은 식 (9.21), (9.22), (9.23)에서

$$r \equiv \frac{-I_{En}}{I_E} = \frac{\frac{D_n}{w}n_{n0}}{\frac{D_n}{w}n_{no}+\frac{D_p}{L_p}p_{p0}} \tag{9.24}$$

이 된다. 분모, 분자를 $D_n n_{p0}/w$로 나누면

$$r = \frac{1}{1+\frac{D_p}{D_n}\frac{w}{L_p}\frac{p_{p0}}{n_{n0}}} \tag{9.25}$$

가 되는데, 아인슈타인의 관계식

$$D_n = \frac{kT}{e}\mu_n \tag{9.26}$$

$$D_p = \frac{kT}{e}\mu_p \tag{9.27}$$

을 이용하여, 이미터 영역, 베이스 영역의 도전율 σ_E, σ_B이

$$\sigma_E = en_{n0}\mu_n \tag{9.28}$$

$$\sigma_B = en_{p0}\mu_p \tag{9.29}$$

임을 이용하면,

$$r = \frac{1}{1+\frac{\sigma_B}{\sigma_E}\frac{w}{L_p}} \tag{9.30}$$

으로 나타낼 수 있다.

식 (9.18)에서 α를 크게 해주려면 r을 크게 해야하는데 따라서

$$\sigma_B < \sigma_E \tag{9.31}$$

$$w < L_p \tag{9.32}$$

이 요구되는 것을 식 (9.30)으로 부터 알 수 있다. 즉 베이스 영역에 비해 이미터 영역의 도전율을 크게 하기위해, 베이스 폭을 작게 할 필요가 있다. 따라서 일반적으로 이미터 영역은 고농도로 불순물 도핑 한다.

(2) 수송 효율 $\alpha_t \equiv \dfrac{I_{Cn}}{I_{En}}$

베이스에 주입된 소수캐리어 (이 경우는 전자)에 의한 전류 중 컬렉터에 도달하는 소수 캐리어에 의한 전류가 차지하는 비율을 나타낸다. 다시 말하면, 베이스 영역에서 재결합하지 않고 컬렉터에 도달하는 전자에 의한 전류가 전체 주입전류 대비 몇 %인지를 나타내는 양이다. 이 양을 구하기 위해서 베이스 영역 안에서의 소수캐리어 (이 경우 전자)의 연속의 식을 나타내면

$$\frac{\partial n_p(x)}{\partial t} = D_n \frac{\partial^2 n_p(x)}{\partial x^2} - \mu_n E_x \frac{\partial n_p(x)}{\partial x} - \frac{n_p(x) - n_{p0}}{\tau_n} + g \tag{9.33}$$

가 된다. 여기서 x축은 그림 9.9에서와 같이 베이스 영역의 이미터 쪽 끝을 원점으로 한다. 전기장은 대부분 공간전하층에 걸리기 때문에, 베이스 영역 내에서는 $E_x = 0$라고 두어도 좋다. 또한 광 등에 의한 캐리어 생성을 없다고 가정하여 $g = 0$라고 두면, 정상상태 $\partial n_p(x)/\partial t = 0$ 에서 식 (9.33)은

$$\frac{\partial^2 n_p(x)}{\partial x^2} - \frac{n_p(x) - n_{p0}}{L_n^2} = 0 \tag{9.34}$$

이 된다. 단, $L_n = \sqrt{D_n \tau_n}$ 을 이용했다. 이를 풀어

$$n_p(x) - n_{p0} = A\exp\left(-\frac{x}{L_n}\right) + B\exp\left(\frac{x}{L_n}\right) \tag{9.35}$$

를 얻는다. 경계조건은

$$n_p(0) - n_{p0} = A + B \tag{9.36}$$

$$n_p(w) - n_{p0} = A\exp\left(-\frac{w}{L_n}\right) + B\exp\left(\frac{w}{L_n}\right) \tag{9.37}$$

이므로, 여기서

$$A = \frac{\{n_p(0) - n_{p0}\}\exp\left(\frac{w}{L_n}\right) - \{n_p(w) - n_{p0}\}}{\exp\left(\frac{w}{L_n}\right) - \exp\left(-\frac{w}{L_n}\right)} \tag{9.38}$$

$$B = \frac{\{n_p(w) - n_{p0}\} - \{n_p(0) - n_{p0}\}\exp\left(-\frac{w}{L_n}\right)}{\exp\left(\frac{w}{L_n}\right) - \exp\left(-\frac{w}{L_n}\right)} \tag{9.39}$$

를 얻을 수 있다. 이 A, B를 식 (9.35)에 대입하여

$$\begin{aligned} n_p(x) - n_{p0} &= \frac{\begin{array}{l}\{n_p(0) - n_{p0}\}\exp\left(\frac{w-x}{L_n}\right) - \{n_p(w) - n_{p0}\}\exp\left(-\frac{x}{L_n}\right) \\ \quad + \{n_p(w) - n_{p0}\}\exp\left(\frac{x}{L_n}\right) - \{n_p(0) - n_{p0}\}\exp\left(\frac{x-w}{L_n}\right)\end{array}}{\exp\left(\frac{w}{L_n}\right) - \exp\left(-\frac{w}{L_n}\right)} \\ &= \frac{\begin{array}{l}\{n_p(0) - n_{p0}\}\left\{\exp\left(\frac{w-x}{L_n}\right) - \exp\left(-\frac{w-x}{L_n}\right)\right\} \\ \quad + \{n_p(w) - n_{p0}\}\left\{\exp\frac{x}{L_n} - \exp\left(-\frac{x}{L_n}\right)\right\}\end{array}}{\exp\left(\frac{w}{L_n}\right) - \exp\left(-\frac{w}{L_n}\right)} \\ &= \frac{\{n_p(0) - n_{p0}\}\sinh\left(\frac{w-x}{L_n}\right) + \{n_p(w) - n_{p0}\}\sinh\frac{x}{L_n}}{\sinh\frac{w}{L_n}} \end{aligned} \tag{9.40}$$

를 얻을 수 있다.

또 $n_p(x)$에 의한 확산 전류밀도 $J_n(x)$은

$$J_n(x) = eD_n\frac{dn_p(x)}{dx} \tag{9.41}$$

이므로, 식 (9.40)에 대입하여

$$J_n(x) = \frac{eD_n}{L_n \sinh \frac{w}{L_n}} \left[-\{n_p(0) - n_{p0}\}\cosh\frac{w-x}{L_n} + \{n_p(w) - n_{p0}\}\cosh\frac{x}{L_n} \right] \quad (9.42)$$

을 얻을 수 있다.

따라서 수송효율 α_t는

$$\alpha_t = \frac{I_{Cn}}{I_{En}} = \frac{J_n(w)}{J_n(0)} = \frac{-\{n_p(0) - n_{p0}\} + \{n_p(w) - n_{p0}\}\cosh\frac{w}{L_n}}{-\{n_p(0) - n_{p0}\}\cosh\frac{w}{L_n} + \{n_p(w) - n_{p0}\}} \quad (9.43)$$

가 된다.

여기서 $w \ll L_n$, $n_p(0) \gg n_p(w)$이므로

$$\alpha_t \simeq \frac{-\{n_p(0) - n_{p0}\}}{-\{n_p(0) - n_{p0}\}\cosh\frac{w}{L_n}} = \frac{1}{\cosh\frac{w}{L_n}} \quad (9.44)$$

이지만,

$$\cosh\frac{w}{L_n} \simeq 1 + \frac{1}{2!}\left(\frac{w}{L_n}\right)^2$$

으로 풀어쓸 수 있으므로

$$\alpha_t = \frac{1}{1 + \frac{1}{2!}\left(\frac{w}{L_n}\right)^2} \simeq \left\{1 - \frac{1}{2}\left(\frac{w}{L_n}\right)^2\right\} \quad (9.45)$$

라 할 수 있다. 즉 α_t는 1보다 작지만 α_t를 1과 비슷한 값을 가지게 하기 위해서는 베이스 폭 w를 가능한 작게 할 필요가 있다.

(3) 고유 컬렉터 효율 $\alpha^* = \frac{I_C}{-I_{Cn}}$

컬렉터 영역에서의 전체전류와 전자전류의 비는, 그림 9.2에 의하면

$$\alpha^* = \frac{(-I_{Cn}) + I_{Cp}}{-I_{Cn}} \quad (9.46)$$

이다. Ic_p는 컬렉터 접합의 역 바이어스 포화전류로, $Ic_p \ll (-Ic_n)$이며, 따라서

$$\alpha^* \simeq 1 \quad (9.47)$$

이라 생각할 수 있다.

9.5 트랜지스터의 등가 회로

트랜지스터의 주파수 특성을 고려하지 않은 가장 간단한 등가회로로, 그림 9.10에 n-p-n 트랜지스터의 기본형 (a), 기호로 나타낸 것 (b), 등가회로 (c)를 베이스 접지의 경우에 대해 나타내었다. (c)의 등가회로는 그림에서 알 수 있듯이, 이미터-베이스사이는 순방향으로 바이어스된 다이오드이며, 베이스-컬렉터간은 역방향으로 바이어스된 다이오드로 나타낸다.

또한 I_E중 αI_E가 컬렉터에 도달하므로, 다이오드에 병렬로 αI_E의 전류원이 들어 있는 것과 등가가 된다. r_B는 베이스 저항을 나타낸다. 동등하게 이미처 접지의 경우를 그림 9.11에 나타낸다. 입력신호가 작을 때에는 다이오드 특성은 직선으로 근사할 수 있으므로, 그림 9.10, 11에서 다이오드를 저항으로 치환하여 나타내는 것도 가능하다.

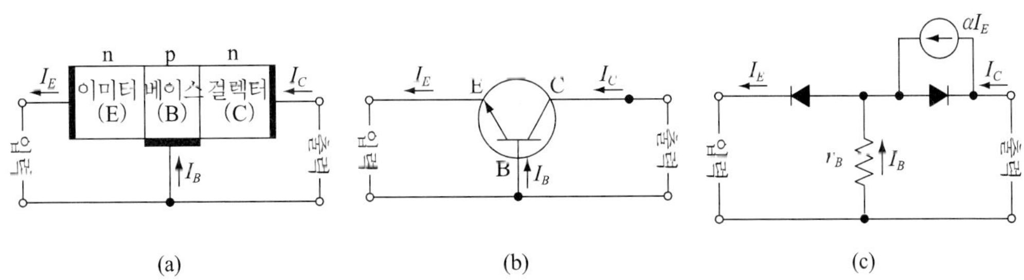

그림 9.10(a) 바이폴라 트랜지스터의 구성, (b) 기호, (c) 등가회로 (베이스 접지)

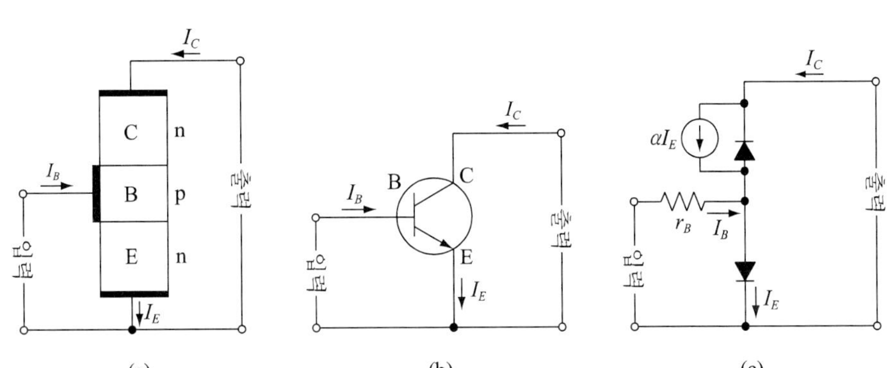

그림 9.11(a) 바이폴라 트랜지스터의 구성, (b) 기호, (c) 등가회로 (이미터 접지)

9.6 트랜지스터의 주파수 특성

이제까지 직류에 대한 특성을 공부하였으나, 입력신호가 교류일 경우에는 주파수가 높아지면 컬렉터 전류의 변화가 이미터 전류의 변화를 따라갈 수 없게 된다. 이는 이미터로 주입된 캐리어가 컬렉터에 도달하는데 일정한 시간이 필요하기 때문이다. 따라서 주파수가 높아지면 증폭률 α가 감소한다. 여기서 트랜지스터의 교류특성을 생각해 보기로 하자. 중요한 점은 앞에서 서술한 수송효율 α_t이다.

트랜지스터에 입력되는 신호가 미세 교류신호일 경우, 이미터-베이스 사이에는 직류 바이어스 외에 미소 교류전압이 추가되므로, n_p도 직류성분과 교류성분의 합으로 나타난다. 즉

$$n_p(x,t) = n_{pD}(x) + n_{pA}(x)\exp(j\omega t) \tag{9.48}$$

이라 할 수 있다. 우변 제1항이 직류성분을, 제2항이 교류성분을 나타내고 있으며, ω는 교류 신호의 각주파수이다. 다시 연속의 식 (9.33)으로 돌아가 $E_x \simeq 0$, $g=0$이므로,

$$\frac{\partial n_p(x,t)}{\partial t} = D_n \frac{\partial^2 n_p(x,t)}{\partial x^2} - \frac{n_p(x,t) - n_{n0}}{\tau_n} \tag{9.49}$$

이 된다. 여기에 (9.48)을 대입하면

$$n_{pA} j\omega \exp(j\omega t) = D_n \frac{\partial^2 n_{pD}(x)}{\partial x^2} + D_n \exp(j\omega t) \frac{\partial^2 n_{PA}(x)}{\partial x^2} - \frac{n_{pD}(x) + n_{pA}(x)\exp(j\omega t) - n_{p0}}{\tau_n} \tag{9.50}$$

가 된다. 정리하면

$$D_n \frac{\partial^2 n_{pD}(x)}{\partial x^2} - \frac{n_{pD}(x) - n_{p0}}{\tau_n} = D_n \frac{\partial^2 n_{pA}(x)}{\partial x^2} \exp(j\omega t) - \frac{n_{pA}(x)\exp(j\omega t)}{\tau_n} - j\omega n_{pA} \exp(j\omega t) \tag{9.51}$$

이 된다. 이 식의 좌변은 식 (9.49)의 우변과 동일한 형태로, $\partial n_{pD}(x)/\partial t$과 동일하지만,

$n_{pD}(x)$는 직류성분이기 때문에 시간에 관계없이 식 (9.34)의 경우와 동일하게 0이 된다. 따라서 식 (9.51)의 우변$=0$이라 하여, 공통인자 $\exp(j\omega t)$로 나누면

$$\frac{\partial^2 n_{pA}(x)}{\partial x^2} - \frac{n_{pA}(x)(1+j\omega\tau_n)}{L_n^2} = 0 \tag{9.52}$$

이 된다. 단, $L_n = \sqrt{D_n \tau_n}$ 이다. 이 식은 식 (9.34)가

$$n_p(x) - n_{p0} \rightarrow n_{pA}(x)$$

$$\frac{1}{L_n^2} \rightarrow \frac{(1+j\omega\tau_n)}{L_n^2}$$

으로 치환된 형태이다. 따라서 (9.34)~ (9.45)와 일한 해석으로 식 (9.44)에 대응하여

$$\alpha_t \simeq \frac{1}{\cosh\left\{\dfrac{w(1+j\omega\tau_n)^{1/2}}{L_n}\right\}} \tag{9.53}$$

가 얻어지며, 식 (9.45) 대응히여

$$\alpha_t \cong \left\{1 - \frac{1}{2}\left(\frac{w}{L_n}\right)^2 (1+j\omega\tau_n)\right\} \tag{9.54}$$

이 얻어진다. 이제 직류성분에 대한 α_t, 즉 식 (9.45)의 α_t를 α_{t0}라 하면

$$\begin{aligned} \alpha_t &= \alpha_{t0} - \frac{1}{2}\left(\frac{w}{L_n}\right)^2 j\omega\tau_n = \alpha_{t0} - j\omega\frac{w^2}{2D_n} \\ &\simeq \frac{\alpha_{t0}}{1 + j\omega\dfrac{w^2}{2D_n}} \quad (\because \alpha_{t0} \simeq 1) \end{aligned} \tag{9.55}$$

가 된다.

트랜지스터의 증폭률 α를 결정하는 인자들 중 r과 α^*는 주파수에 무관하므로

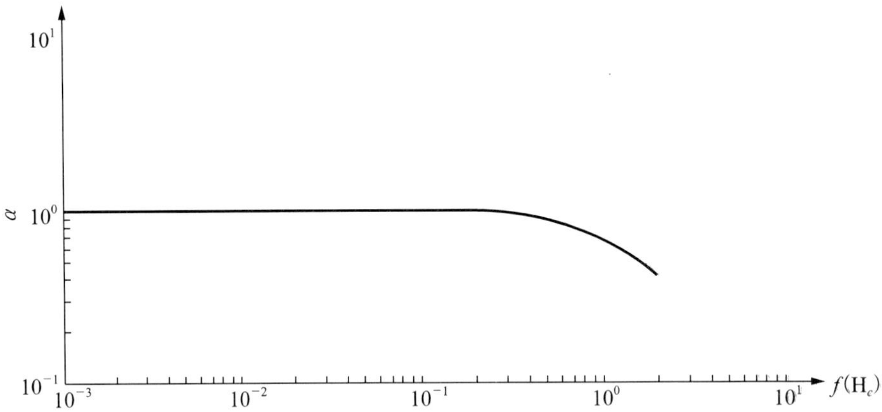

그림 9.12 증폭률의 주파수 특성

$$\alpha = \gamma \alpha_t \alpha^* = \frac{\alpha_0}{1 + j\omega - \dfrac{w^2}{2D_n}} \tag{9.56}$$

라 할 수 있다. 여기서 α_0는 직류에 대한 증폭률을 나타낸다. 그림 9.12는 α의 주파수 의존성을 나타낸 것이다.

α가 α_0의 $1/\sqrt{2}$가 되는 주파수 f_a는 식 (9.56)에서

$$\left| 1 + j\omega \frac{w^2}{2D_n} \right|^2 = 2 \tag{9.57}$$

로 하면

$$\omega_a = \frac{2D_n}{w^2} \tag{9.58}$$

$$\therefore f_a = \frac{\omega_a}{2\pi} = \frac{D_n}{\pi w^2} \tag{9.59}$$

을 얻게 된다. f_a를 α **차단 주파수**라고 한다. f_a를 크게 하려면 w를 작게, D_n을 크게 할 필요가 있다. 또 $D_n > D_p$라는 것을 고려하면, 고주파용으로 n-p-n 쪽이 p-n-p보다도 유리하다는 것을 알 수 있다.

연습문제

9.1 p-n-p BJT (바이폴라 트랜지스터)가 있다. 이미터 영역, 베이스 영역, 컬렉터 영역의 저항률이 각각 $10^{-4}\,\Omega \cdot \mathrm{m}$, $10^{-1}\,\Omega \cdot \mathrm{m}$, $10^{-1}\,\Omega \cdot \mathrm{m}$일 때, 각 영역의 다수캐리어와 소수캐리어 밀도를 구하라. 단, 전자, 양공의 이동도는 각각 $\mu_n = 0.35\,\mathrm{m^2/Vs}$, $\mu_p = 0.18\,\mathrm{m^2/Vs}$, 진성캐리어 밀도는 $2.5 \times 10^{19}/\mathrm{m^3}$이다.

9.2 p-n-p BJT에서 베이스 영역의 저항률은 $10^{-2}\,\Omega \cdot \mathrm{m}$, 이미터 영역의 저항률은 $10^{-4}\,\Omega \cdot \mathrm{m}$이며, 베이스의 폭은 $5 \times 10^{-5}\,\mathrm{m}$이다. 이 BJT의 주입효율을 구하라. 전자의 확산계수 $D_n = 9.3 \times 10^{-3}\,\mathrm{m^2/S}$, 수명 시간 $\tau_n = 20\mu\mathrm{s}$이다.

9.3 n-p-n BJT의 베이스 영역 폭 $2.5 \times 10^{-5}\,\mathrm{m}$, 베이스 영역의 전자 확산거리가 $4.3 \times 10^{-4}\,\mathrm{m}$일 때 수송효율을 구하라.

9.4 BJT의 전류증폭률 α는 다음 식으로 근사할 수 있음을 보여라.

$$\alpha = \frac{I_C}{I_E} = 1 - \frac{w^2}{2L_p} - \frac{\rho_E}{\rho_B}\frac{w}{L_n}$$

9.5 p-n-p BJT가 있다. 이미터 영역의 저항률 $10^{-4}\,\Omega \cdot \mathrm{m}$, 전자의 수명시간이 $20\,\mu\mathrm{s}$이다. 베이스 영역의 폭은 $50\,\mu\mathrm{m}$이며 저항률은 $10^{-2}\,\Omega \cdot \mathrm{m}$, 양공의 수명은 $80\,\mu\mathrm{s}$이다. 이 트랜지스터의 전류 증폭률을 구하라. 단, 전자 및 양공의 확산계수는 각각 $9.3 \times 10^{-3}\,\mathrm{m^2/s}$, $7.4 \times 10^{-3}\,\mathrm{m^2/s}$이다.

9.6 베이스 영역의 폭이 모두 $2\,\mu\mathrm{m}$인 p-n-p형 BJT와 n-p-n형 BJT가 있다. 두 트랜지스터의 실온 ($T = 300\,\mathrm{K}$) α 차단주파수를 구하라. 단, 전자이동도 $\mu_n = 0.35\,\mathrm{m^2/Vs}$, 양공이동도 μ_p는 0.18 $\mathrm{m^2/Vs}$이다.

CHAPTER 10

전기장효과 트랜지스터 (FET)

집적회로가 널리 이용되고 있는 오늘날, 전기장효과 트랜지스터는 바이폴라 트랜지스터와 마찬가지로, 또 어떤 경우에는 그 이상으로 중요한 역할을 하게 되었다. 이 장에서는 금속-절연체-반도체 접합을 기본으로 하는 트랜지스터, 즉 **전기장효과 트랜지스터** (FET)에 대해 공부해 보자.

10.1 금속-절연체-반도체 (MIS) 구조

8장에서 배운 금속-반도체 접합 (MS 접합)에서 사이에 절연층을 끼운 구조 (그림 10.1)가 **MIS 구조**이며, MS 접합이나 p-n 접합과는 다른 특성을 나타내게 된다. 즉 사이에 절연층이 있어, p-n 접합이나 MS 접합에서 다루었던 의미의 전류는 흐르지 않는다. 오히려 콘덴서에 가깝다는 점을 알 수 있다. 다만 일반적인 콘덴서와 다른 점은 한쪽 전극이 금속이 아니라 반도체라는 것이다.

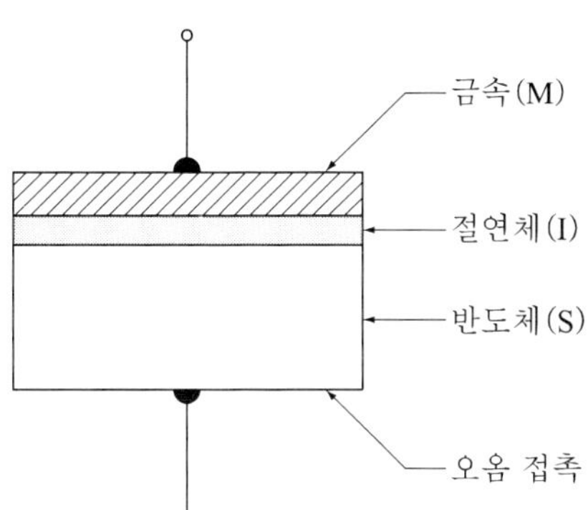

그림 10.1 ▪ 금속-절연체-반도체 (MIS) 구조

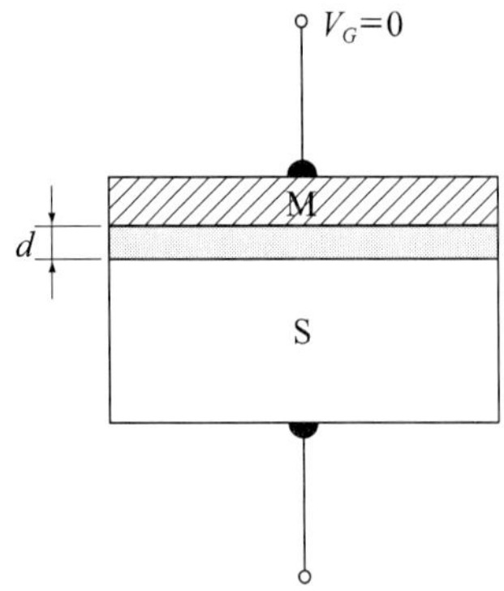

그림 10.2 • MIS 구조, 게이트 전압 0일 때

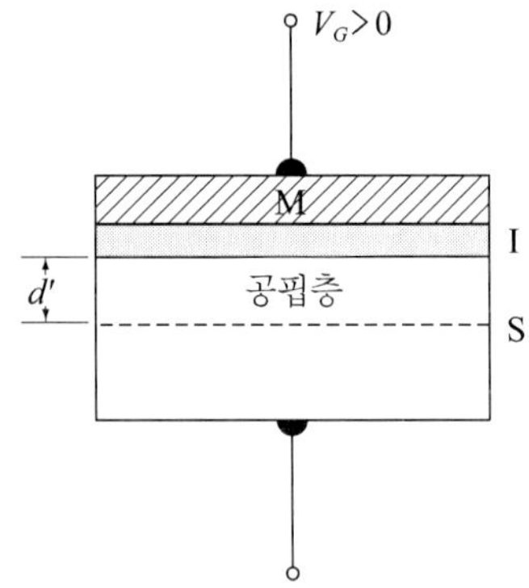

그림 10.3 • MIS 구조, 양의 게이트 전압을 인가했을 때

절연층으로 보통 산화막을 이용하므로 **금속-산화물-반도체 접합** (Metal-Oxide-Semiconductor Contact)이라는 의미의 **MOS 접합**과 동일한 경우가 많으므로, 이후 MOS 접합 또는 MOS 구조라 하기로 한다. MOS 구조에서 금속-반도체 사이에 전압을 가하면 나중에 설명하듯이 이 콘덴서의 용량이 전압의 크기에 따라 변화한다. 이 원리를 이해하는 것이 전기장효과 트랜지스터의 원리를 이해하는데 중요하다.

그림 10.2와 같이 금속쪽과 반도체쪽에 전극을 붙여 전압 V_G를 인가한다 (이 전압은 나중에 FET의 **게이트 전압**에 대응하므로 V_G라고 쓴다). 이 구조를 **MOS 다이오드**라 부르기도 한다. 절연층의 두께를 d라 하면 이 다이오드의 단위 면적당 용량 C_0는 $C_0 \propto 1/d$이다. 여기서 반도체로 p형 반도체를 예로하자. V_G에 금속쪽이 플러스, p형 반도체쪽이 마이너스인 극성의 전압 (이후, 이 전압 방향을 플러스로 한다. $V_G > 0$)를 인가하면 절연층이 있어 전류는 흐르지 않지만, 전압이 절연층과 반도체에 걸려, 반도체와 절연체의 계면근처에 전기장으로 인하여 양공이 절연층에서 멀어져 공간전하층이 발생한다. 공간전하층 중에는 억셉터 이온에 의한 공간전하가 존재하지만, 이는 움직일 수 없기 때문에, 공간전하층은 일종의 절연층이라 생각되므로 전압 V_G를 걸어줌으로써 콘덴서의 절연막 두께가 그림 10.3에서와 같이, d'에까지 확대되며 용량은 감소한다. MOS 다이오드를 등가회로로 나타내면 그림 10.4에서와 같이 절연층의 용량 C_0와 반도체층의 공간전하 용량 C_s가 직렬로 접속되고 C_s는 가변 용량으로 된다.

V_G를 계속 올리면 억셉터 이온에 의한 전하만으로는 유도전하를 조달할 수 없게 되어 반도체 계면에 자유전자가 생기게 된다 (그림 10.5). 즉 반도체 계면은 N형으로 반전

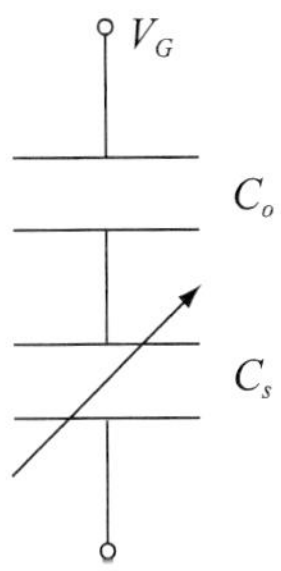

그림 10.4 • MIS 구조의 용량

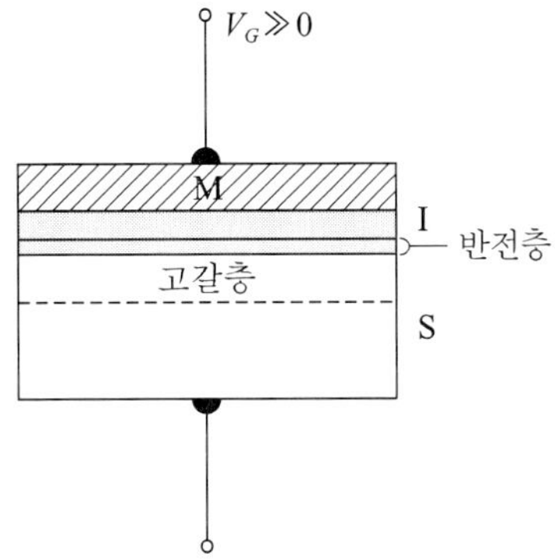

그림 10.5 • MIS 구조, 큰 양의 게이트 전압으로 반전층이 발생한다.

하게 된다. 그리고 공간전하층의 확대는 정지하게 된다. 따라서 용량은 일정값 C_0로 안정된다. 단, 전압이 고주파일 때에는 반전층이 형성될 충분한 시간이 없으므로 용량은 공간전하층 폭이 확대된 상태의 작은 값에서 일정해진다. 반전층을 형성하는 자유전자는 어떻게 생기는가? 반도체 중에서는 항상 자유전자와 양공이 열적으로 여기되고 다시 재결합으로 사라지며, 열평형 상태에서 그 수는 매우 적은, 일정한 값이다. 그러나 공간전하층이 발생되었으면 큰 V_G에서 강한 전기장에 의해, 자유전자는 재결합하기 전에 반도체 계면으로 이동하며, 반대로 양공은 반도체 계면에서 멀리 밀려나기 때문에 반전층이 형성된다. 결국 MOS 다이오드의 용량 C는 V_G 변화에 그림 10.6과 같이 변화를 한다. 단, 그림은 C/C_0를 나타낸다. 여기서 가로축의 마이너스 쪽, 즉 $V_G < 0$일 때에는 반도체 계면에 양공이 축적하므로 C는 일정값 C_0가 된다.

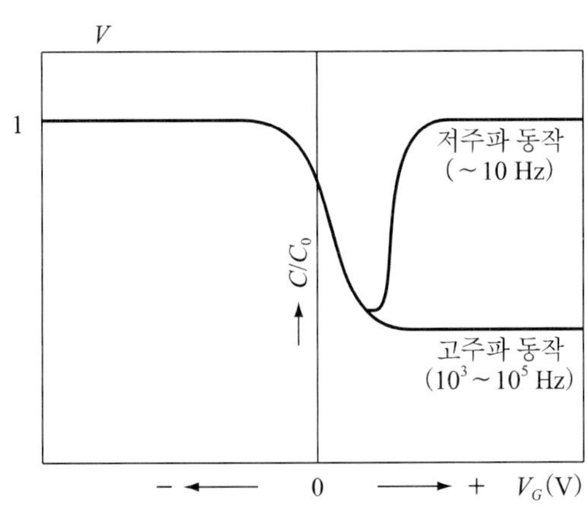

그림 10.6 • MIS 구조의 $C-V$ 특성

10.2 MOS 구조의 에너지 띠 모델

앞 절에서 MOS 구조를 일종의 콘덴서로 생각하여 전압 V_G 인가에 따라 용량이 어떻게 변하는지 정성적으로 고찰하였다. 이제 MOS 구조의 에너지 띠 모델로 금속-반도체 간에 전압 V_G를 가할 때 어떤 변화가 생기는지 관찰해 보자.

그림 10.7에 열평형 상태 $(V_G = 0)$에서의 MOS 구조의 에너지 띠 모델을 나타낸다. 단, 금속의 일함수 ϕ_m과 반도체의 일함수 ϕ_s는 동일하다고 가정한다. 이 가정이 성립하지 않을 때 발생하는 영향은 나중에 설명하겠지만, 본질적인 이해는 이 가정 (**플랫밴드의 가정**)으로 충분하다. 또한 반도체는 p형 반도체를 가정한다. 열평형이기 때문에 금속의 페르미 레벨과 반도체의 페르미 레벨은 일치한다. 이제 금속, 반도체간에 전압 V_G를 가하면 이 에너지 띠 구조가 어떻게 변화하는지를 생각해 보자. (1) $V_G < 0$, (2) $V_G = 0$, (3) $V_G > 0$, (4) $V_G \gg 0$의 네 가지 경우로 나누어 생각하자.

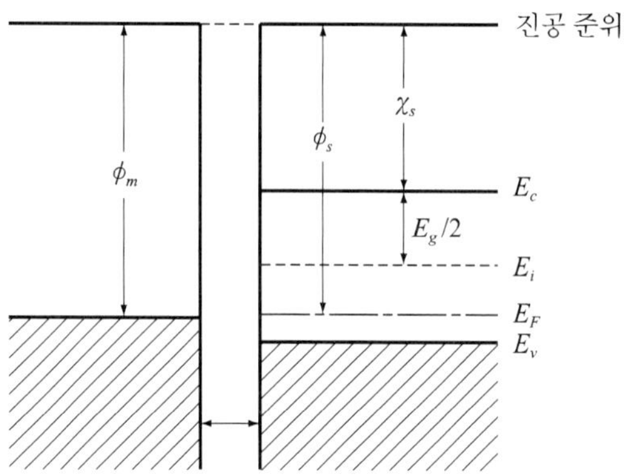

그림 10.7 • MIS 구조의 에너지 띠 그림, 열평형 상태

(1) $V_G < 0$(전하 축적 영역)

금속을 p형 반도체에 대해 전압을 음으로 인가하는 경우, 반도체 속의 양공이 산화물과의 계면으로 이동하여 플러스 전하가 축적된다. 금속의 페르미 레벨과 반도체의 페르미 레벨은 바이어스에 상당하는 에너지 eV_G 만큼의 차가 발생한다. 단, 반도체내에서 페르미 레벨은 수평하다. 왜냐하면, 절연층이 있어 전류는 흐르지 않기 때문이다. 반도체 계면에서 양공의 농도가 증가하기 때문에 페르미 레벨이 원자가띠에 가까워지도록 원자가띠가

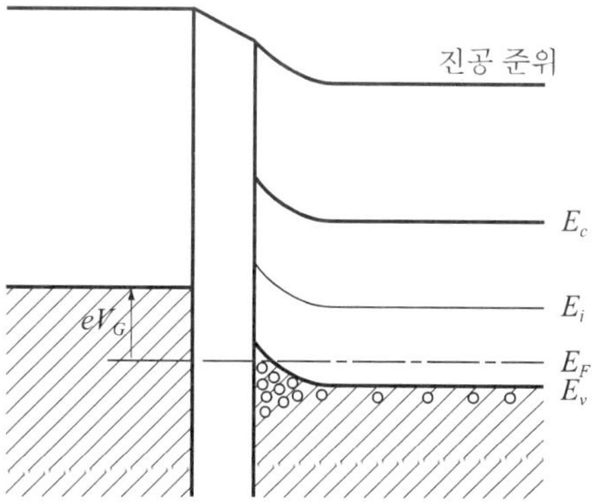

그림 10.8 • 전하 축적 영역 ($V_G < 0$)

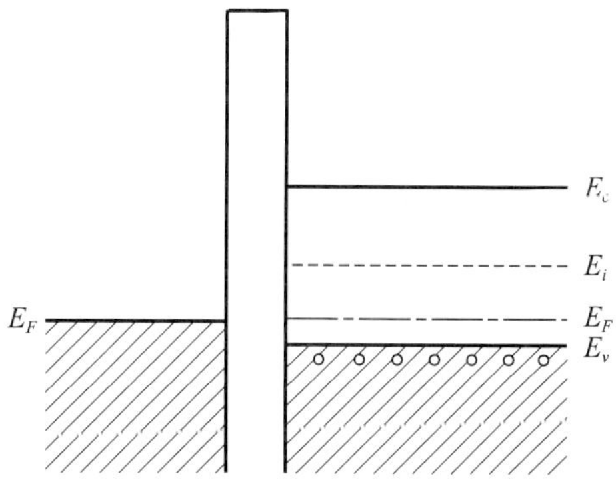

그림 10.9 • 플랫밴드의 상태 ($V_G = 0$)

그림 10.8과 같이 상향으로 굽어진다. 금속과 산화물의 계면에는 마이너스 전하가 유도되지만, 이는 계면에만 존재한다. 그러나 반도체와 산화물의 계면에 존재하는 전하는 어느 정도 폭을 가지고 분포하고 있다. 그러나 이 축적영역은 FET에 있어서 그다지 중요하지 않으며, 문제는 나중에 나타내는 $V_G > 0$의 경우이다.

(2) $V_G = 0$ (플랫밴드 조건)

이 경우의 에너지 띠는 그림 10.9와 같아진다. 금속중과 반도체 중에서 페르미 준위는 일치하고 있다. 그리고 표면전하 ρ는 0이다.

(3) $V_G > 0$ (전하 공간전하 영역)

이 경우는 앞서서 설명한 바와 같이, 반도체 속의 양공은 표면에서 멀어지기 때문에 공간전하층이 발생한다. 반도체 표면은 고 저항이 되므로 (1)의 경우와 반대로 원자가띠

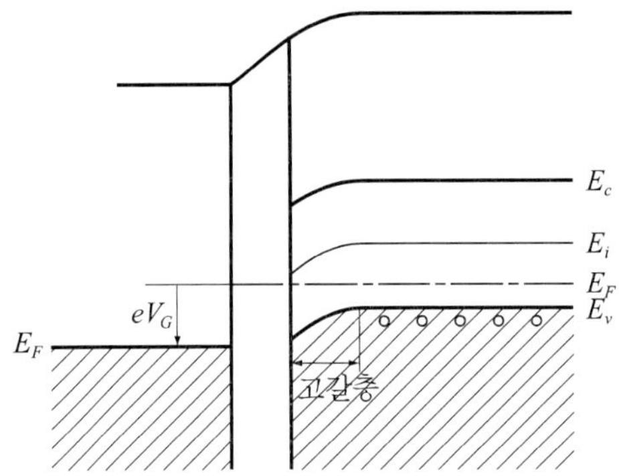

그림 10.10 ● 공간저하 영역 ($V_G > 0$)

는 밑으로 내려가고, 그림 10.10과 같이 고갈층이 형성된다.

(4) $V_G \gg 0$(반전 영역)

이 경우 밴드대역은 더욱 굽어져 그림 10.11과 같이 반도체의 진성 에너지 레벨 E_i가 페르미 레벨보다 아래로 된다. 일반적으로 반도체 내부의 캐리어 밀도는 5장 (5.21)에서

$$p_0 = N_v \exp\left(\frac{E_v - E_F}{kT}\right) \tag{10.1}$$

$$n_0 = N_c \exp\left(\frac{E_F - E_c}{kT}\right) \tag{10.2}$$

로 주어지는데, 위 식에서 $E_F = E_i$로 하면 $p_0 = n_0 = n_i$가 되므로,

$$n_i = N_v \exp\left(\frac{E_v - E_i}{kT}\right) = N_c \exp\left(\frac{E_i - E_c}{kT}\right) \tag{10.3}$$

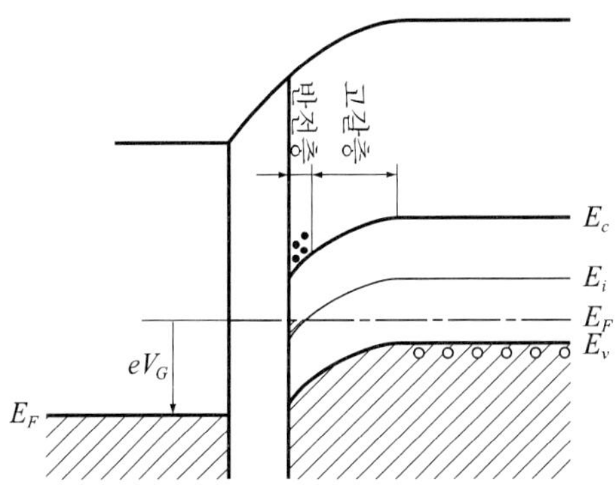

그림 10.11 ◦ 반전 영역($V_G \gg 0$)

이다. 여기서

$$\begin{cases} p_0 = n_i \exp\left(\dfrac{E_i - E_F}{kT}\right) & (10.4) \\ n_0 = n_i \exp\left(\dfrac{E_F - E_i}{kT}\right) & (10.5) \end{cases}$$

이다. p형에서는 $p_0 > n_i$이므로 $E_i > E_F$, n형에서는 $n_0 > n_i$이므로 $E_F > E_i$로 된다. 따라서 E_i가 E_F보다 아래로 된다는 것은 그 부분이 n형으로 반전되었다는 것을 의미한다.

10.3 표면 전하와 표면 포텐셜

앞 절에서 설명한 것을 좀 더 정량화하기 위해 반도체의 표면전하와 표면 포텐셜의 관계를 구해보자. 다시 p형 반도체에 대하여 생각해 보자. 일반적으로 전자의 에너지 E와 포텐셜 φ 사이에는 식 (10.1)이 관계

$$\varphi = -\frac{E}{e}$$

이므로, 식 (10.4)는 다음과 같이 쓸 수 있다.

$$\begin{aligned} p_0 &= n_i \exp\left(\frac{E_i - E_F}{kT}\right) \\ &= n_i \exp\left\{\frac{-e\varphi_i - (-e\varphi_F)}{kT}\right\} \\ &= n_i \exp\left\{\frac{e(\varphi_F - \varphi_i)}{kT}\right\} \\ &= n_i \exp\left(\frac{e\varphi_f}{kT}\right) \end{aligned} \qquad (10.6)$$

여기서 $\varphi_f = \varphi_F - \varphi_i$는 그림 10.12에서와 같이 반도체 내부에서의 E_i를 기준으로 정한 포텐셜을 나타낸다. 마찬가지로 식 (10.5)에서 n_0는

$$n_0 = n_i \exp\left\{\frac{e(\varphi_i - \varphi_F)}{kT}\right\}$$
$$= n_i \exp\left(-\frac{e\varphi_f}{kT}\right) \tag{10.7}$$

로 주어진다.

한편 계면근처에서는 그림에서와 같이 E_i가 구부러지므로

$$E_i - E_F = E_i(x) - E_f = e\varphi(x) - (-e\varphi_F)$$
$$= e(\varphi_F - \varphi(x))$$
$$= e(\varphi_f - \varphi(x)) \tag{10.8}$$

이 된다 (그림 10.12 참조). 여기서 $\varphi(x) \equiv \varphi_i(x) - \varphi_i$도 반도체 내부의 E_i를 기준으로 정한 포텐셜을 나타낸다. 캐리어 밀도 p, n은 장소의 x함수로

$$p = n_i \exp\left(\frac{E_i(x) - E_F}{kT}\right)$$
$$= n_i \exp\left(\frac{e(\varphi_f - \varphi(x))}{kT}\right) \tag{10.9}$$
$$n = n_i \exp\left(\frac{E_F - E_i(x)}{kT}\right)$$
$$= n_i \exp\left\{-\frac{e(\varphi_f - \varphi(x))}{kT}\right\} \tag{10.10}$$

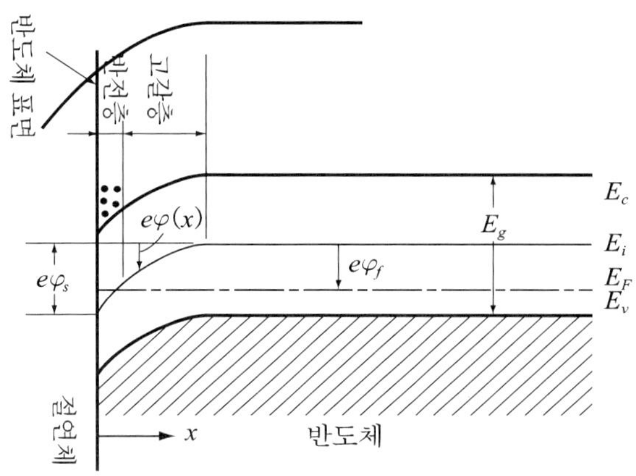

그림 10.12 • 반전 영역의 포텐셜 φ (E_i를 기준으로 측정함)

이 된다. (10.9), (10.10)에 (10.6), (10.7)을 각각 대입하여

$$p = p_0 \exp\left(-\frac{e\varphi(x)}{kT}\right) \tag{10.11}$$

$$n = n_0 \exp\left(\frac{e\varphi(x)}{kT}\right) \tag{10.12}$$

를 얻는다.

포아슨 방정식은 반도체의 비유전률을 ε_s, 진공 유전률을 ε_0라 하면

$$\frac{d^2\varphi(x)}{dx^2} = -\frac{e}{\varepsilon_s \varepsilon_0}\left(N_D^+ - N_A^- + p - n\right) \tag{10.13}$$

로 주어진다. 여기서 N_D^+, N_A^-는 각각 이온화 도너밀도, 이온화 억셉터밀도이다. 반도체 내부에서 전기적 중성조건은

$$\begin{cases} N_D^+ - N_A^- + p_0 - n_0 = 0 & (10.14) \\ \therefore N_D^+ - N_A^- = n_0 - p_0 & (10.15) \end{cases}$$

이다. 따라서 시 (10.13)은

$$\frac{d^2\varphi(x)}{dx^2} = -\frac{c}{\varepsilon_s \varepsilon_0}\left(n_0 - p_0 + p - n\right) \tag{10.16}$$

이 된다. 이 식에 식 (10.11), (10.12)를 대입하면

$$\frac{d^2\varphi(x)}{dx^2} = -\frac{e}{\varepsilon_s \varepsilon_0}\left[p_0\left\{\exp\left(-\frac{e\varphi(x)}{kT}\right) - 1\right\} - n_0\left\{\exp\left(\frac{e\varphi(x)}{kT}\right) - 1\right\}\right] \tag{10.17}$$

이 된다. 양변에 $d\varphi(x)/dx$를 곱하여, 반도체 내부 $(\varphi(x) = 0,\ d\varphi(x)/dx = 0)$에서 표면까지 대하여 적분한다. 여기서

$$\int \frac{d\varphi(x)}{dx}\frac{d^2\varphi(x)}{dx^2}dx = \int \frac{d\varphi(x)}{dx}\frac{d}{dx}\left(\frac{d\varphi(x)}{dx}\right)dx$$

$$= \int \frac{d\varphi i(x)}{dx} \cdot d\left(\frac{d\varphi(x)}{dx}\right)$$

임에 주의하면, 식 (10.17)은

$$\int_0^{(d\varphi/dx)_s} \frac{d\varphi(x)}{dx} d\left(\frac{d\varphi(x)}{dx}\right)$$

$$= -\frac{e}{\varepsilon_s \varepsilon_0} \times \int_0^{\varphi_s} \left[p_0 \left\{ \exp\left(-\frac{e\varphi(x)}{kT}\right) - 1 \right\} - n_0 \left\{ \exp\left(\frac{e\varphi(x)}{kT}\right) - 1 \right\} \right] d\varphi$$

$$= \frac{kT}{\varepsilon_s \varepsilon_0} \left[\left\{ p_0 \exp\left(-\frac{e\varphi_s}{kT}\right) + \frac{e\varphi_s}{kT} p_0 - p_0 \right\} + \left\{ n_0 \exp\left(\frac{e\varphi_s}{kT}\right) - \frac{e\varphi_s}{kT} - n_0 \right\} \right] \quad (10.18)$$

가 된다. 좌변은 $\frac{1}{2}\left(\frac{d\varphi}{dx}\right)_s^2 = \frac{1}{2}E_s^2$ (E_s는 표면에서의 전기장)이므로

$$E_s = \pm \frac{2kT}{e} \left(\frac{p_0 e^2}{2\varepsilon_s \varepsilon_0 kT} \right)^{1/2} \left[\left\{ \exp\left(-\frac{e\varphi_s}{kT}\right) + \frac{e\varphi_s}{kT} - 1 \right\} + \frac{n_0}{p_0} \left\{ \exp\left(\frac{e\varphi_s}{kT}\right) - \frac{e\varphi_s}{kT} - 1 \right\} \right]^{1/2} \quad (10.19)$$

$$\equiv \pm \frac{2kT}{eL_D} F(p_0, n_0, \varphi_s) \quad (10.20)$$

이 된다. 여기서

$$L_D = \left(\frac{2\varepsilon_s \varepsilon_0 kT}{p_0 e^s} \right)^{1/2} \quad (10.21)$$

으로 Debye's Length를 나타낸다.

$$F(p_0, n_0, \varphi_s) = \left[\left\{ \exp\left(-\frac{e\varphi_s}{kT}\right) + \frac{e\varphi_s}{kT} - 1 \right\} + \frac{n_0}{p_0} \left\{ \exp\left(\frac{e\varphi_s}{kT}\right) - \frac{e\varphi_s}{kT} - 1 \right\} \right]^{1/2} \quad (10.22)$$

이다. Debye's Length의 물리적 의미는 전하에 의한 쿨롱 포텐셜이 p_0의 캐리어 밀도에서 차폐되는 거리를 나타낸다. 식 (10.20) 우변의 ±는 $\varphi > 0$에서 플러스, $\varphi < 0$에서 마이너스이다.

반도체의 표면전하 Q_s는 그림 10.13과 같이 절연층-반도체 계면과 공간전하층-벌크 계면에 각각 단위면적의 바닥을 가지는 원주를 대상으로 하여, 여기에 가우스 정리를 적용하면

$$Q_s = -\varepsilon_s \varepsilon_0 E_s = \mp \frac{2\varepsilon_s \varepsilon_0 kT}{eL_D} F(p_0, n_0, \varphi_s) \quad (10.23)$$

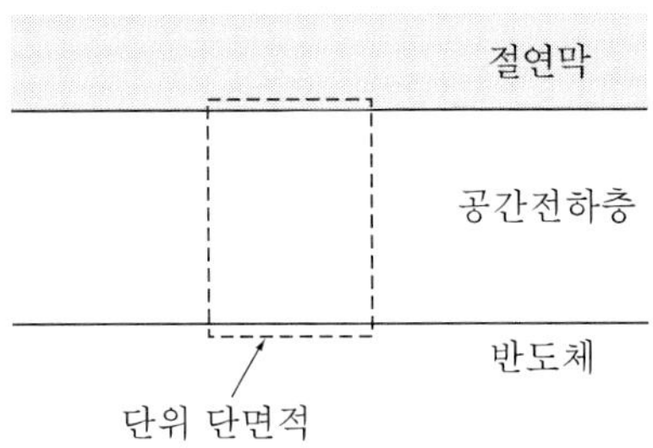

그림 10.13 ◦ 반도체 표면 전하의 계산, 가우스 정의의 적용

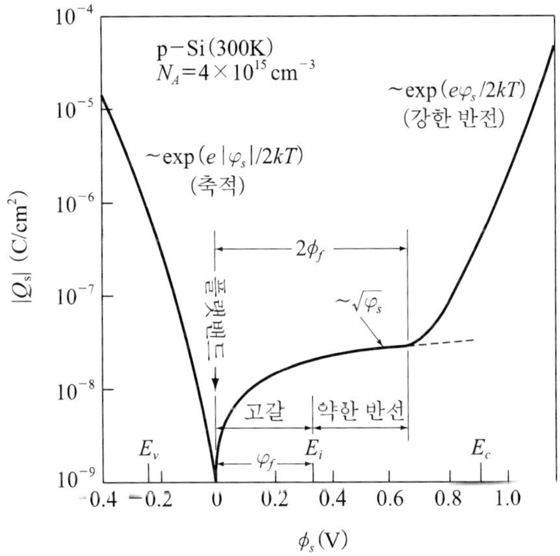

그림 10.14 ◦ 표면전하 (Q_s)의 표면 포텐셜 (φ_s) 의존성

로 주어지는 것을 알 수 있다. 그림 10.14는 Q_s를, 표면 포텐셜 φ_s함수로 나타낸 것이다. 여기서 앞 절의 네 가지 영역에 대한 사실은 명백하다. 즉,

(1) $\varphi_s < 0$ (전하 축적 영역)

식 (10.23)의 F (p_0, n_0, φ_s) (10.22)에서,

$$p_0 \gg n_0,\ \exp\left(-\frac{e\varphi_s}{kT}\right) \gg |(e\varphi_s / kT) - 1|$$

로서 다음과 같다.

$$Q_s = \frac{2\varepsilon_s \varepsilon_0 kT}{eL_D} \exp\left(\frac{e|\varphi_s|}{2kT}\right) \tag{10.24}$$

(2) $\varphi_s = 0$(플랫밴드 조건)

$$Q_s = 0 \tag{10.25}$$

(3) $0 < \varphi_s < \varphi_f$(공간전하 영역)(그림 10.10)

식 (10.22) $F(p_0, n_0, \varphi_s) \simeq (e\varphi_s / kT)^{1/2}$이 되어

$$Q_s = -\frac{2\varepsilon_s \varepsilon_0}{L_D}\left(\frac{kT}{e}\right)^{1/2} \sqrt{\varphi_s} \tag{10.26}$$

이 된다. 한편 공간전하층의 폭을 w라고 하면, p형 반도체이므로, 공간전하층 중의 전하는 억셉터 이온에 의한 것만으로, 8장 식 (8.34)에 의해

$$w = \left(\frac{2\varepsilon_s \varepsilon_0}{eN_A}\right)^{1/2} \sqrt{\varphi_s} \tag{10.27}$$

로 주어진다. 따라서 식 (10.26)에서 표면전하 Q_s는 공간전하층의 폭에 비례하여 증가하는 것을 알 수 있다.

(4) $\varphi_s > \varphi_f$ (반전 영역)

이 영역에서는 식 (10.22)의 $F(p_0, n_0, \varphi_s)$ 중 $\exp(e\varphi_s / kT)$ 항이 압도적으로 커져

$$Q_s = -\frac{2\varepsilon_s \varepsilon_0 kT}{eL_D}\frac{n_0}{p_0} \exp\left(\frac{e\varphi_s}{2kT}\right) \tag{10.28}$$

가 된다. 그림 10.11에서와 같이, 반도체 표면에서는 페르미 준위 E_F가 진성준위 E_i보다도 위로 가게 되는데, 따라서 p형 반도체의 표면에 n형 반전층이 생기게 된다. 즉 공간전하층 중의 전기장이 매우 커져, 반도체 내부에서 항상 열에 의해 생기거나 재결합하거나 하는, 전자와 양공이 서로 재결합하기 전에 전기장에 의해 서로 반대방향으로 멀어져, 양공은 반도체 내부로, 전자는 표면으로 끌려가게 된다. 그리하여 표면에는 전자가 축적

되게 된다. V_G (따라서 φ_s)가 매우 커져

$$\varphi_s \geq 2\varphi_f \tag{10.29}$$

가 되면, 식 (10.10)에 의해, 반전층 내의 전자밀도 n은

$$n \geqq n_i \exp\left\{-\frac{e(\varphi_f - 2\varphi_f)}{kT}\right\} \tag{10.30}$$

$$\geqq n_i \exp\left(\frac{e\varphi_f}{kT}\right) \tag{10.31}$$

$$\geqq p_0 \quad ((10.6)\ \text{식}) \tag{10.32}$$

가 되며, 반도체 내부의 양공밀도와 동일한 수준이거나 그보다 커진다. 이 상태를 '**강한반전**' 상태라 하며, 반도체 표면은 n형을 나타내게 된다. 이때의 에너지 띠 그림을 그림 10.15에 나타내었다. 이 상태는 나중에 설명하는 MOSFET 동작에 있어 매우 중요하다. 이 영역에서는 그림 10.14 혹은 식 (10.28)에서도 알 수 있듯이, φ_s가 약간 변화하는데 비하여 Q_s는 크게 변화하게 된다. 한편 공간전하층의 폭은 식 (10.27)에 따라 $\sqrt{\varphi_s}$에 비례하여 변화하는데 불과하다. 따라서 이 영역에서는 바이어스를 변화시킴에 따른, 전하 Q_s의 변화는 대부분이 반전층 내부 자유전자의 밀도변화에 의한 것으로, 공간전하층의 확대, 즉 공간전하층 내의 억셉터 이온에 의한 전하의 변화는 무시할 수 있다. 따라서 강한반전 영역에서 공간전하층의 폭은 거의 일정하며, 식 (10.27)에서 $\varphi_s = 2\varphi_f$로 두면

$$w_i = \sqrt{\frac{2\varepsilon_s\varepsilon_0}{eN_A}}\sqrt{2\varphi_f} \tag{10.33}$$

이고, 공간전하층 내의 전하 Q_B도 거의 일정하며

$$Q_B = -eN_A w_i \tag{10.34}$$

로 주어진다.

여기서 강한반전이 생기는 '**임계치 전압**'을 구하는 식을 유도해 보자. 전압 V_G의 일부는 산화막에 걸리므로, 이를 V_0라고 하면 그림 10.15에서 알 수 있듯이,

$$V_G = V_0 + \varphi_s \tag{10.35}$$

$$Q_s = Q_B + Q_i \tag{10.36}$$

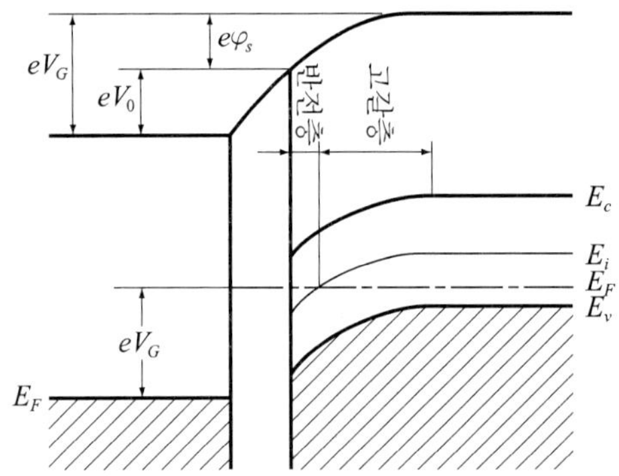

그림 10.15 ◉ 강한 반전 상태에서의 에너지 띠 그림

가 성립한다. 여기서 Q_i는 반전층의 전하이다. $V_0 = -Q_s/C_0$이기 때문에

$$V_G = -\frac{Q_s}{C_0} + \varphi_s \tag{10.37}$$

강한반전이 생기는 곳에서는 $\varphi_s = 2\varphi_f$이며, 이때 $Q_i \ll Q_B$이므로, 임계치 전압 V_{th}는

$$V_{th} = -\frac{Q_B}{C_0} + 2\varphi_f \tag{10.38}$$

$$= \frac{eN_A}{C_o} w_i + 2\varphi_f \qquad (\because \ (10.34) \ 식) \tag{10.39}$$

가 된다. 따라서 반도체 중의 억셉터 농도 N_A를 알면 7장 식 (7.17)에서

$$E_i = E_F - kT \ln \frac{N_A}{n_i} \tag{10.40}$$

$$\therefore E_i - E_F = -kT \ln \frac{N_A}{n_i} \tag{10.41}$$

이므로, $E_i - E_f = e\varphi_f$로서 φ_f를 구할 수 있다. w_i는 식 (10.33)에서 구할 수 있으므로 산화막 두께 d가 주어지면, 산화막의 비유전률을 ε_{0X}로 하여

$$C_0 = \frac{\varepsilon_{0X}\varepsilon_0}{d} \tag{10.42}$$

에서 C_0값을 알 수 있으며, 따라서 식 (10.38)으로 V_{th}를 구할 수 있다.

10.4 MOS 구조의 용량

지금까지의 공부한 것을 통해 알 수 있듯이, MOS 구조는 전기용량을 가진다. 그리고 그 용량은 전압에 의해 변화하는 것은 10.1절에서 정성적으로 공부하였는데, 표면전하와 표면 포텐셜의 관계를 명확히 알게 된 이 시점에서 다시 다루어 보자.

MOS 용량 C는 금속전극에서의 전하를 Q_G로 하면

$$C = \frac{dQ_G}{dV_G} = -\frac{dQ_s}{dV_G} \tag{10.43}$$

이므로 식 (10.37)에서

$$C = -\frac{dQ_s}{-\frac{dQ_s}{C_0} + d\varphi_s} = \frac{-C_0\frac{dQ_s}{d\varphi_s}}{-\frac{dQ_s}{d\varphi_s} + C_0} \tag{10.44}$$

이 된다. 공간전하층 용량 C_s가

$$C_s = -\frac{dQ_s}{d\varphi_s} \tag{10.45}$$

이므로, 식 (10.44)에서

$$C = \frac{C_s C_0}{C_s + C_0} \tag{10.46}$$

이 되며, 따라서 MOS 용량 C는 산화막의 용량 C_0와, 공간전하층 용량 C_s가 직렬로 접속된 것과 같음을 알 수 있다.

다음 MOS 용량 C가 전압 V_G에 의해 어떻게 변화하는지 앞에서 공부한 네 가지 영역에 대해 생각해 보자.

(1) 전하 축적 영역 ($\varphi_s < 0$)

이 경우 공간전하층은 존재하지 않기 때문에 $C = C_0$이며, C는 V_G에 의존하지 않는다.

(2) 플랫밴드 조건 ($\varphi_s = 0$)

식 (10.23), 식 (10.45)로 부터

$$C_s = \left| \frac{dQ_s}{d\varphi i_s} \right| = \frac{\varepsilon_0 \varepsilon_s}{L_D} \left| \frac{1 - \exp(-e\varphi_s/kT) + (n_0/p_0)\{\exp(e\varphi_s/kT) - 1\}}{F(p_0, n_0, \varphi_s)} \right| \tag{10.47}$$

$$= \frac{\varepsilon_0 \varepsilon_s}{L_D} \left| \frac{1 - \exp\left(-\dfrac{e\varphi_s}{kT}\right) + \dfrac{n_0}{p_0}\left\{\exp\left(\dfrac{e\varphi_s}{kT}\right) - 1\right\}}{\left[\left\{\exp\left(-\dfrac{e\varphi_s}{kT}\right) + \dfrac{e\varphi_s}{kT} - 1\right\} + \dfrac{n_0}{p_0}\left\{\exp\left(\dfrac{e\varphi_s}{kT}\right) - \dfrac{e\varphi_s}{kT} - 1\right\}\right]^{1/2}} \right| \tag{10.48}$$

으로, 지수함수 전개를 이용하면

$$C_s \simeq \sqrt{2}\, \frac{\varepsilon_s \varepsilon_0}{L_D} \tag{10.49}$$

라 할 수 있다. 따라서 전체용량은 식 (10.46), 식 (10.42)에서

$$C = \frac{\varepsilon_{0X} \varepsilon_0}{d + \dfrac{L_D}{\sqrt{2}} \dfrac{\varepsilon_{0X}}{\varepsilon_s}} \tag{10.50}$$

로 주어진다.

(3) 전하공핍 영역 ($0 < \varphi_s < \varphi_f$)

식 (10.26)에서

$$C_s = \left| \frac{dQ_s}{d\varphi_s} \right| = \frac{\varepsilon_s \varepsilon_0}{L_D} \left(\frac{kT}{e} \right)^{\frac{1}{2}} \varphi_s^{-\frac{1}{2}} \tag{10.51}$$

즉 반도체의 용량은 바이어스 V_G와 함께 공간전하층 폭이 증가함에 따라, $V_G^{-\frac{1}{2}}$로 감소한다. 한편 전체용량이 산화물의 용량 C_0와 공간전하층 용량 C_s의 직렬로 표현되므로, $C_s \ll C_0$가 되면, C는 거의 C_s와 같아진다. 즉 이 영역에서

$$C \simeq C_s \tag{10.52}$$

가 된다.

(4) 반전 영역 ($\varphi_s > \varphi_f$)

식 (10.28)에서

$$C_s = \left| \frac{dQ_s}{d\varphi_s} \right| = \frac{\varepsilon_0 \varepsilon_s}{L_D} \frac{n_0}{p_o} \exp\left(\frac{e\varphi_s}{2kT} \right) \gg C_0 \tag{10.53}$$

가 되어, 전체용량 C는

$$C \doteq C_0 \tag{10.54}$$

가 된다. 단 앞서 설명한 바와 같이, 반전층을 만드는 캐리어는 반도체 내부에서 발생한 것이며, 이것이 공간전하층의 포텐셜 기울기에 의해 계면에 축적되는데, 만일 바이어스가 고주파일 경우에는 캐리어가 공간전하층을 통과하여 빠져나가 채 계면에 도달할 시간이 없으므로, 캐리어는 공간전하층 끝에 남게 되므로 용량 C는 공간전하층 용량 C_s가 된다.

이상의 결과를 바이어스와 용량의 그래프로 나타내면, 그림 10.6과 같음을 알 수 있다.

10.5 MOSFET 구조와 동작

지금까지 금속-절연체-반도체의 3층 구조에서 층 방향에 수직한 방향으로 바이어스 전압 V_G를 인가할 때 절연체 계면에 나타나는 전하에 대하여 공부하였다. 특히 P형 반도체를 가정하면, $V_G > 0$일 때 (금속 쪽이 플러스), 일정 양의 바이어스를 인가하면 반도체표면에 n형의 반전층이 형성된다는 것을 알았다 (그림 10.16). 여기에 층 방향에 평행한

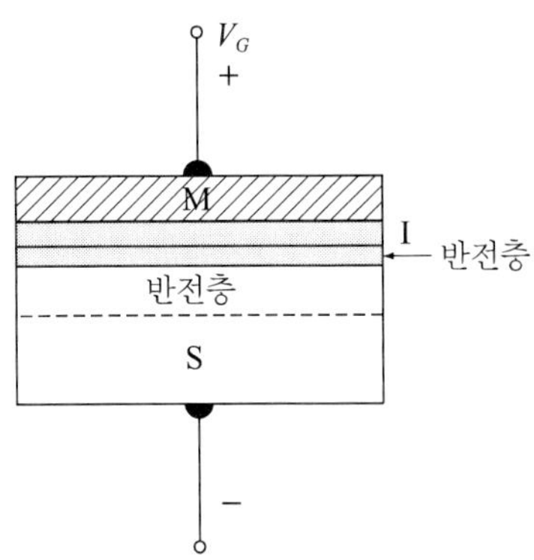

그림 10.16 • MIS 구조의 반전층

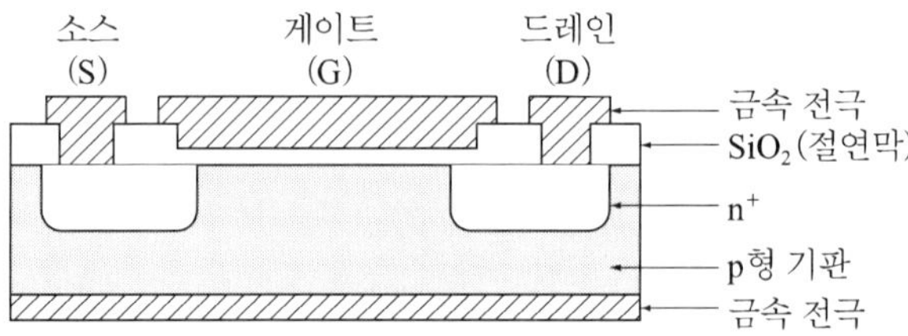

그림 10.17 ◦ MOS-FET의 구조

방향으로 전압을 가하여 이 반전층 내의 캐리어를 움직여 전류를 발생시키게 하는 것이 바로 **MOSFET의 원리**이다.

그림 10.17은 MOSFET의 구조를 나타낸 것으로 p형 반도체 (기판) 위에 SiO_2 산화막과 게이트 전극이 있는 것이 지금까지 공부한 MOS 구조와 동일하지만, 다른 점은 p형 기판에 2군데 강하게 도핑된 n^+ 영역, **소스** 및 **드레인**이 있으며, 아울러 소스 전극과 드레인 전극을 가지고 있다. 이와 같은 구조를 **n 채널 MOSFET** 혹은 **n-MOS**라 하며, 회로기호는 그림 10.18(a)와 같이 나타낸다. 반대로 기판이 n형 반도체일 경우, 채널은 p형 반전층이 형성 되므로 **p 채널 MOSFET**, 혹은 **p-MOS**라 하며, 회로는 그림 10.18(b)와 같이 나타낸다. 이제 n-MOS에 대해 논의하기로 하자.

그림 10.16과 같이 게이트에 정전압 V_G를 인가할 때, V_G가 임계치 전압 V_{th}보다 커지면 반도체 표면에 n형 반전층이 형성되며, 그 아래에 공간전하층이 퍼져 형성된다.

다음 드레인이 소스에 대해 플러스가 되는 전압 (드레인 전압) V_D를 인가하면 반전층 내의 전자는 드레인 쪽으로 인입되어 전류가 흐르게 되는데, 이 전류 식을 유도해 보자.

만일 $V_D = 0$라면 식 (10.36), (10.37)에서

$$V_G = -\frac{Q_i}{C_0} - \frac{Q_B}{C_0} + \varphi_s \tag{10.55}$$

이지만, 반전영역에서는 식 (10.29)에 의해 $\varphi_s \geq 2\varphi_f$가 되며, 이 영역에서는 φ_s가 약간 증

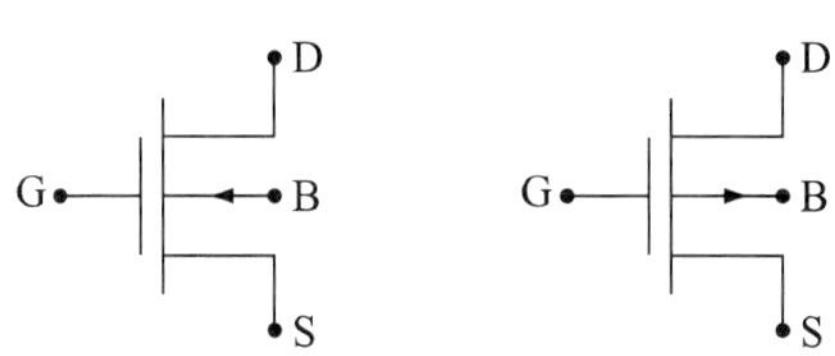

그림 10.18 ◦ n-MOS와 p-MOS의 회로기호 (S) 소스, (G) 게이트, (D) 드레인, (B) 기판

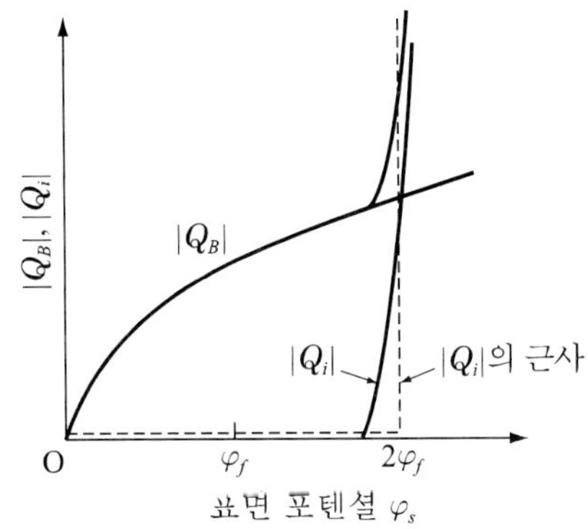

그림 10.19 • 공간전하층 중의 전하 (Q_B), 반전층 중의 전하 (Q_i)의 표면 포텐셜 (φ_s)의존성

가만 하면 Q_s가 급격히 증가하므로, 근사적으로 그림 10.19의 점선으로 나타낼 수 있다.

따라서 (10.55)에서 $\varphi_s = 2\varphi_f$라고 하면

$$V_G = -\frac{Q_i}{C_0} - \frac{Q_B}{C_0} + 2\varphi_f \tag{10.56}$$

라 할 수 있다. 여기서 $-Q_B/C_0 + 2\varphi_f$은 식 (10.38)로 부터 임계전압 V_{th}와 동일하므로

$$V_G = -\frac{Q_i}{C_0} + V_{th} \tag{10.57}$$

가 된다. 따라서 반전층의 전하 Q_i는

$$Q_i = -C_0(V_G - V_{th}) \tag{10.58}$$

로 됨을 알 수 있다.

한편 그림 10.20은 $V_G \geq V_{th}$일 때 반전층, 즉 채널이 형성되어 있는 상태를 나타내

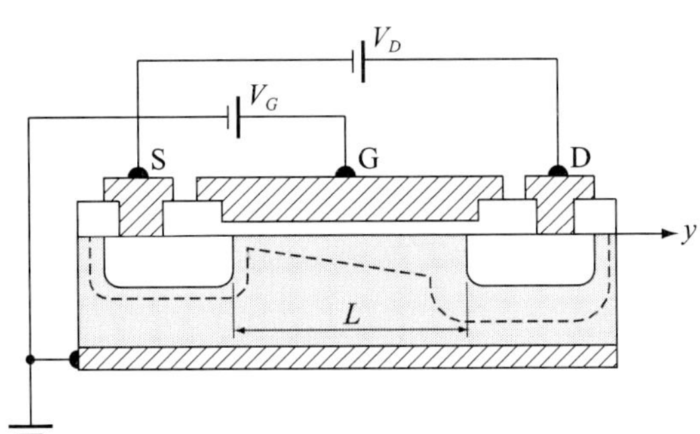

그림 10.20 • MOSFET에서 반전층의 발생

지만, 지금 그림에서와 같이 소스-드레인간에 드레인 전압 V_D를 인가하면 게이트와 기판간의 전기 포텐셜의 차, 따라서 표면 전기포텐셜 φ_s는 위치 (그림에서 y)의 함수가 된다. 당연히 Q_B, Q_i는 y의 함수 이며, 따라서 공간전하층 폭이나 V_{th}도 y 함수가 된다. 그리고 반전 영역에서는

$$\varphi_s(y) = 2\varphi_f + V(y) \tag{10.59}$$

가 된다. 따라서 식 (10.56)을 대신하여

$$\begin{aligned} V_G &= -\frac{Q_i}{C_0} - \frac{Q_B}{C_0} + 2\varphi_f + V(y) \\ &= -\frac{Q_i}{C_0} + V_{th} + V(y) \end{aligned} \tag{10.60}$$

이 되며, 식 (10.58) 대신

$$Q_i(y) = -C_0\{V_G - V_{th} - V(y)\} \tag{10.61}$$

로 쓸 수 있다.

여기서 그림 10.20에서 채널의 지면에 수직방향 두께를 w라고 하면, 채널을 흐르는 드레인 전류 I_D는 전류의 이동도를 μ라 할 때

$$\begin{aligned} I_D &= Q_i(y)\mu w\left(-\frac{dV}{dy}\right) \\ &= C_0 w\{V_G - V_{th} - V(y)\}\mu\frac{dV}{dy} \end{aligned} \tag{10.62}$$

이다. 전류 연속성 때문에 I_D는 y에 의존하지 않는 일정한 값을 가진다. 따라서 식 (10.62)의 양변을 y에 대해 $y=0$에서 $y=L$까지 적분하면, $y=L$에서 $V=V_D$이므로

$$I_D L = \int_0^{V_D} C_0 w\{V_G - V_{th} - V(y)\}\mu dV \tag{10.63}$$

이 된다. 지금 V_{th}의 y 의존성을 무시하면

$$I_D = \frac{\mu C_0 w}{L}\left\{(V_G - V_{th})V_D - \frac{V_D^2}{2}\right\} \tag{10.64}$$

이 얻어진다. 이는 드레인 전류 I_D와 드레인 전압 V_D의 관계를 나타낸 식으로 포물선이며, I_D는

$$V_D = V_G - V_{th} \tag{10.65}$$

일 때 최대가 된다. $V_D > V_G - V_{th}$에서는 식 (10.61)에서 알 수 있듯이 $Q_i > 0$이 되기 때문에 의미가 없어진다. 이를 핀치오프라고 한다. 다음절에 나타내는 것과 같이 핀치오프에서는 $I_D =$일정해지며, $I_D - V_D$ 곡선은 그림 10.21의 실선과 같아진다.

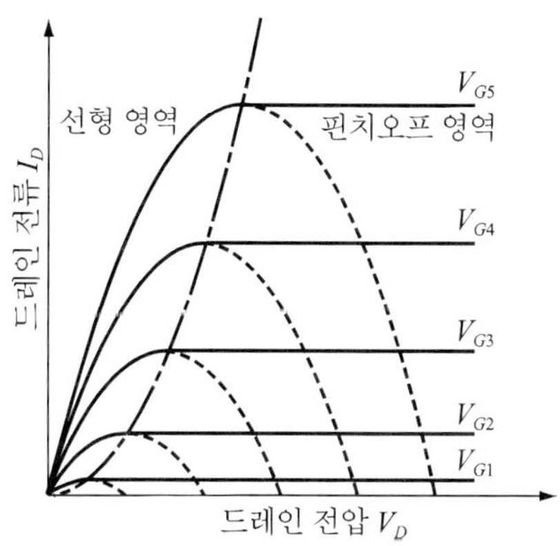

그림 10.21 ● MOSFET의 $V_D - I_D$ 특성
($V_{G1} < V_{G2} < V_{G3} < V_{G4} < V_{G5}$)

10.6 핀치오프

MOSFET를 실제 증폭기로 사용할 때 핀치오프 상태에서 사용한다. 이 때 드레인 전류 I_D는 포화하여 일정값을 가진다. 이는 바이폴라 트랜지스터에서 컬렉터 전류와 컬렉터 전압의 관계와 동일하다. 즉 증폭기로서의 특성이 되는 것이다. 그렇다면 핀치오프 상태에서 캐리어의 흐름은 어떻게 될까?

그림 10.22(a)는 드레인 전압이 0일 때의 반전상태에서 채널의 모습을 나타낸 것이다. 드레인 전압 V_D를 인가하면 식 (10.61)에서와 같이 채널내의 전하 Q_i가 드레인 전극에 근접함에 따라 감소하기 때문에 그림 10.22(b)와 같아진다. 드레인 전압을 더 증가시키면 식 (10.65)가 만족되어야하므로 I_D는 최대가 되며, 식 (10.61)에 의해 $Q_i = 0$가

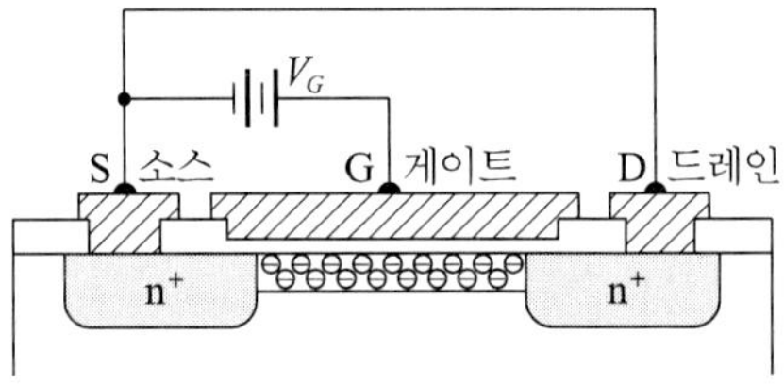

(a) 드레인 전압을 인가하지 않은 상태

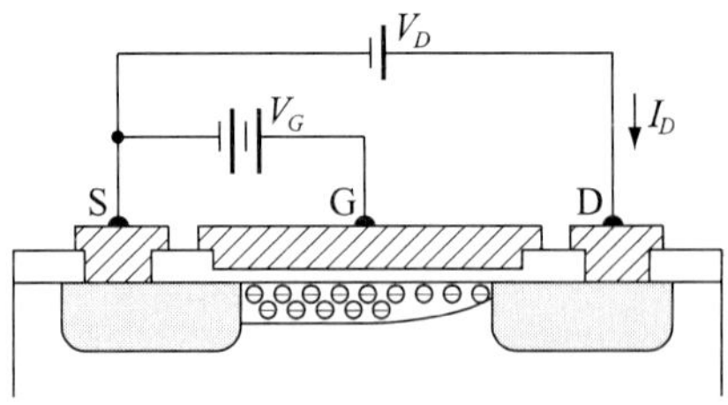

(b) 드레인 전압이 작은 영역 (선형 영역)

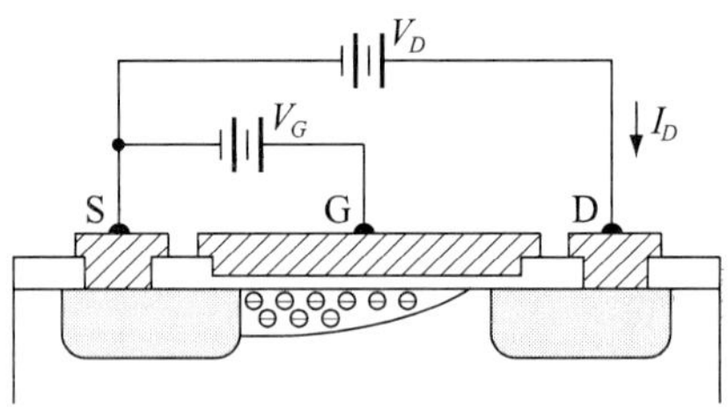

(c) 드레인 전압이 큰 영역 (핀치오프 영역)

그림 10.22

된다. 더 이상 V_D를 올리면 $Q_i = 0$인 점은 그림 10.22에서 왼쪽방향으로 밀려 치우쳐져, 그림 10.22(c)와 같아지며 드레인 전극 근처에서는 반전 층이 끊어진 상태가 된다. 이러한 상태가 핀치오프이다. 더 이상 드레인 전압을 올려도 전압은 공간전하층에 걸리며, 공간전하층이 넓혀질 뿐이다. 그러나 공간전하층 내에는 전자를 드레인 전극으로 인입시키려는 전기장이 존재하기 때문에, 채널의 오른쪽 끝까지 이동해 온 전자는 공간전하층을 가로질러 드레인 전극으로 흡입된다. 이러한 현상은 바이폴라 트랜지스터에서 이미터로부터 주입된 캐리어가 베이스 컬렉터간의 역 바이어스에 의해 공간전하층을 가로질러 컬렉터로 흡입되는 것과 동일하다고 생각할 수 있다. 즉 MOSFET이 증폭기로서 동작하는 원리이다.

10.7 플랫 밴드 조건

지금까지 $V_G = 0$에서 반도체내의 페르미 준위가 평평하다는 플랫밴드를 가정하였다 (그림 10.7 참조). 그러나 이 조건은 이상적인 경우로, 실제로는

(1) 금속의 일함수 ϕ_m과 반도체의 일함수 ϕ_s의 차이

(2) 산화막과 반도체의 경계면 혹은 산화막 속에 원래부터 존재하는 전하 등의 영향으로 플랫밴드 조건이 틀어진다. 이에 대하여 간단히 다루어 보자.

(1) 금속과 반도체의 일함수 차이

그림 10.7은 금속의 일함수 ϕ_m과 반도체의 일함수 ϕ_s가 동일한 경우로, 플랫밴드의 조건이 성립하는 경우의 에너지도이다. 만일 그림 10.23(a)와 같이 $\phi_m < \phi_s$이면, 접합 후에는 그림 10.23(b)와 같이 반도체의 페르미 준위는 경계면에서 굽게 된다. 이것이 편평하게 되기 위해서는 금속과 반도체 사이에

$$V_{FB} = \phi_m - \phi_s \tag{10.66}$$

의 전압 (이를 **플랫밴드 전압**이라고 한다)을 인가해 주면 된다. 따라서 지금까지의 해석에서 V_G를 $V_G - V_{FB}$로 치환해야 한다.

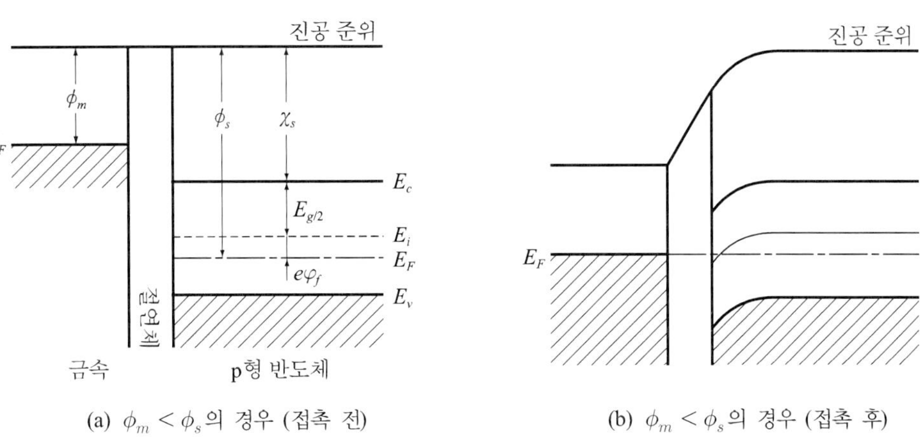

(a) $\phi_m < \phi_s$의 경우 (접촉 전) (b) $\phi_m < \phi_s$의 경우 (접촉 후)

그림 10.23

(2) 산화막과 반도체 경계면 혹은 산화막 중에 있는 전하

반도체의 표면에는 결합할 수 있는 상대가 없는 원자가 약 10^{19}cm^{-2} 존재하고 있으며 이들은 계면준위를 형성한다. 그러나 양질의 산화막이 있는 상태에서는 계면준위는 매우 적어진다. 따라서 정도의 차이는 있지만, 경계면에서 그림 10.24에서와 같이 에너지 띠는 굽어지게 된다.

산화막 중에도 산화막 속의 살창결함 혹은 불순물에 의한 불순물 준위가 존재하면 그들에 포획 (트래핑)된 전하에 의해 플랫밴드 조건이 만족되지 않게 된다. 또한 산화막 형성 시 외부로 부터 주입된 불순물에 의한 이온이 존재하는 경우도 있다. 특히 문제가 되는 것은 알카리 금속이온이다. 이와 같은 이온은 전기장에 의해 움직일 수 있는데, 따라서 플랫밴드 전압이 변동되게 되고 동작을 불안정하게 하므로 최대한 제거해야 한다. 이는 산화막 형성공정을 매우 청정화 된 환경 혹은 조건에서 실행해야만 방지할 수 있다. 플랫밴드 전압은 산화막 중의 전하가 모두 경계면에 있다고 가정할 때 등가전하 Q_{SE}로

$$V_{FB} = -\frac{Q_{SE}}{C_o} \tag{10.67}$$

로 표시할 수 있다.

(1)과 (2)가 모두 존재할 경우, V_{FB}는 (10.66)과 (10.67)의 합으로 된다.

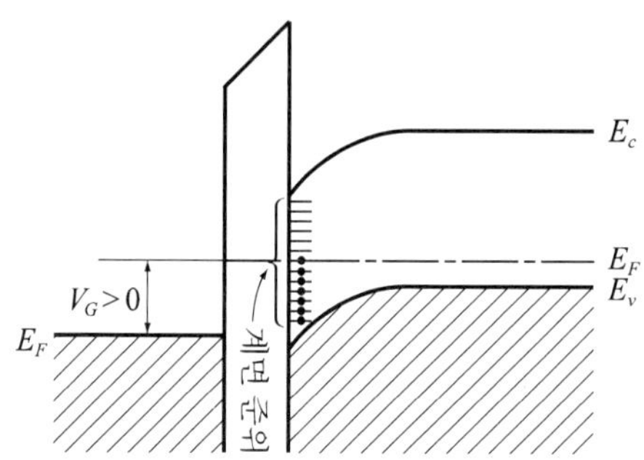

그림 10.24 ● 계면 준위에 의한 E_F

연습문제

10.1 이상적인 MIS 구조에서의 전하축적, 전하고갈, 반전상태가 발생하는 각각의 바이어스에 대한 에너지 띠 그림과 전하분포를 그림으로 표시하라. 또한 n형 및 p형 반도체에서 게이트 전압의 극성을 나타내고 논의하라.

10.2 전하축적과 강반전상태의 중간 바이어스 전압 V_G 범위에서 MOS 용량 C는 다음식으로 나타낼 수 있다는 것을 증명하라.

$$C = \frac{C_0}{\left[1 + 2\left(C_0^{\ 2}/eN_A\varepsilon_s\varepsilon_0\right)V_G\right]^{1/2}}$$

또한, 강반전 상태에서의 전체용량은 다음 식으로 나타낼 수 있음을 유도하라.

$$C = \frac{C_0}{\left[1 + C_0(2/eN_A\varepsilon_s\varepsilon_0)2\phi_f\right]^{1/2}}$$

10.3 억셉터밀도 $N_A = 4 \times 10^{14}/\text{cm}^3$ 인 p형 Si 기판위에 막 두께 $0.1\ \mu\text{m}$ 인 산화막으로 구성된 MOS구조에서, 게이트전극에 $+1$ V의 전압을 인가할 때, (a)반전이 발생할 수 있는가? (b)산화막에 걸리는 전압 V_0를 구하라. 단, Si와 산화막의 비유전률은 각각 11.8 및 3.9이다. 또한 Si의 실온에서의 진성캐리어 밀도 n_i를는 $1.5 \times 10^{10}/\text{cm}^3$ 으로 한다.

10.4 앞 문제의 MOS구조에서 (a)-1 V, (b)$+0.5$ V, (c)$+1$ V의 바이어스 V_G를 인가할 때 단위면적당 정전용량을 구하라.

CHAPTER 11

반도체 재료 및 집적회로 제작 공정

앞에서 p-n접합 및 금속-반도체간 접합과 바이폴라 트랜지스터, 전기장효과 트랜지스터 등 응용에 대하여 공부하였다. 이제부터 이러한 반도체 재료 및 소자 등을 어떻게 만드는지(공정기술) **제작공정**에 대하여 공부해 보기로 하자. 우선 모체가 되는 **고순도 반도체 단결정을 어떻게 만드는지에** 대한 설명부터 시작한다. 단결정이란 원자가 질서를 가지고 배열된 결정을 말하며, 이에 반해 작은 단결정이 여러 임의 방향으로 합하여 생성되는 결정을 다결정이라고 한다. 현재 실용되고 있는 p-n 접합소자는 모두 단결정이 이용되고 있다 (최근 아몰퍼스 반도체나 다결정 반도체를 이용한 p-n접합 소자가 주목되고 있지만 여기서는 다루지 않기로 한다).

11.1 반도체 재료의 고순도화

반도체의 전기적 성질은 재료 중에 포함되어 있는 불순물에 매우 민감함을 앞서 설명하였다. 따라서 단결정을 만들기 전에 우선 고순도의 재료를 얻는 것이 선결 과제이다. 일반적으로 화합물 형태로 얻어지는 천연재료 (예를들면 Si의 경우는 산화물 SiO_2)로부터 환원에 의해 얻어지는 Si은 매우 다량의 불순물을 포함하고 있으며, 그 상태로는 반도체 재료로서 사용할 수 없다. 따라서 재료를 고순도화하는 기술, 즉 정제기술이 중요하다. 즉 재료를 상온에서 액상 혹은 기상과 같은 화합물로 변환하여 정제하는데, 액체나 기체는 통상의 화학적 방법에 의해 쉽게 고순도로 만들 수 있기 때문이다. 예를들면, Si의 경우 $SiCl_4$ 또는 $SiHCl_3$로 한다. 그리고 다시 증류에 의해 고순도화한다. 고순도화된 화합물의 액체 혹은 기체로부터 열분해 또는 수소환원에 의해 고순도 단결정을 얻는다

(예를들면, $SiHCl_3 + H_2 + Si + 3HCl$). 이 방법은 기상으로부터 단결정을 성장시키는 방법으로도 이용되므로 나중에 다시 설명하기로 하고, 가장 널리 이용되고 있는 물리적 정제법인 **대역 용융법 (존멜트법)**에 대해 설명하기로 한다.

도가니 속에 있는 A라는 물질에 B라는 물질을 녹여, 용융상태로부터 천천히 냉각시켜 고체화시켰다고 하자. 천천히 냉각시키면 아마 도가니의 한쪽 끝에서 고체화될 것이다. 이렇게 생성된 A와 B 합금의 성질을 조사하면 처음에 고체화시킨 부분과 나중에 고체화시킨 부분은 성질이 매우 다르다는 점을 알 수 있다. 이는 A 속에 포함되는 B가 처음에 고체화된 부분과 나중에 고체화된 부분이 각각 다르기 때문인데, 이를 편석현상이라고 하며, 1950년에 Hall에 의해 발견되었다.

이 편석현상을 이용해 물질을 순화하는 방법은 1953년 Pfann에 의해 개발되었다. 이 방법을 대역용융법이라고 한다. 여기서 이 편석현상의 원리에 대해 알아보도록 하자.

그림 11.1에 물질 A와 물질 B의 이원합금 상태도를 나타낸다. 가로축은 조성, 즉 A 속에 포함되는 B의 비율을 %로 나타낸 것이며, 세로축은 온도를 나타낸다. 그림의 액상선보다 위에서는 액체가 되며, 고상선보다 아래에서는 고체가 된다. 액상선과 고상선으로 둘러싸인 영역은 액상과 고상이 공존하는 영역이다. A가 반도체 재료, B가 그 속에 포함되어 있는 불순물이라고 하면, B의 비율은 그리 크지 않은 경우가 많기 때문에, 그림 11.1의 좌측 부분에 대해 생각하면 된다. 거기에서 액상선과 고상선은 그림 11.2에서와 같이 근사적으로 직선이라고 생각할 수 있다. 지금 불순물 B의 비율이 그림 P점에 대응할 때, 이를 용융시켜 천천히 온도를 내려가면 액상선에 부딪치는 온도부터 응고되기 시작한다 (그림에서 Q점). 그러나 처음에 응고하는 조성은 용융상태에서 A속안의 B 농도

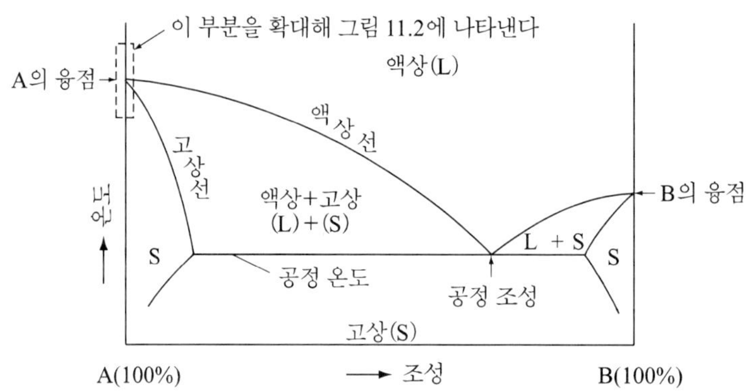

그림 11.1 ◦ 이원합금 상태도

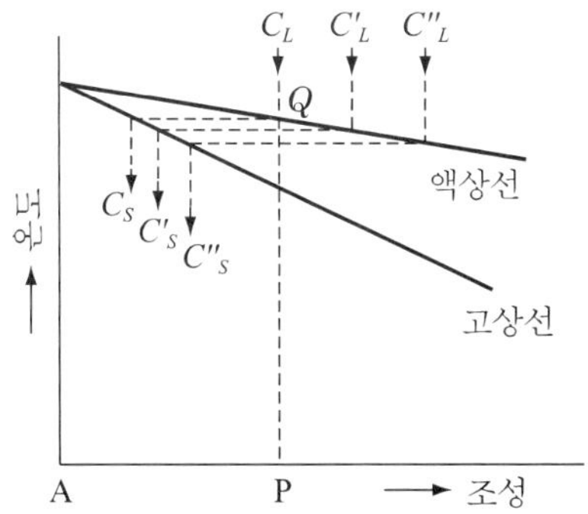

그림 11.2 • 그림 11.1에서 점선을 둘러싸는 부분을 확대한 그림으로 불순물의 편석을 설명한다.

를 C_L이라고 하면, C_L이 아니라 $C_S(< C_L)$가 되어 응고전보다도 B의 조성량이 줄어든다는 것을 알 수 있다. 한편 나머지 액체는 B의 함유량이 늘어 C'_L로 된다. 마찬가지로 C_L'가 고체화되면 C_L''가 된다. C_L''는 다시 C_L'''가 된다. 즉 **불순물 B는 점차 마지막에 고체화되는 부분으로 몰리게** 되는 것이다. 여기서 C_S와 C_L의 비율을 A에 대한 B의 **편석계수**라 정의한다.

$$C_s / C_L = k \tag{11.1}$$

물질에 따라 $k > 1$일 경우도 있다 (그림 11.3). $k < 1$일 경우, 불순물은 마지막에 고화되는 쪽으로 몰리게 되지만, $k > 1$일 경우는 처음에 고체화되는 쪽으로 몰리게 된다. $K \simeq 1$일 경우에는 불순물의 편석은 거의 일어나지 않는다. 그림 11.4(a)와 같은 막대 형태의 물질 중에 불순물이 균일하게 포함되어 있다고 가정하자. 이를 용융하여 한쪽 끝부터

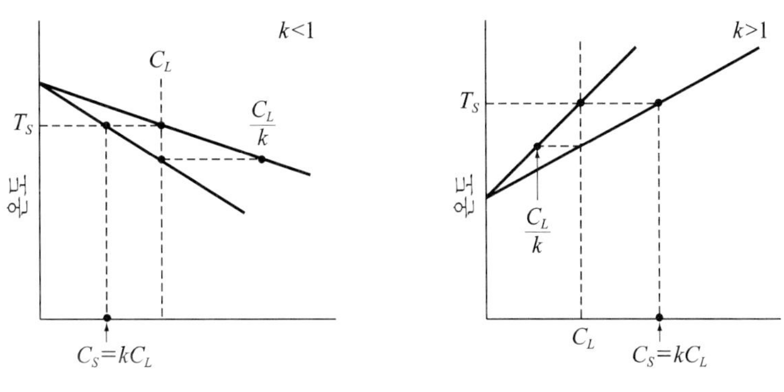

(a) $k < 1$의 경우 (b) $k > 1$의 경우

그림 11.3 • 편석계수의 정리

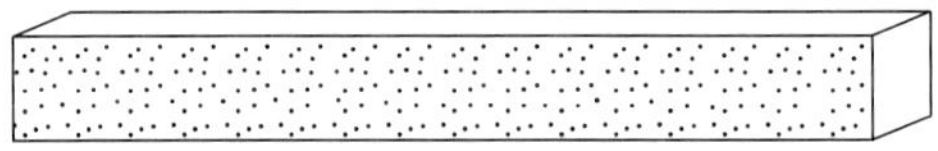

(a)

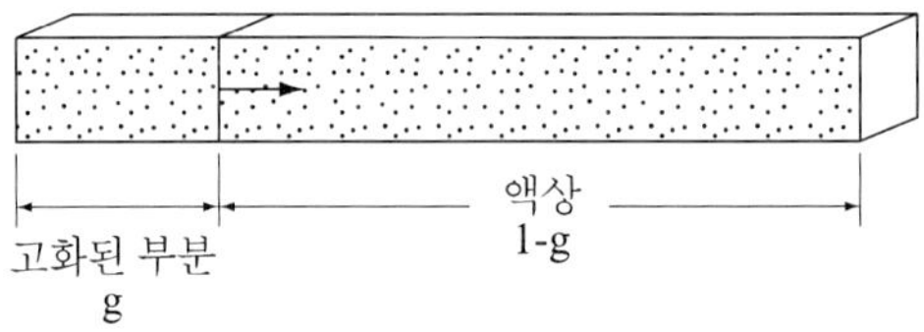

(b)

그림 11.4 ◦ 막대상태물질 (a)를 용융하여, 가장자리부터 서서히 고체화 시킨다 (b).

서서히 고체화시켜 보자. 막대의 체적을 1 m^3이라고 하고, 그림 11.4(b)에 나타내듯이,

g : 고체화된 액체 전체 체적에 대한 비율 ($g < 1$)

s : 액체 중에 남아 있는 불순물량

s_o : 불순물의 전체량

C : 액체와 고체 경계에서의 불순물 농도

C_L : 액체중의 불순물 농도 (액체중에서 균일)

k : 불순물의 편석계수

라 하면, 식 (11.1)에 의해

$$C = kC_L = k\frac{s}{1-g} \tag{11.2}$$

이다. 한편

$$C \cdot dg = -ds \tag{11.3}$$

이므로

$$C = -\frac{ds}{dg} \tag{11.4}$$

식 (11.2)과 식 (11.4)에 의해

$$-\frac{ds}{dg} = k\frac{s}{1-g} \tag{11.5}$$

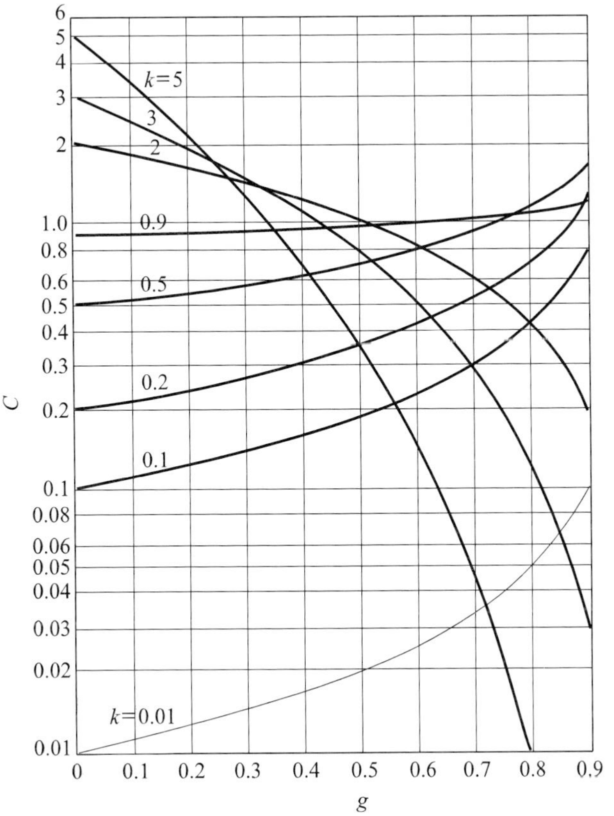

그림 11.5 ◦ $C = kC_0(1-g)^{k-1}$의 곡선 ($C_0 = 1$) 그림에서 숫자는 k 값을 나타낸다.

$$\therefore \ \frac{ds}{s} = -\frac{k}{1-g}dg \tag{11.6}$$

적분하여

$$\int_{s_o}^{s} \frac{ds}{s} = \int_0^g -\frac{k}{1-g}dg \tag{11.7}$$

$$\therefore \ s = s_o(1-g)^k \tag{11.8}$$

막대의 전체 곱 (1 m^3)으로 나누면, 첫 번째 불순물 농도를 C_0라 하면,

$$s = C_0(1-g)^k \tag{11.9}$$

식 (11.9)가 된다. 식 (11.9)를 g로 미분하면 식 (11.4)에 의해

$$C = kC_0(1-g)^{k-1} \tag{11.10}$$

을 얻을 수 있다. 그림 11.5는 $C_0 = 1$로 하여, C를 g의 함수, 즉 막대 위치함수로서 나타낸 것이며 k는 파라미터이다. **k의 값이 1에서 멀어질수록 불순물의 편석효과가 크다는 것**을 알 수 있다. 표 11.1에 Si, Ge의 불순물 편석계수를 나타낸다.

표 11.1 • Si과 Ge의 불순물 편석계수

불순물 원소	편석계수 k	
	Ge 중	Si 중
붕소 (B)	~20	0.9
알루미늄 (Al)	0.10	0.004
갈륨 (Ga)	0.10	0.01
인듐 (In)	0.001	0.0004
인 (P)	0.12	0.35
아센익 (As)	0.03	0.3
안티몬 (Sb)	0.003	0.004

불순물이 몰려있는 부분 (INGOT의 꼬리부분)을 잘라 버린 후 계속적으로 반복하면 더욱 고순도화된다. 원리적으로 이와 같이 여러번 반복하여 고순도의 재료가 얻을 수 있지만, 계속 꼬리부분을 절삭하지 않고도 같은 효과를 얻을 수 있는 방법이 있는데, 그림 11.6(a)와 같이 막대 전체를 용융하지 않고 그 **일부분만을 막대상으로 용융하고 그 용융대를 천천히 이동시키는** 방법이다. 이를 **대역 용융법 (존멜트법)**이라고 한다. 길이 L인 막대 (단위 단면적)의 일부, 길이 1의 용융대역을 천천히 $x=0$에서 $x=L$ 방향으로 이동시키면, 이동 후의 불순물 분포 $C(x)$는

$$C(x) = C_0\{1-(1-k)e^{-kx/l}\} \tag{11.11}$$

로 됨을 알 수 있다. 이 식을 그래프로 나타내면 대략 그림 11.6(b)의 실선과 같다. 용융대역의 이동을 반복하면 그림의 점선과 같이 점차 순도를 올려나갈 수 있다. 예를들면 $k=0.1$인 경우, 10회 이동을 반복하면 선단 부분 불순물 농도를 처음의 약 10^{-6}배로 감소시킬 수 있다.

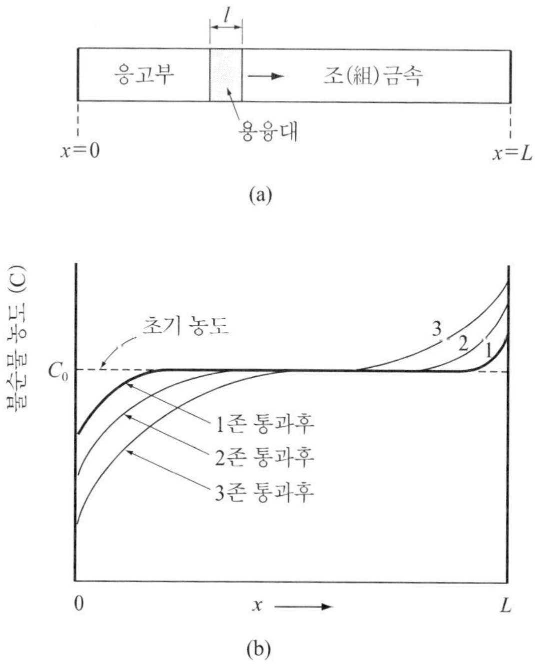

그림 11.6 • 대역 용융법

그림 11.7은 G_e에 실제로 이용되고 있는 장치의 개략도이다. 정제하고자 하는 Ge 잉곳 막대를 그라파이트 보트에 넣고 투명 석영관 안에 둔다. 불활성 가스를 흘리면서 외부에서 가열하여 잉곳의 일부를 용융하고, 도가니를 천천히 움직여 (혹은 보트를 반대 방향으로 천천히 당겨 이동)시켜, 용융대역을 이동시킨다. Si의 경우에는 Si의 융점이 높고 보트의 재료와 반응하기 쉽기 때문에, 고저항 Si을 얻기 위해서는, Ge의 경우와 같은 방법으로는 안된다. 따라서 **보트를 이용하지 않는 대역용융을 실시하는** 방법을 이용하여야 한다.

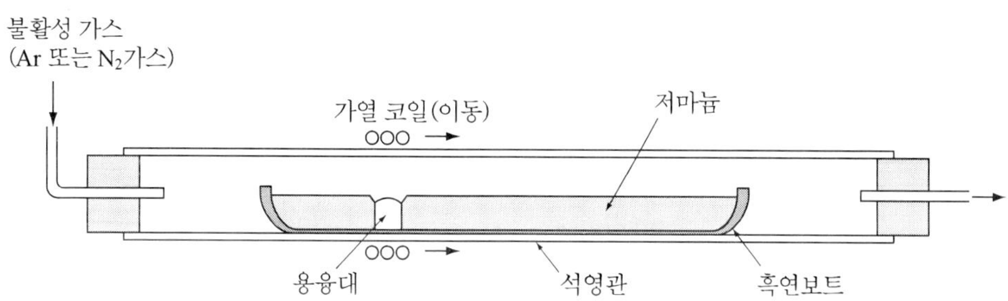

그림 11.7 • Ge의 대역용융 장치

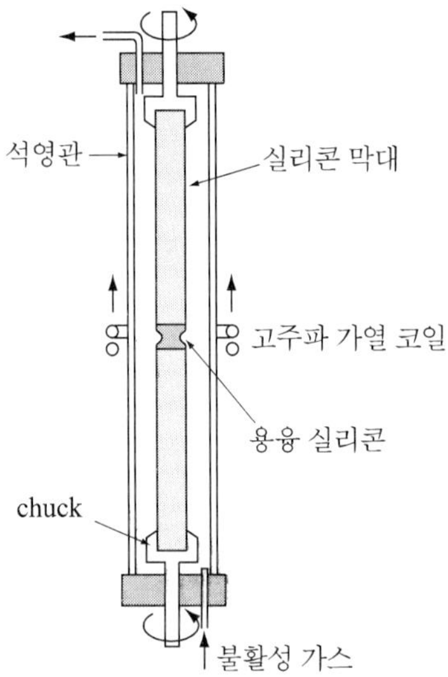

그림 11.8 ◦ Si의 부유대역 용융

그림 11.8과 같이, Si 잉곳막대를 세우고 그 일부를 고주파 가열 코일에 의해 막대모양으로 용융한다. Si은 비중이 작고 또한 액상에서는 표면장력이 크며, 고주파에 의한 로렌츠 힘이 추가되어, 용융대역의 폭을 지나치게 넓히지 않으면 그림과 같이 용융대역이 공간적으로 유지된다. 따라서 용융대역을 밑에서 위로 이동시켜 고순도 Si 막대를 얻을 수 있다. 이 방법을 **부유대역 용융법 (플로팅 존멜트 법)**이라 한다.

11.2 단결정을 만드는 법

앞 절에서와 같이 고순도 반도체가 얻어지더라도 다결정체라면 반도체 소자로 사용할 수 없는 경우가 많다. 단결정을 만드는 것은 원리적으로 종 (seed, 기상에서 성장할 경우 '**기판**')을 가지고, 종 (혹은 기판)과 같은 방향성을 가지는 단결정을 그 위에 성장시키는 것인데, 크게 나누어 액상을 통한 성장법과 기상을 통한 성장법이 있다.

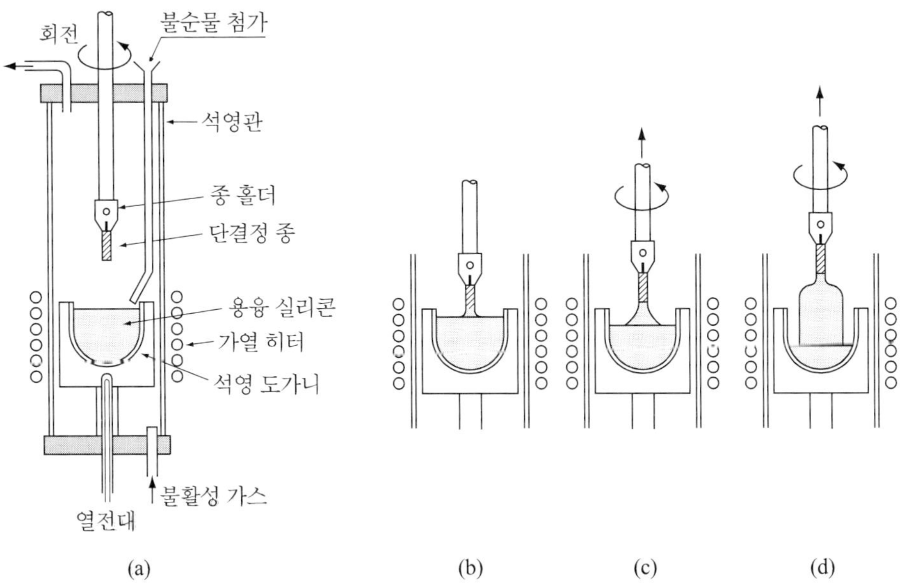

그림 11.9 ◦ 인상법에 의한 Si 단결정성장

A. 액상을 통한 성장

Si의 경우를 살펴보자. 그림 11.9(a)와 같이 석영 도가니 속에 Si 잉곳 (단결정이 아님)를 넣고 가열 용융한다. 액상 Si 속으로 종 결정 Si 단결성 소각을 내려 그 끝이 액상 Si에 잠기게 한다 (그림 11.9(b)). 계속 종을 회전시키면서 천천히 위로 끌어올린다. 이 때 도가니도 종과 반대 방향으로 회전 시킨다 (그림 11.9(c)). 액체의 온도, 종의 인상속도가 적당하면, 종의 **결정과 같은 방향으로 원자 배열을 한 단결정**이 성장하게 된다 (그림 11.9(d)). 성장시키는 결정의 굵기는 인상속도나 온도로 결정된다.

그림 11.9(d)는 처음 천천히 끌어올려 종으로부터 아래 방향으로 굵게 한 후, 어떤 시점부터 인상 속도를 빠르게 하거나 혹은 온도를 올려 굵기를 일정하게 한 것이다. 반도체의 전기적 성질은 불순물뿐만 아니라, 결정의 원자배열의 정도와 더욱 밀접한 관계가 있으므로, 가능한 완전도가 높은 단결정을 만들 필요가 있다. 그러기 위해서는 온도 제어에 특히 주의해야한다. 현재 사용되고 있는 집적회로 (IC)용 Si 단결정 기판은 대부분 인상법으로 만들어지는데, 직경 125 mm 정도의 단결정이 얻어진다. 일반적으로 인상속도는 1.0~2.0 mm/분이며, 인상 초기에 결정의 직경을 매우 얇게 함으로써 완전도가 높은 단결정이 얻어진다. 화합물 반도체의 인상은 조성이 변화하지 않도록 폐관 속에서 이루어진다.

(2) 대역 용융법

앞의 반도체 고순도화의 대역 용융법으로 단결정을 얻는 방법으로, Ge의 경우에 대해 살펴보면, 그림 11.10과 같이, 그라파이트 보트 속에 잉곳을 넣고 한쪽 끝에 단결정 종을 놓는다. 종과 잉곳을 우선 용융 연결하여 용융대역을 이동시켜 종과 같은 방향의 단결정을 얻는다. Si의 경우에는 앞에서 서술한 부유 대역법에서 잉곳막대 밑에 단결정 막대를 놓고 실시하면 고순도 고저항의 Si 단결정 막대를 얻을 수 있다.

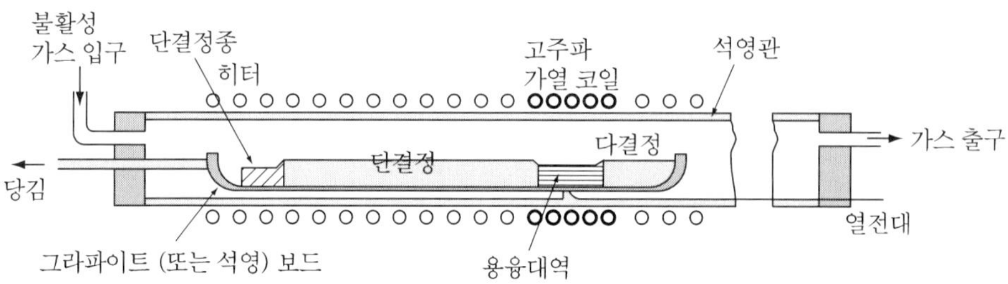

그림 11.10 • 대역 용융법에 의한 Ge 단결정의 육성

(3) 브릿지만법

이 방법은 주로 화합물 반도체의 경우에 이용된다. 그림 11.11(a)와 같이 상하 2단의 세로형 전기로 속에 위로부터 석영관 속에 진공 봉입한 원료를 매달아 넣고, 먼저 위의 전기로에서 원료를 녹여 반응시킨 후, 화합물의 융점보다 약 50℃ 정도 낮게 유지한 아래의 전기로 속으로 천천히 내린다. 그림 11.11(b)는 전기로 내의 온도 분포를 나타낸다.

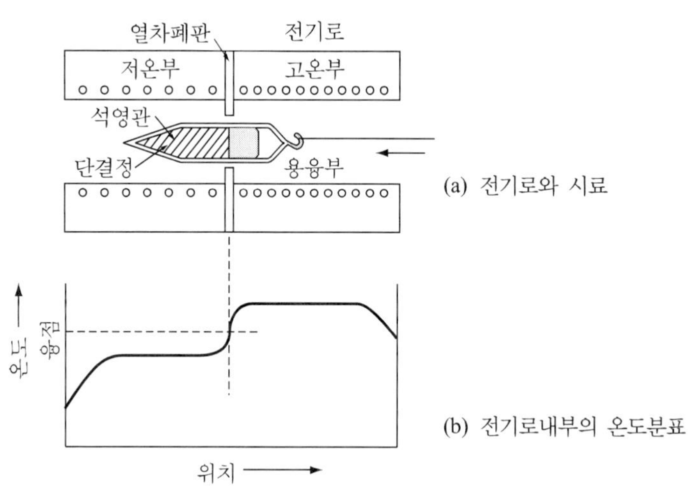

그림 11.11 • 브릿지만법

단결정의 seed는 석영관의 뾰족한 선단부분에서 자연적으로 발생하여 전체로 퍼져 나가게 된다.

(4) 용액 성장법

이 방법은 최근 활발하게 이용되는 방법으로 융점이 높은 반도체를 직접 액상으로부터 성장시키기 어려운 경우 저융점의 금속을 용매로 하여 단결정 반도체를 석출시키는 방법이다. 주로 화합물 반도체의 단결정 성장에 이용되는 경우가 많으며, 예를들면 GaP의 단결정을 Ga나 P을 용매로 성장시키는 방법이 이용되고 있다. 또한 이 방법을 이용하면 기판 단결정 위에 기판과 같은 결정축 방향을 가진 단결정 박막을 성장시킬 수 있다. 이를 에피택시, 혹은 에피택셜 성장 (epitaxial 성장) 이라 한다. 그림 11.12와 같이, 기판에 반도체를 녹인 용매액을 접촉시켜 다중접합을 가진 반도체 소자 (예를들면 레이저)를 만드는 방법에 이용되고 있다.

B. 기상 성장

기상 성장법은 현재 반도체 집적회로 기술상에서 매우 중요한 역할을 차지하고 있으며, 앞서 설명한 액상을 통한 성장법과 비교하면, 큰 단결정은 얻을 수 없지만 경우에 따라 완전도가 높은 단결정을 얻을 수 있다. 현재 Si 집적회로의 기술은 앞에서 설명한 인상법에 의해 만들어진 Si 단결정을 기판으로 그 위에 기상법으로 p 또는 n형의 Si 단결정을 성장시키는 기술 (기상 에피택시법)이 그 기본 기술 중 하나이다.

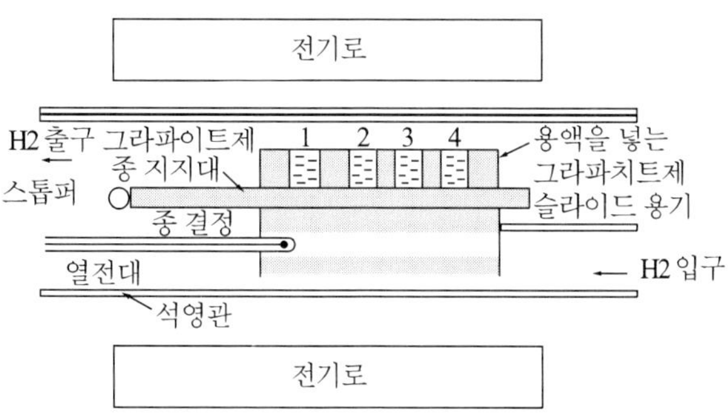

그림 11.12 • 액상 에피택셜 성장법

I. Hayashi, M. B. Panish, P. W. Foy and S. Sumski; Appl. Phys. Lett., 17 109 (1970)

(1) 승화법

화합물 반도체 단결정 제작에 자주 이용되는 방법이다. 그림 11.13과 같이, 고온부와 저온도로 나뉜 전기로의 고온부에 원료 분말을 두고 승화시켜 저온부에서 단결정으로서 석출시킨다. 가스를 흘리면서 승화시키는 방법도 있다. 예를들면, 그림 11.14와 같이 Cd 분말을 고온부에 두고 H_2S 가스를 흘리면서 Cd를 승화시키면 CdS 화합물 반도체의 단결정이 저온부에서 석출된다.

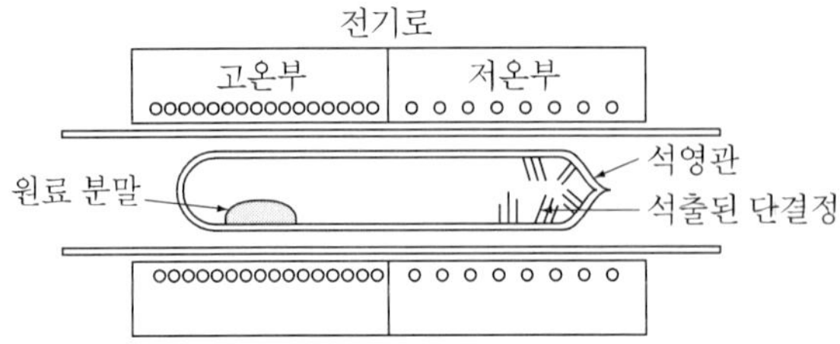

그림 11.13 ◉ 승화법

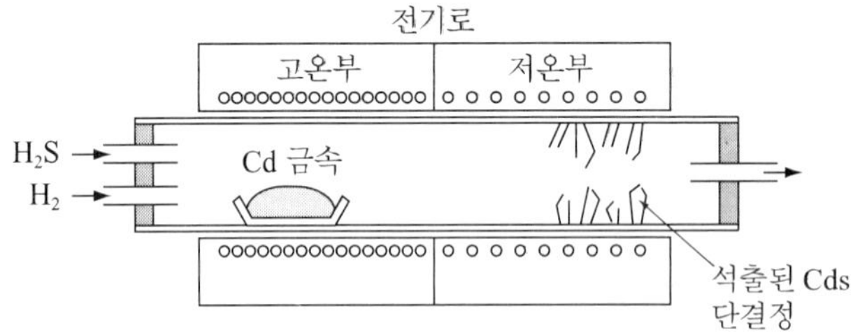

그림 11.14 ◉ 승화법에 의한 CdS 단결정성장

(2) 진공 증착법

10^{-6} mmHg 이상의 진공 중에서 원료를 기판 위에 증착하여 박막상의 단결정을 만든다. 증발원의 온도, 진공도 외에 기판의 온도 등이 성장 조건의 중요한 인자이다. 예를들면 Ge의 경우, 기판 Ge 단결정의 온도가 450 ℃~900 ℃에서 그 위에 증착한 Ge은 기판과 같은 결정 방위를 가진 단결정이 된다. 즉 에피택셜 **성장**이 이루어진다.

(3) 열 분해법

Ge이나 Si의 기상 에피택시 성장에 주로 이용되는 방법이다. 예를들면, Ge의 수소 화합물 GeH_4를 열분해하면, 반응식은 다음과 같다.

$$GeH_4 \xrightarrow[850℃]{} Ge + 2H_2 \tag{11.12}$$

혹은 수소화물 대신 할로겐화물을 이용하면

$$2GeX_2 \underset{고온}{\overset{저온}{\rightleftarrows}} Ge + GeX_4 \tag{11.13}$$

이다. 여기서 X는 할로겐을 나타내며, 예를들면 염소 (Cl), 요오드 (I), 브롬 (Br) 등이다. 이 식에서 '저온 고온'은 **저온에서는 반응이 우측으로 고온에서는 좌측으로 진행**한다는 것을 의미한다. 따라서 그림 11.15와 같이, 석영관 속에 Ge과 Ge 기판 단결정을 할로겐과 함께 봉입해 고온부와 저온부를 가진 2단형 전기로에 넣으면, 먼저 고온부에서 Ge과 I_2가 반응하여 GeI_2가 생성되지만, GeI_2가 저온부로 확산되어 식 (11.13)의 왼쪽에서 오른쪽으로 진전하는 반응이 일어나 GeI4와 Ge가 생성된다. 생성된 Ge는 기판상에 단결정으로 에피택시 성장이 일어나게 된다. 또 GeI_4는 고온부로 확산되어, 식 (11.13)의 우측에서 좌측으로 반응에 의해 GeI_2가 되며, 계속 같은 반응을 반복한다. 결국 Ge 기판상에 Ge 단결정이 에피텍셜 성장된다.

Si의 경우는 식 (11.12)에 대응해

$$SiH_4 \rightarrow Si + 2H_2 \tag{11.14}$$

또는 할로겐화물을 이용할 경우 식 (11.13)에 대응해

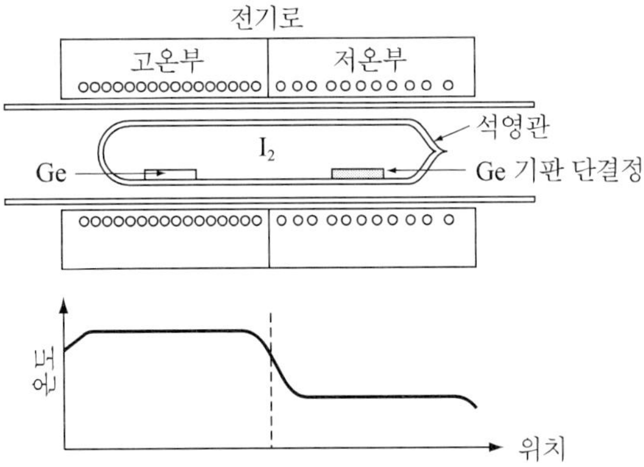

그림 11.15 ■ 열분해법

$$2SiX_2 \underset{고온}{\overset{저온}{\rightleftharpoons}} Si + SiX_4 \tag{11.15}$$

가 된다.

(4) 수소환원법

열분해 대신 수소 중에서 할로겐화물을 환원하는 방법이다. Ge, Si을 예로 들면,

$$GeX_4 + 2H_2 \rightarrow Ge + 4HX \tag{11.16}$$

$$SiX_4 + 2H_2 \rightarrow Si + 4HX \tag{11.17}$$

$$SiHX_3 + H_2 \rightarrow Si + 3HX \tag{11.18}$$

등의 반응으로 기판 단결정 위에 에피택셜 성장이 이루어진다.

이상과 같이 기상 에피택시법은 Si이나 Ge과 같은 원소 반도체뿐 아니라, 최근에는 화합물 반도체의 성장에도 널리 이용되게 되었다. 또한 이 방법은 예를들면 n형 반도체 기판에 p형 반도체를 에피택시 성장시켜 p-n접합이 형성되므로 **집적회로의 기판기술 중 매우 중요한 기술**이다.

이 밖에 기상 성장법의 하나로 간주되는 분자선 에피택시법 (MBE법)이 있다. 이것은 10^{-9} mmHg 이상의 고진공 중에서 원료 분자선을 기판에 분사하여 단결정을 성장시키는 방법인데 새로운 성장 방법으로 주목되고 있다.

11.3 p-n 접합 제작 및 불순물 주입

반도체 소자의 대부분은 p-n접합이 이용되고 있다. 여기에서 p-n접합을 만드는 법에 대해 알아보자. 특성이 훌륭한 p-n접합을 만들려면,

(1) 좋은 단결정을 만들 것.

(2) 적당한 불순물을 적당한 양 첨가하여 전류를 담당하는 전도전자 혹은 양공의 수를 제어할 것.

(3) 상기 (1), (2)의 기술을 조합하여 하나의 단결정 중에서 p형에서 n형으로 변하는 영역, 즉 p-n접합을 형성할 것.

이상의 기술이 기본이다. 즉 좋은 p-n접합을 만든다는 것은 p형 반도체와 n형 반도체를 개별적으로 만들어 하나로 붙이는 것이 아니라, 우선 n형 반도체 단결정을 만들어,

(a) 표면에 p형 불순물을 주입하고 n형 반도체의 일부를 p형으로 변환한다.

(b) 표면에 기상 Epitaxy 법에 의해 p형 단결정을 형성한다.

이들 (a), (b) 중 어느 한 방법에 의해 p-n접합을 만드는 것이다. 집적회로 (IC) 기술에는 (a)와 (b) 양쪽 방법이 모두 이용된다.

단결정 제작기술은 이미 설명했듯이, 적당한 전기 저항률을 가진 n형 혹은 p형 반도체 단결정을 만들려면 결정성장시 불순물을 첨가해야 한다. 액상에서 성장시킬 경우에는 불순물 원소를 적당한 양을 함께 넣어 용해하여 결정성장을 하면 좋지만, 이 때 주의해야 할 점은 앞서 설명한 불순물의 편석현상이다. 예를들면 인상법으로 단결정을 만드는 경우, 불순물을 첨가하는 방법은 성장조건에 따라 다르지만, 사전에 어떤 불순물이 어떤 성장조건에서 어떻게 분포되게 될지 사전에 면밀히 조사할 필요가 있다. 대역 용융법을 반대로 이용해 불순물을 함께 분포시킬 수도 있다. 즉 용융대역을 한 방향만으로 이동시키지 않고, 몇 번이고 왕복 이동시키거나 혹은 종 결정에 미리 다량의 불순물을 첨가한 단결정을 이용하여 온도대역 (thermal zone) 이동을 통하여 불순물이 균일하게 분포된 단결정 막대를 얻을 수 있다. 이것을 존 **레벨링법**이라 한다.

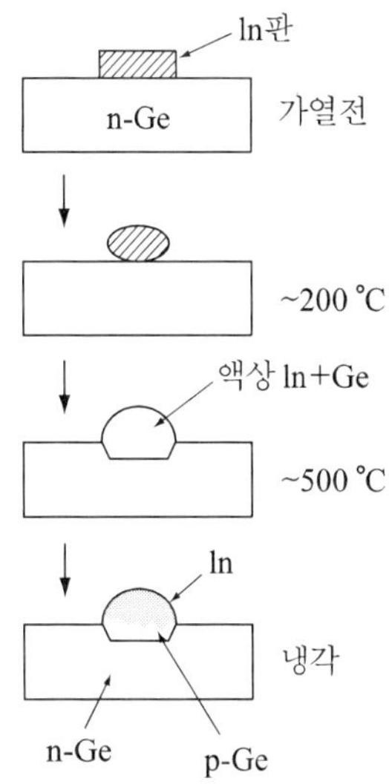

그림 11.16 ◦ 합금법에 의한 p–n접합의 제작 (게르마늄의 경우)

한편 p-n 접합을 만드는 방법에 있어 단결정 위에 불순물 금속판을 얹고 온도를 올려 단결정과 불순물 금속의 합금층을 만들어 p-n접합을 형성시키는 방법이 있는데 이를 **합금법**이라 한다. 예를들면 n형 Ge 단결정 위에 In을 얹고 합금화하는 방법이다 (그림 11.16). 가장 널리 이용되는 **확산법**에 대해 조사하여 보자. 우선 **확산현상**에 대해 설명하기로 한다 (확산법을 대신해 최근 이온 주입기술에 의한 불순물 주입법이 주목되고 있지만 여기서는 생략한다).

(1) 확산 현상

확산현상은 가장 기본적인 자연현상 중 하나이다. 예를들면 물속에 파란 잉크를 한 방울 떨어뜨리면 파란 점은 확산되어 이윽고 수면 전체가 푸르게 바뀐다. 이것은 엔트로피가 항상 증가한다는 자연법칙의 현상이라고도 할 수 있다. 입자의 농도 기울기가 큰 쪽에서 농도가 낮은 쪽으로 입자 흐름이 발생한다. 그 단위 시간당 유량은 농도 기울기에 비례하게 된다.

이것을 식으로 나타내면,

$$Q = -D\frac{\partial C}{\partial x} \tag{11.19}$$

가 된다.

여기서, $Q[\mathrm{m}^{-2}\cdot\mathrm{s}^{-1}]$: 단위시간에 단위 단면적을 통과하는 입자의 수
$C[\mathrm{m}^{-3}]$: 단위 체적당 입자의 수 (농도)
$\partial C/\partial x\,[\mathrm{m}^{-4}]$: 농도 기울기
$D[\mathrm{m}^{2}\cdot\mathrm{s}^{-1}]$: 확산계수

이다. 마이너스 부호는 입자 흐름이 농도 기울기 방향과 반대가 되는 것을 의미한다.

이제 입자의 흐름을 x방향으로 하여 흐름에 수직한 단위 단면적의 면을 위치 x와 $x+dx$라 놓으면 (그림 11.17), 이들 면적을 측면으로 하는 미소체적 중 입자 수는 $C(x)dx$라 쓸 수 있으므로, 그 시간 변화는

$$\frac{\partial C(x)}{\partial t}dx$$

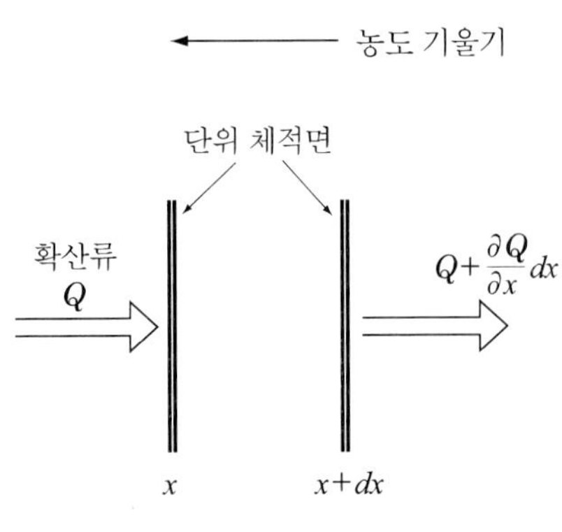

그림 11.17 • 확산 현상

이다. 이 양은 그림의 좌측면을 통해 들어가는 입자의 수 (단위 시간) Q와 우측면을 통해 나가는 수, $Q+\frac{\partial Q}{\partial x}dx$ 와의 차이와 같다. 즉,

$$\frac{\partial C}{\partial t}dx = Q-\left(Q+\frac{\partial Q}{\partial x}dx\right) \tag{11.20}$$

$$=-\frac{\partial Q}{\partial x}dx \tag{11.21}$$

식 (11.21)에 식 (11.19)를 대입하면

$$\frac{\partial C}{\partial t}= D\frac{\partial^2 C}{\partial x^2} \tag{11.22}$$

를 얻을 수 있다.

이것이 확산방정식이다. 다음 두가지 경우에 대해 생각해 보자.

Case (A) 표면 $(x=0)$에서 입자농도는 항상 일정치 C_0로 유지될 때 (외부로부터 항상 보급된다).

이 때 식 (11.22)의 해는

$$C(x)= C_0 erfc\left(\frac{x}{2\sqrt{Dt}}\right) \tag{11.23}$$

이 된다. 여기서 $erfc$는 오차 함수

$$erfc u = \frac{2}{\sqrt{\pi}}\int_u^\infty e^{-u^2}du \tag{11.24}$$

이다.

Case (B) 표면에서의 농도가 초기치 C_0로 한정될 때 (외부로부터의 유입은 없다),

이때 해는

$$C(x)= \frac{C_0}{\sqrt{\pi Dt}}\exp(-x^2/4Dt) \tag{11.25}$$

로 주어진다.

일반적으로 확산상수 D는 온도의 함수이며,

$$D = D_0 \exp\left(-\frac{E}{kT}\right) \tag{11.26}$$

의 형태로 주어진다. E는 확산의 활성화 에너지이다.

(2) 확산법에 의한 p–n접합 제작

앞서 설명한 확산현상을 이용해 p-n접합을 작성하려면 미리 도너를 첨가한 n형 단결정을 준비하여 그 표면에 p형 불순물, 즉 억셉터를 확산시킨다. n형 단결정의 표면부분은 p형으로 바뀌지만, 내부로 들어갈수록 억셉터 농도는 감소하므로, n형 속에서 도너농도가 커지는 곳에 p-n접합이 나타나게 된다 (그림 11.18). 식 (11.26)에서 나타낸 바와 같이, 확산계수는 온도함수이며, 일반적으로 고체중의 실온에서는 확산이 거의 일어나지 않기 때문에 실제로 불순물을 확산시키는 것은 반도체의 융점 이하, 가능한 높은 온도에서 실시한다.

앞서 설명한 Case (A), Case (B)의 경우에 대한 두 가지 불순물 주입 방식이 있다. 하나는 미리 불순물을 반도체 표면에 도포 혹은 증착시켜 온도를 올려 내부로 확산시키는 방법인데 앞서 설명한 Case (B)에 해당한다. 다른 한 방법은 가장 일반적으로 이용되는 방법으로 불순물을 기상에서 반도체 표면에 조사하면서 온도를 올리는 방법이다. 이것은 Case (A)에 해당하며, 식 (11.23)이 적용된다. Si의 경우를 예로 들면, 그림 11.19와 같이, n형 또는 p형 단결정의 기판을 석영관 속에 세워 두고 외부로부터 BBr_3 또는 P_2O_5 등의 증기를 질소와 같은 가스에 실어 혼입한다. Si의 온도는 전기로에 의해 1,000 C

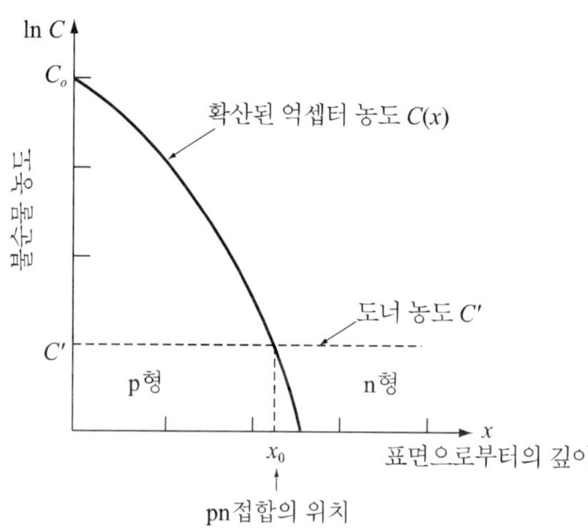

그림 11.18 • 확산 깊이와 p–n접합의 위치

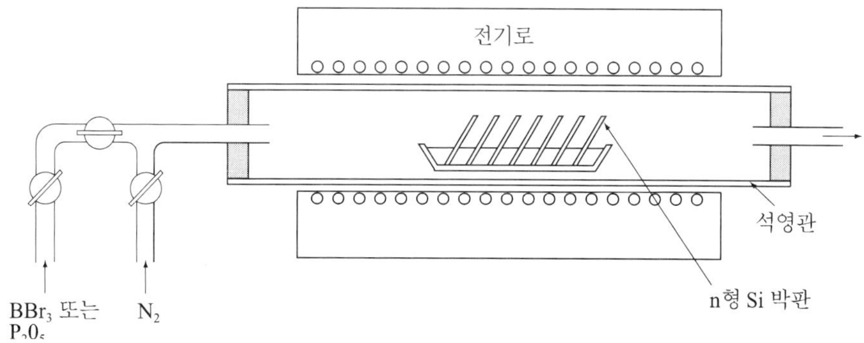

그림 11.19 ■ 기상에서의 불순물 확산 장치 (Si용)

이상의 고온으로 유지해 둔다.

도너 농도가 C'인 n형 Si에 억셉터 불순물을 확산시킬 때 p-n접합 깊이를 x_0로 하면, 확산된 억셉터 농도 $C(x)$는

$$C(x_0) = C' \tag{11.27}$$

이 되므로, 식 (11.23)을 이용하여

$$x_0 = 2\sqrt{Dt}\left[\ln\frac{C_0}{C'} - \ln\sqrt{\pi}\left(\frac{x_0}{2\sqrt{Dt}}\right)^{1/2}\right] \tag{11.28}$$

$$\simeq 2\sqrt{Dt}\left(\ln\frac{C_0}{C'}\right) \tag{11.29}$$

를 얻을 수 있다. $C' \sim 10^{14}\ \text{cm}^{-3}$, $C_0 \sim 10^{20}\ \text{cm}^{-3}$ 이라 가정하면,

$$x_0 \sim 8\sqrt{Dt}\ [\text{cm}] \tag{11.30}$$

이 된다. 표 11.2는 Si 속의 불순물 확산계수, 온도, 확산시간, 확산깊이의 관계이다.

표 11.2 ■ Si 중의 불순물 확산, 불순물로 B와 P의 경우를 나타낸다. t은 확산시간 (McGraw-Hill Book Company, Inc.)에서 인용

D (cm²/s)	온도 (°C)		확산 깊이 (Å)			
	B	P	$t=10$ s	$t=10^2$ s	$t=10^3$ s	$t=10^4$ s
10^{-12}	14140	1115	2500	8000	25000	80000
10^{-14}	875	845	250	800	2500	8000
10^{-16}	695	660	25	80	250	800

11.4 집적회로 (IC)-IC화의 개념

현대 반도체 소자를 포함하는 대부분의 전기회로는 집적회로화 되어 있어 개별 소자를 조합하여 회로를 만든다는 종래의 방법은 점점 소멸되어 가고 있다. 여기에서 집적회로란 어떤 것인지 그 개념에 대해 간단히 설명하기로 한다.

집적회로 (Integrated Circuit의 약어로 IC)는 오늘날 반도체 기술의 가장 진보된 혹은 진보되고 있는 영역이다. 회로부품의 소형화 역사를 살펴보면, 진공관이 트랜지스터로 개체화됨에 따라 소형화가 시작되면서 부품이 개별적으로 소형화되어 왔다. 그리고 마이크로 모듈화라고 불리던 시기가 있어 소형화된 부품의 집합을 하나의 컴팩트한 모듈로 장착하기 시작했다. 그러나 여전히 개별 부품들은 떨어져 있었으며 그 사이는 전기배선으로 연결하였었다. IC는 이와 같은 부품의 집합에서 그들 사이를 연결하거나 또는 하나의 개체 속에 넣은 것이다. 따라서 부품과 부품사이 배선은 더 이상 필요 없어졌다. 과거 우리들은 라디오가 고장나면 라디오를 두드려 고치던 때가 있었다. 이는 배선의 납땜이 떨어져 있던 것이 진동에 의해 다시 연결되거나 하는 것에 따른 것이다. IC에서는 배선이 떨어진다는 것은 더 이상 존재하지 않는다. 그런 의미에서 IC는 소형화가 되었다는 특징 뿐 아니라 신뢰성도 향상되었다고 할 수 있다. 아울러 뒤에 설명하는 포토에칭 기술의 진보로 생산성도 크게 향상되게 되었다.

일반적으로 IC화의 목적은

(1) 소형화
(2) 신뢰성 향상
(3) 제조 가격 인하

세 가지이다. 이들의 목적을 훌륭하게 구사하는 IC **기판기술**은 크게 나누어,

(1) 플래너 기술
(2) 에피택셜 기술
(3) 포토에칭 기술

이라 할 수 있다. (1)의 플래너 기술이라는 것은 **표면 산화기술**로, 이것은 반도체의 표면 보호로서의 역할도 있지만, 그 밖에 집적회로의 회로간 분리나, (3)의 포토에칭 기술과 병행하여 **선택확산** (선택적으로 어떤 부분에만 불순물을 확산시킨다) 기술에도 이용된다. (2)의 에피택셜 기술에 대해서는 이미 기상성장에서 설명했듯이, p-n접합 제작의 기

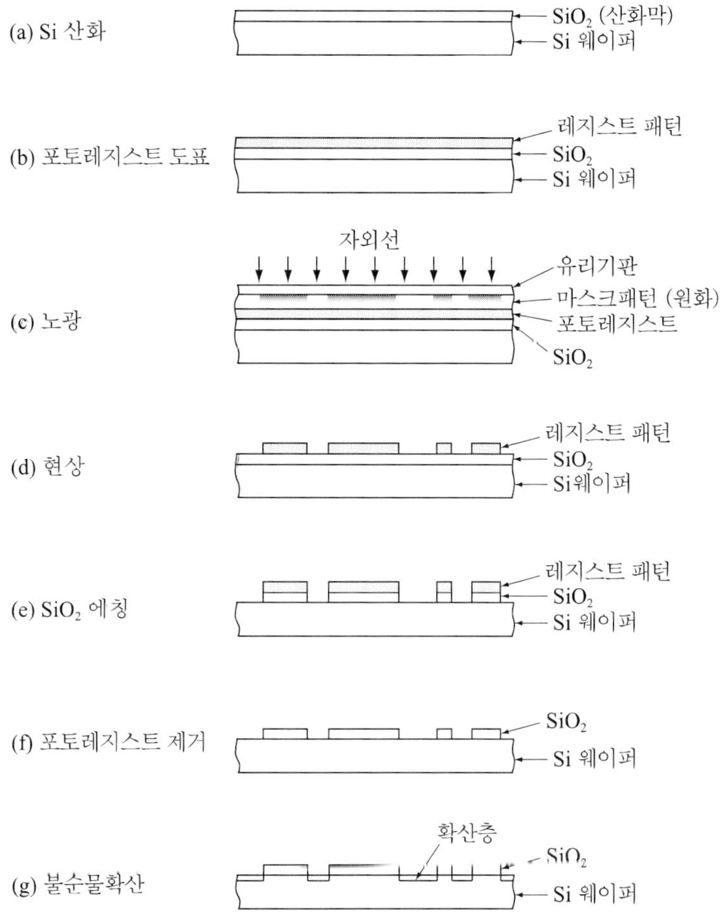

그림 11.20 ◦ 포토에칭 프로세스

본기술이다. (3)의 포토에칭 기술은 IC를 저가로 대량생산의 근거를 제공하는 기초기술로, 사진기술과 에칭기술의 조합이다. 예를 들면 그림 11.20과 같이, Si 기판 위에 산화막을 증착하고, 그 위에 **포토레지스트**라고 하는 특수 감광재를 도포한다. 흑백의 원리를 통해 위에서 자외선을 쬐면 포토레지스트는 광이 닿은 곳, 즉 마스크의 흰 부분에 대한 곳만 현상액에 대해 약해져, 현상 처리하면 그 부분만 제거된다 (반대로 광이 닿지 않은 곳이 제거되는 포토레지스트도 있다). 따라서 계속 산화막을 제거하는 에칭을 하면 포토레지스트가 제거된 부분만이 에칭되어 원화의 검은 부분은 산화막이 남게 된다. 따라서 불순물을 선택적으로 확산시킬 수 있다. 마스크는 미리 큰 것을 만들어 사진기술에 의해 축소하면 된다. 이 **패턴 제작기술**은 집적회로의 집적도가 높아짐에 따라 비약적으로 발달해, 현재는 자외선을 대신하여 전자빔을 사용해 서브 마이크론 정도의 폭을 가지는 매우 정밀한 패턴도 만들 수 있게 되었다.

IC화의 개념과 기술은 매우 급속히 변화하고 있어, 여기에 설명한 내용은 이미 진부해졌을지도 모른다. 그러나 기본적인 개념은 전반적으로 이해되지 않았을까 생각한다.

연습문제

11.1 그림 11.3(a)에서 온도 T_s로 응고되기 시작하는 물체의 성분은 무엇으로 되어 있을까?

연습문제 해답

Chapter 1

1.1 여기에서는 1차원만 생각하면 되므로, 길이 L인 상자에 갇힌 전자가 취할 수 있는 파장 λ는

$$\frac{2\pi}{\lambda}=\frac{\pi}{L}\cdot n \quad \therefore \lambda=\frac{2L}{n} \quad (n=1,\ 2,\ 3,\ \cdots\cdots)$$

한편, 드브로이의 관계식에서 $\lambda=\dfrac{h}{p}=\dfrac{h}{mv}$

$$v=\frac{h}{m\lambda}=\frac{h}{m}\cdot\frac{n}{2L}$$

전자가 가질 수 있는 최저 양자화 된 속도는 $n=1$일 때로

$$v=\frac{6.62\times10^{-34}}{9.11\times10^{-31}}\cdot\frac{1}{2\times10^{-2}}=3.64\times10^{-2}\ \mathrm{m/s}$$

1.2 $E=\dfrac{\hbar^2}{2m}\left(\dfrac{\pi}{L}\right)^2 n^2$

하나의 준위 당 2개의 전자가 들어갈 수 있으므로 $n=\dfrac{5}{2}\times10^7$

$$\begin{aligned}\therefore E&=\frac{(1.05\times10^{-34})^2}{2\times9.11\times10^{-31}}\left(\frac{3.14}{10^{-2}}\right)^2\times(2.5\times10^7)^2\\&=3.73\times10^{-19}\ J\\&=2.33\ eV\end{aligned}$$

1.3 식 (1.24)는 식 (1.16)과 동일하므로 식 (1.16)에서 출발한다. 단, $V(x,t)\to V(x)$라 한다. 이 식에서 $\Psi(x,t)=\psi(x)\phi(t)$이라 하면

$$-\frac{h}{2\pi i}\psi(x)\frac{a\phi(t)}{\partial t}=-\frac{h^2}{8\pi^2 m}\phi(t)\frac{\partial^2\psi(x)}{\partial x^2}+V(x)\psi(x)\phi(t) \qquad (1)$$

양변을 $\psi(x)\phi(t)$으로 나누면

$$-\frac{1}{2\pi i}\frac{1}{\phi(t)}\frac{\partial\phi(t)}{\partial t}=-\frac{h^2}{8\pi^2 m}\frac{1}{\psi(x)}\frac{\partial^2\psi(x)}{\partial x^2}+V(x) \tag{2}$$

이 된다. 여기서 좌변은 t만의 함수, 우변은 x만의 함수이기 때문에, 위의 식은 상수와 동일해야 한다. 이를 C라고 하면

$$-\frac{1}{2\pi i}\frac{1}{\phi(t)}\frac{\partial\phi(t)}{\partial t}=\frac{h^2}{8\pi^2 m}\frac{1}{\psi(x)}\frac{\partial^2\psi(x)}{\partial x^2}+V(x)=C \tag{3}$$

가 된다.

위의 식에서

$$-\frac{h}{2\pi i}\frac{1}{\phi(t)}\frac{\partial\phi(t)}{\partial t}=C \tag{4}$$

양변을 0에서 t까지 적분하면

$$\int_0^t\frac{d\phi}{\phi(t)}=-\frac{2\pi i}{h}C\int_0^t dt \tag{5}$$

$$\therefore\ \ln\phi(t)-\ln\phi(0)=-\frac{2\pi i}{h}Ct \tag{6}$$

$$\phi(t)=\phi(0)\exp\left(-\frac{2\pi iC}{h}\right)t \tag{7}$$

즉, $\phi(t)$는 $\omega=2\pi C/h$의 진행파를 나타낸다 (본문 식 (3.3) 참조)

$$\therefore\ h\frac{\omega}{2\pi}=C\rightarrow hv=C=E \tag{8}$$

이 되며 상수는 정상적인 에너지 E와 동일하다.

따라서 식 (3)에서

$$-\frac{h^2}{8\pi^2 m}\frac{\partial^2\psi(x)}{\partial x^2}+V(x)\psi(x)=E\psi(x) \tag{9}$$

을 얻을 수 있다.

1.4 본문 식 (1.32)에서 $\psi(x)=e^{\lambda x}$이라 하면

$$\lambda^2+k^2=0$$
$$\therefore\ \lambda=\pm ik$$

$$\psi(x) = e^{\pm ikx}$$

이 된다. 일반해는 식 (3.34)로 주어진다.

1.5 경계조건은 $x = 0$에서 $\psi(x) = 0$, $x = L$에서 $\psi(x) = 0$이다. 우선 $x = 0$에서 $\psi(x) = 0$보다

$$A + B = 0 \tag{1}$$

$$\begin{aligned} \therefore\ \psi(x) &= A\{\exp(ikx) - \exp(-ikx)\} \\ &= 2iA\sin kx \\ &\equiv C\sin kx \end{aligned} \tag{2}$$

가 된다. 다음 $x = L$에서 $\psi(x) = 0$라 하면

$$\sin kL = 0$$

에서

$$k = \frac{n\pi}{L} \qquad n = 1, 2, 3, \cdots\cdots$$

이 된다. $n = 0$을 제외한 것은 $\psi(x) = 0$가 되어버려 의미가 없기 때문이다. $k = \dfrac{2\pi}{\lambda}$이기 때문에 $n = 1$은

$$\frac{2\pi}{\lambda} = \frac{\pi}{L}$$

에서

$$\lambda = 2L$$

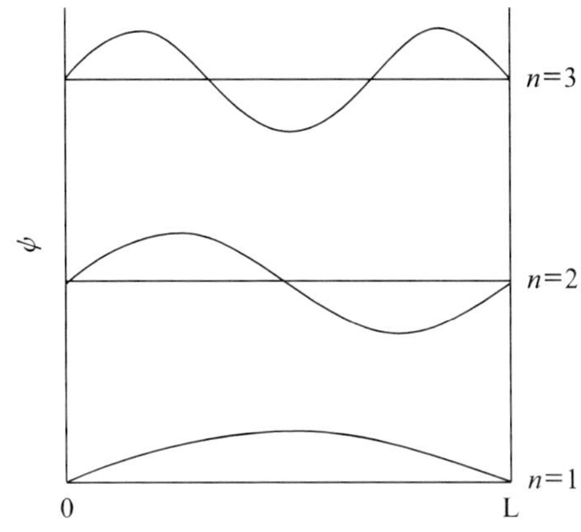

풀이-그림 1

이 된다. 마찬가지로 $n=2$는 $\lambda=L$, $n=3$은 $\frac{2}{3}L$이 된다. 이를 풀이-그림 1에 나타냈다.

1.6 제 1항에 대해 조사하자. 시간 항도 포함하면 본문 식 (1.3)에 의해

$$\begin{aligned}\Psi(x,t) &= \psi(x)\exp(-i\omega t)\\ &= A\exp(ikx)\cdot\exp(-i\omega t)\\ &= A\exp\{i(kx-\omega t)\} \qquad (1)\end{aligned}$$

가 된다. 파가 $+x$ 방향으로 나아간다고 하는 것은 풀이-그림 2와 같이, 시각 t_1에서 x_1 진폭이 ψ_1이었다고 하면, 시각 $t_2=t_1+\Delta t$ 에서의 $x_2=x_1+v\Delta t$ (v는 파가 나아가는 속도)에서의 진폭 ψ_2는 ψ_1과 동일하다는 것을 의미한다. 식 (1)에서 $\omega=2\pi\upsilon=2\pi\frac{v}{\lambda}$로서

$$\Psi_1 = A\exp\left\{i\frac{2\pi}{\lambda}(x_1-vt_1)\right\}$$

이 되는데,

$$\begin{aligned}\Psi_2 &= A\exp\left\{i\frac{2\pi}{\lambda}(x_2-vt_2)\right\}\\ &= A\exp\left[i\frac{2\pi}{\lambda}\{x_1+v\Delta t-v(t_1+\Delta t)\}\right]\\ &= A\exp\left\{i\frac{2\pi}{\lambda}(x_1-vt_1)\right\}=\Psi_1\end{aligned}$$

으로 풀이가 증명되었다.

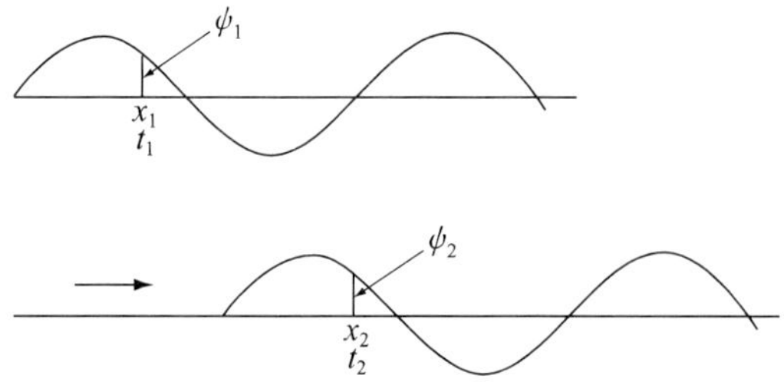

풀이-그림 2

1.7 1차원으로 생각하면 $p=\frac{h}{2\pi}k=\frac{h}{2\pi}\frac{2\pi}{\lambda}=\frac{h}{\lambda}$이며, 이는 드브로이 관계식이 된다.

더욱 일반적으로 계가 상태 $\psi_k(\boldsymbol{r})$에 있을 때 물리량 p를 측정하여 얻을 수 있는 기대값,

즉 p의 평균치는

$$p = \int_v \psi_k{}^*(r) \boldsymbol{p} \psi_k(r) dr \tag{1}$$

로 얻을 수 있다.

$$\psi_k(\boldsymbol{r}) = \frac{1}{\sqrt{V}} \exp(i\boldsymbol{k} \cdot \boldsymbol{r}) \tag{2}$$

이기 때문에,

$$\boldsymbol{p} = \int_v \frac{1}{\sqrt{V}} \exp(-i\boldsymbol{k} \cdot \boldsymbol{r}) \cdot \boldsymbol{p} \cdot \frac{1}{\sqrt{V}} \exp(i\boldsymbol{k} \cdot \boldsymbol{r}) dr$$

$$= \frac{1}{V} \int_v \exp(-i\boldsymbol{k} \cdot \boldsymbol{r}) \left(\frac{\hbar}{i} \frac{\partial}{\partial \boldsymbol{r}} \right) \exp(i\boldsymbol{k} \cdot \boldsymbol{r}) dr$$

$$= \frac{1}{V} \int \exp(-i\boldsymbol{k} \cdot \boldsymbol{r})(\hbar \boldsymbol{k}) \exp(i\boldsymbol{k} \cdot \boldsymbol{r}) dr = \frac{\hbar \boldsymbol{k}}{V} \int_v dr = \hbar \boldsymbol{k}$$

Chapter 2

2.1

$$\begin{cases} \psi(x+a) = C\psi(x) & (1) \\ \psi(x+Na) = \psi(x) & (2) \end{cases}$$

를 동시에 만족시키는 조건을 구한다.
식 (1)에서

$$\psi(x+2a) = C\psi(x+a) = C^2\psi(x) \tag{3}$$

$$\psi(x+3a) = C\psi(x+2a) = C^2\psi(x+a) = C^3\psi(x) \tag{4}$$

$$\vdots \qquad\qquad \vdots$$

$$\psi(x+Na) = \ldots\ldots \cdots\cdots\cdots\cdots\cdots\cdots\cdots \; C^N\psi(x) \tag{5}$$

를 얻을 수 있다. (5)와 (2)에서 $C^N = 1$

2.2 풀이-그림 3 참조. 이 그림은 포텐셜의 높이 V_0를 2.5, 7.6, 15 eV로 했을 경우를 나타낸다.

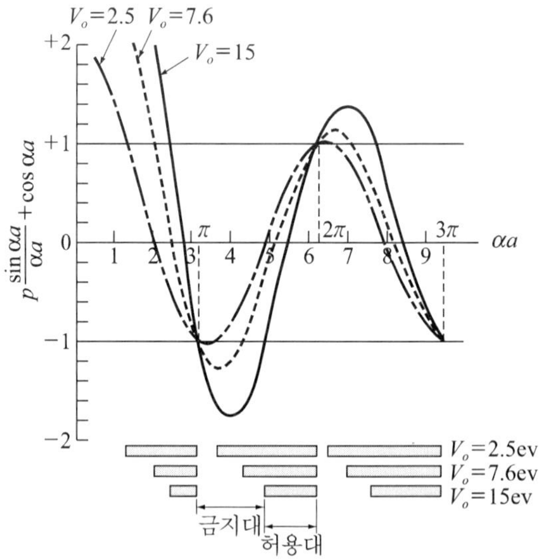

풀이-그림 3

Chapter 3

3.1 (a) $E < E_F$라면 $\lim\limits_{T\to 0}\dfrac{E-E_F}{kT} = -\infty$

$$\therefore \lim_{T\to 0} f(E) = \lim_{T\to 0}\frac{E-E_F}{kT} = -\infty$$

한편, $E > E_F$라면 $\lim\limits_{T\to 0}\dfrac{E-E_F}{kT} = +\infty$

$$\therefore \lim_{T\to 0} f(E) = \lim_{T\to 0}\frac{1}{\exp\left(\dfrac{E-E_F}{kT}\right)+1} = 0$$

(b) $E = E_F$를 대입하면

$$f(E_F) = \frac{1}{\exp\left(\dfrac{E-E_F}{kT}\right)+1} = \frac{1}{2}$$

(c) $$\frac{f(E_F+\Delta E)+f(E_F-\Delta E)}{2} = \frac{1}{2}\left\{\frac{1}{\exp\left(\dfrac{\Delta E}{kT}\right)+1} + \frac{1}{\exp\left(\dfrac{-\Delta E}{kT}\right)+1}\right\}$$

$$= \frac{1}{2}\frac{\exp\left(\frac{-\Delta E}{kT}\right)+1}{\exp\left(\frac{-\Delta E}{kT}\right)+1} = \frac{1}{2} = f(E_F)$$

이 된다. 따라서 $f(E)$의 그래프는 점 $(E_F, f(E_F))$에 관해 대칭이다.

(d) 표 3.1 참조

(e) $f(E, T) = \dfrac{1}{\exp\left(\frac{E-E_F}{kT}\right)+1}$

$E-E_F \gg kT$일 때, $\exp\frac{E-E_F}{kT} \gg 1$

$$\therefore f(E, T) = \frac{1}{\exp\left(\frac{E-E_F}{kT}\right)} = \exp\left(-\frac{E-E_F}{kT}\right)$$

3.2 $f(E, T) = \dfrac{1}{\exp\left(\frac{E-E_F}{kT}\right)+1}$ 에서 $T = 300K$, $f(E, T) = 10^{-2}$

$E_F = 8\ \mathrm{eV}$ 을 대입,

$10^{-2} = \dfrac{1}{\exp\left(\frac{E-8}{0.026}\right)+1}$ 에서

$E = 8.12\ \mathrm{eV}$

3.3 1 그램 원자 동 (Cu)의 체적이 원자량 63.54라 하면

$$V = \frac{63.54\times 10^{-3}}{8.94\times 10^{3}} = 7.11\times 10^{-6}\ \mathrm{m}^{-3}$$

동의 원자번호는 29이므로 최외각 원자 수는 29− (2+8+18)=1개. 따라서 1 그램 원자인 동 속에 포함되는 가전자 수 N은 아보가드로수 6.02×10^{23}이라고 하면

$$N = 1\times 6.02\times 10^{23}$$

그러므로 페르미 에너지는 식 (3.42)에서

$$E_{F0} = \frac{\hbar^2}{2m_o}\left(3\pi^2\frac{N}{V}\right)^{2/3} = \frac{(6.62\times 10^{-34})^2}{8\pi^2\times 9.11\times 10^{-31}}\left(3\pi^2\cdot\frac{6.02\times 10^{23}}{7.11\times 10^{-6}}\right)^{2/3}$$

$$= 11.25\times 10^{-19}\ \mathrm{J}$$

$$= 7.03\ \text{eV}$$

전자의 속도를 v_F라고 하면 $\dfrac{1}{2}mv_F^2 = E_{F0}$

$$\therefore v_F = \sqrt{\frac{2E_{F0}}{m}} = \sqrt{\frac{2 \times 1.13 \times 10^{-18}}{9.11 \times 10^{-31}}} = 1.58 \times 10^6 \text{m/s}$$

3.4 식 (3.42) $E_{F0} = \dfrac{h^2}{2m}\left(\dfrac{3n}{8\pi}\right)^{2/3} = \dfrac{\hbar^2}{2m}(3\pi^2 n)^{2/3}$

절대 영도에서 전자의 운동 에너지 E_0는

$$E_0 = \int_0^{E_{F0}} f(E)Z(E)EdE = \frac{4\pi(2m)^{3/2}}{h^3}\int_0^{E_{F0}} E^{\frac{3}{2}}dE$$

$$= \frac{4\pi(2m)^{\frac{3}{2}}}{h^3} \cdot \frac{2}{5}E_{F0}^{\frac{3}{2}}$$

$$= \frac{2}{5}\frac{4\pi(2m)^{\frac{3}{2}}}{h^3}E_{F0}^{\frac{5}{2}}$$

$$\therefore E_0 = \frac{3}{5}nE_{F0}$$

3.5 $N! = N(N-1)(N-2)\cdots\cdots 3 \cdot 2 \cdot 1$이기 때문에

$$\ln N! = \ln 1 + \ln 2 + \ln 3 + \cdots\cdots + \ln(N-2) + \ln(N-1) + \ln N \ln N$$

이다. 이는 $\ln N$을 N의 함수로서 나타낸 풀이-그림 4의 그래프에서, 사선 부분의 면적과 동일하다. $N \gg 1$이라면 이 면적은 $\ln N$ 곡선 아래의 면적과 거의 동일하다. 즉

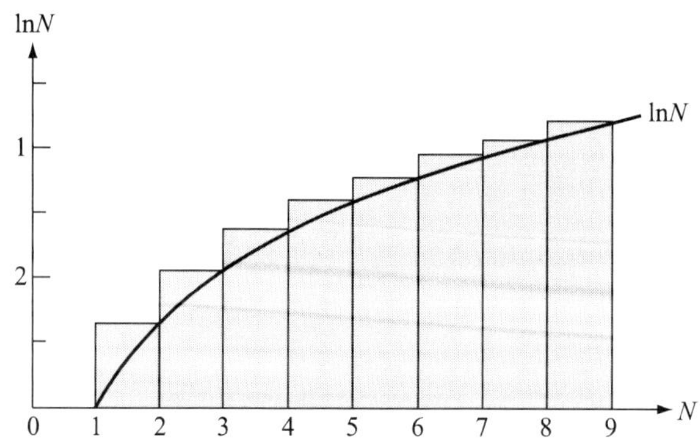

풀이-그림 3

$$\ln N! \cong \int_1^N \ln N dN = N\ln N - N + 1 \simeq N\ln N - N$$

《 Chapter 4 》

4.1 식 (4.25) $\dfrac{d\boldsymbol{k}}{dt} = -\dfrac{e\boldsymbol{E}}{\hbar}$에서 에너지 띠의 최저점 $k=0$에서

최고점 $k=-\dfrac{\pi}{a}$까지 이동시키는데 필요한 시간 t는

$$\boldsymbol{t} = -\frac{\hbar}{e\boldsymbol{E}}\int_0^{-\frac{\pi}{a}} dk = \frac{\hbar\pi}{e\boldsymbol{E}a}$$

$$\boldsymbol{E} = 1\,V/\text{cm} \text{ 일 때 } t = \frac{6.63\times 10^{-34}}{2\times 1.60\times 10^{-19}\times 100\times 2.5\times 10^{-10}} = 8.3\times 10^{-8}\,s$$

$$\boldsymbol{E} = 10^5\ \text{V/cm} \text{ 일 때 } t = 8.3\times 10^{-13}\,s$$

《 Chapter 5 》

5.3 식 (5.6)에서 $\sigma = ne\mu_n + pe\mu_p$

진성 캐리어 $n_i = n = p$

$$\therefore \sigma = \frac{1}{\rho} = n_i e(\mu_n + \mu_p)$$

$$n_i = \frac{1}{e(\mu_n + \mu_p)\rho} = \frac{1}{1.60\times 10^{-19}(0.40+0.15)0.47}$$

$$= 2.42\times 10^{19}\ \text{m}^{-3}$$

5.4 도너준위의 바닥상태는 식 (5.47)에서

$$\varepsilon_1 = -13.6\times\frac{0.2}{1^2\times 16^2} = 0.01\ \text{eV}$$

5.5 우선 전도띠의 극값은 k 공간의 어디에 위치하는가를 조사한다.

$$\frac{dE}{dk} = \frac{\hbar^2(2k-2k_1)}{m} = 0$$

에서 $k = k_1$으로 극값이 된다.

$$\therefore E_c = \frac{\hbar^2 k_1^2}{3\text{m}} = \frac{(1.06\times 10^{-34})^2 \cdot \left(\frac{3.14}{3.14\times 10^{-10}}\right)^2}{3\times 9.11\times 10^{-31}} = 4.08\times 10^{-14}\text{ J}$$

$$= 2.55\text{ eV}$$

페르미 에너지 E_F는 진성 반도체이므로 E_g의 중간에 있다.

$$\therefore E_c - E_F = 2.55 - 2.17 = 0.38\text{ eV}$$

$$Eg = 0.38\times 2 = 0.76\text{ eV}$$

$$m_n = \frac{\hbar^2}{\left(\frac{d^2E}{dk^2}\right)} = \frac{\hbar^2}{\frac{2\hbar^2}{m}} = \frac{m}{2} = 4.56\times 10^{-31}\text{ kg}$$

Chapter 6

6.1 $\rho = 1.72\times 10^{-8}\ \Omega\cdot\text{m}$, $S = \pi\left(\frac{d}{2}\right)^2 = 3.14\left(\frac{10^{-2}}{2}\right)^2 = 7.85\times 10^{-5}\ \text{m}^2$의 값을 $\rho = \frac{S}{L}R(\Omega\cdot\text{m})$식에 대입

$$R = 1.72\times 10^{-8}\times\frac{300\times 10^3}{7.85\times 10^{-5}} = 65.7\ \Omega$$

전압강하는

$$V = IR = 200\times 65.7 = 13140\ V$$

6.2 전류흐름의 정도는 도전율로

$$\sigma = \frac{1}{\rho} = \frac{L}{RS} = \frac{1}{2.2\times 3.14\times(0.05\times 10^{-3})^2} = 5.8\times 10^7\ \Omega^{-1}\cdot\text{m}^{-1}$$

6.3 식 (6.3)을 이용한다.

$$I = 1A,\ e = 1.6\times 10^{-19}C,\ n = 8.5\times 10^{28}\text{m}^{-3},\ S = 10^{-6}\text{m}^2$$

을 대입하면

$$v_d = \frac{I}{enS} = \frac{1}{1.6\times10^{-19}\times8.5\times10^{28}\ \mathrm{m}} = 7.4\times10^{-5}\ \mathrm{m/s}$$

6.4 (a) $v = \dfrac{E}{ne\rho} = \dfrac{100}{8.5\times10^{28}\times1.60\times10^{-19}\times1.72\times10^{-8}} = 0.43\mathrm{m/s}$

(b) $\mu = \dfrac{v}{E} = \dfrac{0.43}{100} = 4.3\times10^{-3}\ \mathrm{m^2/V\cdot s}$

(c) $\tau = \mu\dfrac{m}{e}$

$$= 4.3\times10^{-3}\times\frac{9.11\times10^{-31}}{1.60\times10^{-19}} = 2.45\times10^{-14}\ s$$

6.5 속도 증가 $\langle \Delta v_x \rangle = \dfrac{e}{m}E\cdot\tau$에서

$$\langle \Delta v_x \rangle = \frac{1.60\times10^{-19}}{9.11\times10^{-31}}\times100\times2.45\times10^{-14} = 0.43\ \mathrm{m/s}$$

평균 에너지 증가 $\langle \Delta W \rangle = \dfrac{\tau^2e^2E^2}{m}$에서

$$\langle W \rangle = \frac{(1.60\times10^{-19}\times100\times2.45\times10^{-14})^2}{9.11\times10^{-31}} = 1.69\times10^{-31}\ \mathrm{J}$$

6.6 $\sigma = \dfrac{ne^2\tau}{m}$ 에서 $\tau = \dfrac{m\sigma}{ne^2}$

우선 n, 즉 (원자수)/ (단위 체적)을 구한다. 은 1몰 (108g) 중에는 아보가드로수 (6.03×10^{23})의 원자가 있다. 1몰의 체적은 108/10.5=10.3 $\mathrm{cm^3}$이기 때문에

$$n = 6.03\times10^{23}/10.3 = 5.9\times10^{22}\ \mathrm{cm^{-3}}$$
$$= 5.9\times10^{28}\ \mathrm{m^{-3}}$$
$$\rho = 1/1.6\times10^{-6}\ \Omega\cdot\mathrm{cm} = 1.6\times10^{-8}\ \Omega\cdot\mathrm{m}$$

이기 때문에

$$\sigma = 1/1.6\times10^{-8} = 6.3\times10^{7}\ \Omega^{-1}\cdot\mathrm{m^{-1}}$$

$$\therefore \tau = \frac{9.1\times10^{-31}\times6.3\times10^{7}}{5.9\times10^{28}\times(1.6\times10^{-19})^2} = \left(\frac{57.33\times10^{-24}}{15.1\times10^{-10}}\right) = 3.8\times10^{-14}s$$

6.7 식 (6.22)를 바꿔 쓰면

$$\frac{dv}{dt}+\frac{v}{\tau}+\frac{e\boldsymbol{E}}{m}=0$$

$$\frac{dv}{dt}+\frac{1}{\tau}\left(\boldsymbol{v}+\frac{\tau e\boldsymbol{E}}{m}\right)=0$$

$$\boldsymbol{v}+\frac{\tau e\boldsymbol{E}}{m}=x$$

이라고 하면,

$$\frac{dv}{dt}=\frac{dx}{dt}$$

이기 때문에

$$\frac{dv}{dt}+\frac{1}{\tau}x=0$$

$$\frac{dx}{x}=-\frac{dt}{\tau}$$

$$\ln x=-\frac{t}{\tau}+C$$

$$\therefore x=\exp\left(-\frac{t}{\tau}+C\right)=A\exp\left(-\frac{t}{\tau}\right)$$

$$\therefore\ v_o+\frac{e\tau\boldsymbol{E}}{m}=A\exp\left(-\frac{t}{\tau}\right)$$

6.8 식 (6.45)에서

$$R_H=\frac{V_H t}{IB}$$

우변을 디멘존으로 나타내면

$$\frac{[V][m]}{[A][wb/m^2]}=\frac{[V][m^3]}{[A][V][s]}$$

$$(\because [wb]=[V][s])$$

$$=\frac{[\mathrm{m}^3]}{[C]}\qquad(\because [A][s]=[C])$$

6.9 $R_H[\mathrm{m}^3/C] = \dfrac{V_H[V]t[\mathrm{m}]}{I[A]B[\mathrm{wb/m}^2]}$

$$R_H[10^6\mathrm{cm}^3/\mathrm{C}] = \frac{V_H[V]t[10^2\mathrm{cm}]}{I[A]B[10^4\ \mathrm{Gauss}]}$$

$$\therefore R_H[10^8\mathrm{cm}^3/\mathrm{C}] = \frac{V_H[V]t[\mathrm{m}]}{I[A]B[\mathrm{Gauss}]}$$

6.10 전자가스 모델에서는

$$\frac{1}{2}mv_\tau^2 = \frac{3}{2}kT$$

이기 때문에

$$v_\tau = (3kT/m)^{1/2} \qquad T = 300K$$

라고 하면 $v_\tau = 1.2 \times 10^5\ \mathrm{m/s}$ 이 된다.

$l = \tau v_\tau$에서 문제 6.6의 결과를 이용해

$$l = 3.8 \times 10^{-14} \times 1.2 \times 10^5 = 4.6 \times 10^{-9} = 46\ \text{Å}$$

Chapter 7

7.1 p-n 접합의 열평형 상태에서의 확산 전기포텐셜을 V_D, n형 영역의 전자밀도를 n_{n0}, p형 영역의 전자밀도를 n_{p0}라고 하면 식 (7.24)에서

$$n_{p0} = n_n \exp\left(-\frac{eV_D}{kT}\right)$$

양변의 대수를 취하면

$$\ln\left(\frac{n_{p0}}{n_{n0}}\right) = -\frac{eV_D}{kT}$$

$$\therefore V_D = -\frac{kT}{e}\ln\left(\frac{n_{p0}}{n_{n0}}\right)$$

문제에서

$$n_{n0} = 1.8 \times 10^{23}/\mathrm{m}^3,\ \ n_{p0} = 1.5 \times 10^{17}/\mathrm{m}^3$$

$$k = 1.38 \times 10^{-23}\ \mathrm{J/K},\ T = 300\ \mathrm{K},\ e = 1.6 \times 10^{-19}\ \mathrm{C}$$

을 대입하여

$$V_D = -\frac{1.38\times10^{-23}\times300}{1.6\times10^{19}}\ln\left(\frac{1.5\times10^{17}}{1.8\times10^{23}}\right)$$

7.2 (a) 열평형 상태에서의 공간 전하층의 폭 w는 식 (7.88)에서 $V=0$라고 하면 얻을 수 있으므로,

$$w = \left\{\frac{2\varepsilon_0\varepsilon_s(N_A+N_D)V_D}{eN_DN_A}\right\}^{1/2}$$

이 된다.

문제로부터 $N_D = N_A = 9\times10^{20}/\text{m}^3$, $V_D = 0.4\,V$, $\varepsilon_2 = 16$,

$\varepsilon_0 = 8.85\times10^{-12}\text{F/m}$, $e = 1.6\times10^{-19}\,\text{C}$ 이기 때문에,

$$w = \left\{\frac{2\times8.85\times10^{-12}\times16\times(9\times10^{20}+9\times10^{20})\times0.4}{1.6\times10^{-19}\times(9\times10^{20})^2}\right\}^{1/2}$$

$$= 1.25\times10^{-6}\,\text{m} = 1.25\mu$$

또, 단위 면적당 정전용량 C는 식 (7.90)에서

$$C = \frac{\varepsilon_0\varepsilon_s}{w}$$

에서

$$C = \frac{16\times8.85\times10^{-12}}{1.25\times10^{-6}} = 113\times10^{-6}\,\text{F/m}^2 = 113\,\mu\text{F/m}^2$$

(b) p-n 접합에 역방향 전압 V_b가 주어졌을 때의 폭 w는 식 (7.88)에서

$$w = \left\{\frac{2\varepsilon_0\varepsilon_s(N_A+N_D)(V_D+V_b)}{eN_DN_A}\right\}^{1/2}$$

으로 주어진다.

$$w = \left\{\frac{2\times16\times8.85\times10^{-12}\times(9\times10^{20}+9\times10^{20})\times(0.4+5)}{1.6\times10^{-19}\times(9\times10^{20})}\right\}^{1/2}$$

$$= 4.6\times10^{-6}\text{m} = 4.6\mu$$

$$C = \frac{\varepsilon_0\varepsilon_s}{w} = \frac{16\times8.85\times10^{-12}}{4.6\times10^{-6}} = 30.8\times10^{-6}\,\text{F/m}^2 = 30.8\,\mu\text{F/m}^2$$

c) p-n 접합에 순방향 전압 V_f가 가해졌을 때의 폭 w는

$$w=\left\{\frac{2\varepsilon_0\varepsilon_s(N_A+N_D)(V_D-V_f)}{eN_DN_A}\right\}^{1/2}$$

$$=\left\{\frac{2\times 16\times 8.85\times 10^{-12}\times(9\times 10^{20}+9\times 10^{20})\times(0.4-0.1)}{1.6\times 10^{-19}\times(9\times 10^{20})^2}\right\}^{1/2}$$

$$=1.09\times 10^{-6}\ \mathrm{m}=1.09\ \mu\mathrm{m}$$

$$C=\frac{\varepsilon_0\varepsilon_s}{w}=\frac{16\times 8.85\times 10^{-12}}{1.09\times 10^{-6}}=130\times 10^{-6}\ \mathrm{F/m^2}=130\ \mu\mathrm{F/m^2}$$

7.3 역방향 바이어스가 인가되었을 때의 공간 전하층 폭 w는

$$w=\left\{\frac{2\varepsilon_0\varepsilon_s(N_A+N_D)(V_D+V_b)}{eN_AN_D}\right\}^{1/2}$$

으로 주어진다. 문제에서

$$N_A=N_D=9\times 10^{20}/m^3,\ V_D=0.4\,V,\ \varepsilon_s=16,\ \varepsilon_0=8.5\times 10^{-12}\ \mathrm{F/m},$$

또

$$V_b=21\ V,\ \ e=1.6\times 10^{-19}\ C$$

이기 때문에

$$w=\left\{\frac{2\times 16\times 8.85\times 10^{-12}\times(9\times 10^{20}+9\times 10^{20})\times(0.4+21)}{1.6\times 10^{-19}\times(9\times 10^{20})^2}\right\}^{1/2}$$

$$=9.17\times 10^{-6}\ \mathrm{m}=9.17\ \mu\mathrm{m}$$

역방향 전압 V_b가 가해졌을 경우, 장벽층 속의 최대 전기장 $E_{\max}$는

$$E_{\max}=\left(-\frac{dV_{1x}}{d_x}\right)=\left|\frac{eN_A}{\varepsilon_0\varepsilon_S}x_1\right|=\left[\frac{2eN_AN_D(V_D+V_b)}{\varepsilon_0\varepsilon_s(N_A+N_D)}\right]^{1/2}$$

$$=\frac{2(V_D+V_b)}{w}$$

으로 나타나며, 전기장이 최대가 되는 점은 천이영역 중에서 p형으로부터 n형으로 반전되는 곳이다.

문제로부터 $V_D+V_b=27-1.4\ V$, 또 장벽층의 두께 w는 $9.7-17\times 7-10^{-6}$ m이기 때문에,

$$E_{\max}\frac{2(V_D+V_b)}{w}=\frac{2\times 21.4}{9.17\times 10^{-6}}=4.67\times 10^6\ \mathrm{V/m}$$

이다.

7.4 역방향 포화 전류 밀도 J_s는 식 (7.53)에서

$$J_s=e\left(\frac{D_n}{L_n}n_{p0}+\frac{D_p}{L_p}P_{n0}\right) \tag{7-1}$$

으로 나타난다.

열평형 상태에서의 다수 캐리어 밀도, 소수 캐리어 밀도, 진성 캐리어 밀도 사이에는 다음과 같은 관계가 있다.

$$P_{p0}\cdot n_{p0}=n_{p0}\cdot P_{p0}\equiv n_i^2 \tag{2}$$

여기서 p_{p0}는 p형 영역의 양공 (다수 캐리어) 밀도, n_{n0}는 n형 영역의 전자 (다수 캐리어) 밀도, $p-n_0$는 n형 영역의 양공 (소수 캐리어) 밀도, n_{n0}는 p형 영역의 전자 (소수 캐리어) 밀도, n_i는 진성 캐리어 밀도이다. 도전률 σ는 다수캐리어 밀도의 기여가 크며,

$$\text{P형 영역에서는 } \sigma\rho \fallingdotseq e\mu g p_{p0}\quad \therefore\quad p_{p0}=\frac{\sigma_p}{e\mu_p} \tag{3}$$

$$\text{N형 영역에서는 } \sigma_n \fallingdotseq e\mu n n_{n0}\quad \therefore\quad n_{n0}=\frac{\sigma_n}{e\mu_n} \tag{4}$$

(7-1), (2) 및 식 (3)에서 $p-n_0$, np_0를 구하면

$$p_{n0}=\frac{n_i^2}{n_{n0}}=\frac{e\mu_n n_i^2}{\sigma_n} \tag{5}$$

$$n_{p0}=\frac{n_i^2}{p_{p0}}=\frac{e\mu_p n_i^2}{\sigma_\rho} \tag{6}$$

다음으로 D_n/L_n, D_p/L_p를 구한다.

캐리어의 수명을 τ라고 하면

$$L=\sqrt{D\tau}$$

또, 아인슈타인의 관계로부터

$$D=\frac{kT}{e}\mu$$

따라서

$$\frac{D_n}{L_n} = \frac{D_n}{\sqrt{D_n \tau_n}} = \sqrt{\frac{D_n}{\tau_n}} = \sqrt{\frac{kT\mu_n}{e\tau_n}} \tag{7}$$

$$\frac{D_p}{L_p} = \frac{D_p}{\sqrt{D_p \tau_p}} = \sqrt{\frac{D_p}{\tau_p}} = \sqrt{\frac{kT\mu_p}{e\tau_p}} \tag{8}$$

이 되므로, 식 (5), (6), (7), (8)에서 얻어진 각 식을 식 (7-1)에 대입하면

$$J_s = e\left(\sqrt{\frac{kT\mu_p}{e\tau_p}} \times \frac{e\mu_n n_i^2}{\sigma_n} + \sqrt{\frac{kT\mu_n}{e\tau_n}} \times \frac{e\mu_p n_i^2}{\sigma_p}\right) \tag{9}$$

을 얻을 수 있으므로, 식 (9)에 수치를 대입하면

$$J_s = 1.6 \times 10^{-19}\left(\sqrt{\frac{1.38 \times 10^{-23} \times 300 \times 0.18}{1.6 \times 10^{-19} \times 200 \times 10^{-6}}}\right.$$

$$\times \frac{1.6 \times 10^{-19} \times 0.35 \times (2.5 \times 10^{19})^2}{10^{-2}} + \sqrt{\frac{1.38 \times 10^{-23} \times 300 \times 0.35}{1.6 \times 10^{-19} \times 100 \times 10^{-6}}}$$

$$\times \frac{1.6 \times 10^{-19} \times 0.18 \times (2.5 \times 10^{19})^2}{10^{-3}}$$

$$= 3.01 \times 10^4 \ \mathrm{A/m^2}$$

문제로부터 접합면적이 $2\ \mathrm{mm}^2 = 2 \times 10^{-6}\ \mathrm{m}^2$이기 때문에 구하는 전류 I_s는

$$I_s = SJ_s = 2 \times 10^{-6} \times 3.01 \times 10^4 = 6.02 \times 10^{-2} A = 60.2\ \mathrm{mA}$$

이 된다.

7.5 경사형 불순물 분포는 그림 7.17에 나타나 있다. 접합 양쪽에서의 공간전하의 분포는 대칭이다. 따라서 임의의 점 $x(-w/2 < x < w/2)$에서의 양전하 밀도 ρ는

$$\rho = eax \qquad a > 0\text{: 경사의 정도를 나타내는 계수}$$

포아슨의 방정식은

$$\frac{d^2V}{dx^2} = -\frac{\rho}{\varepsilon} = -\frac{ea}{\varepsilon}x \ \ (\varepsilon = \varepsilon_s\varepsilon_0,\ \varepsilon_s\ \text{비유전률})$$

이를 적분하면

$$\frac{dV}{dx} = -\frac{ea}{2\varepsilon}x^2 + C_1 \ \ (C_1\text{은 적분 상수})$$

$$x = \pm w/2\text{의 } dV/dx = 0$$

에서

$$C_1 = \frac{ea}{8\varepsilon}w^2$$

을 얻는다. 따라서

$$\frac{dV}{dx} = \frac{ea}{2\varepsilon}\left(\frac{w^2}{4} - x^2\right)$$

이를 더욱 적분하면

$$V(x) = \frac{ea}{2\varepsilon}\left(\frac{w^2}{4}x - \frac{x^3}{3}\right) + C_2 \ (C_2\text{는 적분 상수})$$

V의 원점을 $x=0$로 취하면 $C_2 = 0$이 된다. 또한, $x = w/2$에서의 V와 $x = -w/2$에서의 V 차이를 $V_D - V$라고 하면

$$V\left(\frac{w}{2}\right) - V\left(-\frac{w}{2}\right) = V_D - V$$

이 식과 위의 식을 구해 w에 대해 풀면

$$w = \left\{\frac{12\varepsilon}{ea}(V_D - V)\right\}^{1/3}$$

접합 용량 C는

$$C = \frac{\varepsilon}{w} = (\varepsilon)^{\frac{2}{3}}\left\{\frac{ea}{12}\frac{1}{(V_D - V)}\right\}^{1/3}$$

이 된다.

7.6 식 (7.119)에서

$$V_{Dn} = V_D - V_{Dp} = \frac{eN_D}{2\varepsilon_n\varepsilon_0}x_n^2$$

위의 식에 식 (7.116)

$$V_{Dp} = \frac{eN_A}{2\varepsilon_p\varepsilon_0}x_p^2$$

을 대입하여, 식 (7.123)

$$\frac{N_D}{N_A} = \frac{x_p}{x_n}$$

을 이용해 x_n에 대해 풀면

$$x_n = \left[\frac{2N_A \varepsilon_p \varepsilon_0 \varepsilon_n \varepsilon_0 \varepsilon V_D}{eN_D(N_D \varepsilon_n \varepsilon_0 + N_A \varepsilon_p \varepsilon_0)} \right]^{1/2}$$

같은 방법으로 x_p에 대해서도 구하면

$$xp = \left[\frac{2N_D \varepsilon_n \varepsilon_0 \varepsilon_n \varepsilon_0 V_D}{eN_A(N_A \varepsilon_p \varepsilon_0 + N_D \varepsilon_n \varepsilon_0)} \right]^{1/2}$$

이 되며 공간전하층 폭 w는

$$w = x_p + x_n = \left[\frac{2\varepsilon_n \varepsilon_0 \varepsilon_p \varepsilon_0 (N_D + N_A)^2 V_D}{eN_D N_A (N_D \varepsilon_n \varepsilon_0 + N_A \varepsilon_p \varepsilon_0)} \right]^{1/2}$$

이다. 외부전압 V가 인가되면 확산 전기포텐셜 V_D는 $V_D - V$로 변화하기 때문에, 공간전하층의 폭은 V_D를 대신해 $V_D - V$로 한 것이 된다. 공간전하층 영역내에서는 전하 중성조건 $N_D|x_n| = N_A x_p$이 성립하며, 공핍 영역의 용량 C는

$$C = \frac{dQ}{dV} = \frac{d}{dV}(eN_D|x_n|) = \left[\frac{eN_D N_A \varepsilon_n \varepsilon_0 \varepsilon_p \varepsilon_0}{2(\varepsilon_n \varepsilon_0 N_D + \varepsilon_p \varepsilon_0 N_A)} \cdot \frac{1}{(V_D - V)} \right]^{1/2}$$

이 된다. 또 인가 전압 V는 p형 반도체 쪽을 양으로 했을 때를 양부호로 하였다.

7.7 공간전하층의 두께 w는 앞 문제 해답에서

$$w = \left[\frac{2\varepsilon_n \varepsilon_0 \varepsilon_p \varepsilon_0 (N_D + N_A)^2 V_D}{eN_D N_A (\varepsilon_n \varepsilon_0 N_D + \varepsilon_p \varepsilon_0 N_A)} \right]^{1/2}$$

문제로 부터 $N_A = 3 \times 10^{21}/\mathrm{m}^3$, $N_D = 10^{21}/\mathrm{m}^3$, $V_D = 0.52\ V$, $\varepsilon_n = 16$, $\varepsilon_p = 11.5$을 위의 식에 대입하여

$$w = \left[\frac{2 \times 16 \times 11.5 \times (8.85 \times 10^{-12})^2 (10^{21} + 3 \times 10^{21})^2 \times 0.52}{1.6 \times 10^{-19} \times 10^{21} \times 3 \times 10^{21} \times 8.85 \times 10^{-12} (16 \times 10^{21} + 11.6 \times 3 \times 10^{21})} \right]^{1/2}$$

$$= 1.05 \times 10^{-6}\ \mathrm{m}$$

$$= 1.05\ \mu$$

공간전하층 용량 C는 앞 문제 해답에서

$$C = \left[\frac{eN_D N_A \varepsilon_n \varepsilon_0 \varepsilon_p \varepsilon_0}{2(\varepsilon_n \varepsilon_0 N_D + \varepsilon_p \varepsilon_0 N_A)} \cdot \frac{1}{(V_D - V)} \right]^{1/2}$$

외부 전압 $V = 0$이기 때문에 단위 면적당 용량은

$$\frac{C}{S} = \left[\frac{1.6 \times 10^{-19} \times 10^{21} \times 3 \times 10^{21} \times 16 \times 11.5 \times (8.85 \times 10^{-12})^2}{2 \times 8 \times 10^{-12}(16 \times 10^{21} + 11.5 \times 3 \times 10^{21}) \times 0.52} \right]^{1/2}$$
$$= 1.22 \times 10^{-4}\ \mathrm{F/m^2}$$

이 된다.

Chapter 8

8.1 공간 전하층의 두께 w는 식 (8.46)에서

$$w = \left\{ \frac{2\varepsilon_0 \varepsilon_s (V_D - V)}{eN_D} \right\}^{1/2}$$

으로 주어진다.

문제로부터 $V = 0$이기 때문에

$$\therefore w = \left\{ \frac{2\varepsilon_0 \varepsilon_s V_D}{eN_D} \right\}^{1/2}$$

또, 정전용량 C는 식 (8.47)에서

$$C = \frac{\varepsilon_0 \varepsilon_s}{w} = \left\{ \frac{e\varepsilon_0 \varepsilon_s N_D}{2(V_D - V)} \right\}^{1/2}$$

으로 주어지지 때문에, 문제로부터 $V = 0$

$$\therefore C = \left\{ \frac{e\varepsilon_0 \varepsilon_s N_D}{2V_D} \right\}^{1/2}$$

여기에 부여된 값을 대입하여

$$w = \left\{ \frac{2 \times 1 \times 16 \times 8.85 \times 10^{-12}}{10^{22} \times 1.6 \times 10^{-19}} \right\}^{1/2} = 4.2 \times 10^{-7}\ \mathrm{m}$$

$$C = \left\{ \frac{16 \times 8.85 \times 10^{-12} \times 10^{22} \times 1.6 \times 10^{-19}}{2 \times 1} \right\}^{1/2} = 3.4 \times 10^{-4}\ \mathrm{F/m^2}$$

8.2 공간 전하층의 두께 w는 식 (8.46)에서

$$w = \left\{ \frac{2\varepsilon_0 \varepsilon_s (V_D - V)}{e N_D} \right\}^{1/2}$$

으로 주어진다. 문제로부터 $V_D = 0.5\,V$, $V = -10\,V$, $N_D = 10^{21}/\mathrm{m}^3$, $\varepsilon_s = 16$, $\varepsilon_s = 8.85 \times 10^{-12}\,\mathrm{F/m}$, $e = 1.6 \times 10^{-19}\,C$ 이기 때문에, 이들을 위의 식에 대입하여

$$w = \left\{ \frac{2 \times 16 \times 8.85 \times 10^{-12}(0.5 + 10)}{1.6 \times 10^{-19} \times 10^{21}} \right\}^{1/2} = 4.3 \times 10^{-6}\mathrm{m} = 4.3\,\mu$$

단위 면적당 정전용량은 식 (8.47)로 주어진다.

$$C = \frac{\varepsilon_0 \varepsilon_s}{w} = \frac{16 \times 8.85 \times 10^{-12}}{4.3 \times 10^{-6}} = 33.0 \times 10^{-6}\,\mathrm{F/m^2} = 33.0\,\mu\mathrm{F/m^2}$$

표면의 전기장은

$$E_0 = -\left(\frac{d\varphi(x)}{dx} \right)$$

으로 주어진다. $\varphi(x)$는 식 (8.45)로 주어지기 때문에,

$$E_0 = -\left(\frac{d\varphi(x)}{dx} \right)_{x=0} = \left[\frac{e N_D}{\varepsilon_0 \varepsilon_s}(x - w) \right]_{x=0} = -\frac{e N_D w}{\varepsilon_0 \varepsilon_s}$$

$$= -\left[\frac{2_e N_D (V_D + V)}{\varepsilon_0 \varepsilon_s} \right]^{1/2} = -\frac{2(V_D + V)}{w}$$

따라서

$$E_0 = -\frac{2 \times 10.5}{4.3 \times 10^{-6}} = 4.9 \times 10^6\,\mathrm{V/m}$$

8.3 공간 전하층의 두께 w는

$$w = \left\{ \frac{2\varepsilon_0 \varepsilon_s (V_D - V)}{e N_D} \right\}^{1/2} = \left\{ \frac{2 \times 8.85 \times 10^{-12} \times 16 \times (0.5 - 0.3)}{1.6 \times 10^{-19} \times 10^{21}} \right\}^{1/2}$$

$$= 0.59 \times 10^{-6}\,\mathrm{m} = 0.59\,\mu$$

$$C = \frac{\varepsilon_0 \varepsilon_s}{w} = \frac{8.85 \times 10^{-12} \times 16}{0.59 \times 10^{-6}} = 240 \times 10^{-6}\,\mathrm{F/m} = 240\,\mu\mathrm{F/m}$$

$$E_0 = -\frac{2(V_D - V)}{w} = -\frac{2\times 0.2}{0.59\times 10^{-6}} = -6.80\times 10^5\ \mathrm{V/m}$$

8.4 순방향 전류 I_f는 식 (8.38)에서

$$I_f = I_s\left\{\exp\left(\frac{eV_f}{kT}\right) - 1\right\}$$

으로 주어진다. $I_s = 1\ \mu\mathrm{A} = 10^{-6}\mathrm{A}$, $V_f = 0.13\ \mathrm{V}$, $kT = 0.026\ \mathrm{eV}$이기 때문에 이들 값을 위의 식에 대입하여

$$I_f = 10^{-6}(e^{0.13/0.026} - 1) = 1.47\times 10^{-4} A = 0.147\ \mathrm{mA}$$

8.5 역방향 전류 I_b는

$$I_b = I_s\left\{1 - \exp\left(\frac{eV_b}{kT}\right)\right\}$$

으로 주어진다.

문제에서 $I_s = 1\ \mu\mathrm{A} = 10^{-6}\ \mathrm{A}$, $V_b = -0.026\ \mathrm{V}$을 위의 식에 대입하여

$$I_b = 10^{-6}(1 - e^{-0.026/0.026}) = 0.63\times 10^{-6}\ \mathrm{A} = 0.63\ \mu\mathrm{A}$$

8.6 금속-n형 반도체의 경우를 조사해 보자. 정전용량 C와 바이어스 전압 V와의 관계는 식 (8.47)로 주어진다.

$$c = \left[\frac{e\varepsilon_0\varepsilon_S N_D}{2(V_D - V)}\right]^{1/2}$$

위의 식을 변형하여

$$\frac{1}{C_2} = \frac{2(V_D - V)}{e\varepsilon_0\varepsilon_s N_D}$$

여기서 직류 바이어스 V (반도체에 대해 금속 쪽이 양전압일 때 양으로 한다)에 대한 $1/C^2$의 변화는 직선적이며 그림 8.8과 같이 변화한다. 이 직선을 실험적으로 구하여 이것과 V축과의 교점이 V_D라 된다. 또한 이 직선의 경사는 $2/e\varepsilon_s\varepsilon_0 N_D$이기 때문에 N_D가 구해진다.

Chapter 9

9.1 (i) 이미터 영역

열평형 상태에서의 양공 (다수 캐리어) 밀도를 P_{E0}, 전자 (소수 캐리어) 밀도를 n_{E0}, 양공의 이동도 μ_p, 이미터 영역의 저항률을 ρ_E라고 하면

$$\rho_E = \frac{1}{e\mu_p P_{E0}} \qquad \therefore P_{E0} = \frac{1}{e\rho_E\mu_p}$$

문제의 수치를 대입하여

$$P_{E0} = \frac{1}{1.6\times10^{-19}\times10^{-4}\times0.18} = 3.47\times10^{23}/\mathrm{m}^3$$

열평형 상태에 있기 때문에 p-n곱의 관계 $(p-n=n_i^2)$이기 때문에

$$P_{E0}n_{E0} = n_i^2 = (2.5\times10^{19})^2$$

$$\therefore n_{E0} = \frac{n_i^2}{P_{E0}} = \frac{(2.5\times10^{19})}{3.47\times10^{23}} = 1.81\times10^{15}/\mathrm{m}^3$$

(ii) 베이스 영역

전자 (다수 캐리어)의 밀도를 n_{B0}, 양공 (소수 캐리어)의 밀도를 P_{D0}, 베이스의 저항을 ρ_B, 전자의 이동도를 μ_n이라고 하면

$$n_{B0} = \frac{1}{e\rho_B\mu_n} = \frac{1}{1.6\times10^{-19}\times10^{-1}\times0.35} = 1.79\times10^{20}/\mathrm{m}^3$$

또,

$$n_{E0}\cdot P_{E0} = n_i^2 = (2.5\times10^{19})^2$$

에서

$$P_{B0} = \frac{n_i^2}{n_{B0}} = \frac{(2.5\times10^{19})^2}{1.79\times10^{20}} = 3.49\times10^{18}/\mathrm{m}^3$$

(iii) 컬렉터 영역

양공 (다수 캐리어) 밀도를 P_{c0}, 전자 (소수 캐리어) 밀도를 n_{C_0}, 양공의 이동도 μ_p, 컬렉터 부분의 저항률을 ρ_c라고 하면

$$P_{Co}=\frac{1}{e\rho c\mu_p}=\frac{1}{1.6\times10^{-19}\times10^{-1}\times0.18}=3.47\times10_{20}/\mathrm{m}^3$$

열평형 상태에서의 p-n곱의 관계로부터

$$P_{Co}n_{Co}=n_i^2=(2.5\times10^{19})^2$$

$$\therefore n_{Co}=\frac{n_i^2}{P_{Co}}=\frac{(2.5\times10^{19})}{3.47\times10^{20}}=1.80\times10^{18}/\mathrm{m}^3$$

9.2 전자의 확산거리는

$$L_n=\sqrt{D_n\tau_n}=\sqrt{9.3\times10^{-3}\times20\times10^{-6}}=4.31\times10^{-4}\mathrm{m}$$

주입효율 r은 식 (9.29)에서

$$r=\left(1+\frac{\sigma_B}{\sigma_E}\frac{w}{L_n}\right)^{-1}$$

여기서 $\sigma=\frac{1}{\rho}$에서

$$r=\left(1+\frac{\rho_E}{\rho_B}\frac{w}{L_n}\right)^{-1}=\left(1+\frac{10^{-4}}{10^{-2}}\cdot\frac{5\times10^{-5}}{4.31\times10^{-4}}\right)^{-1}=0.9988$$

9.3 운송효율 α_t는 식 (9.45)에서

$$\alpha_t\simeq\left\{1-\frac{1}{2}\left(\frac{w}{L_n}\right)^2\right\}=1-\frac{1}{2}\left(\frac{2.5\times10^{-5}}{4.3\times10^{-4}}\right)^2=0.998$$

9.4 전류 증폭률 α는 식 (9.18)에서

$$\alpha=r\cdot a_t\cdot\alpha^*=\alpha^*\frac{1}{1+\frac{\rho_E}{\rho_B}\cdot\frac{w}{L_n}}\cdot\left\{1-\frac{1}{2}\left(\frac{w}{L_p}\right)^2\right\}$$

여기서

$$\alpha^*\fallingdotseq1,$$

또

$$\frac{1}{1+\frac{\rho_E}{\rho_B}\cdot\frac{w}{L_n}} \doteq 1-\frac{\rho_E}{\rho_B}\cdot\frac{w}{L_n}$$

따라서

$$\alpha=\left(1-\frac{\rho_E}{\rho_B}\frac{w}{L_n}\right)\left\{1-\frac{1}{2}\left(\frac{w}{L_p}\right)^2\right\}$$
$$=1-\frac{\rho_E}{\rho_B}\frac{w}{L_n}-\frac{1}{2}\left(\frac{w}{L_n}\right)^2+\frac{\rho_E}{2\rho_B}\cdot\frac{w^3}{L_nL_p}$$

제4항을 무시하면

$$\alpha \fallingdotseq 1-\frac{\rho_E}{\rho_B}\cdot\frac{w}{L_n}-\frac{1}{2}\left(\frac{w}{L_p}\right)^2$$

9.5 앞 문제에서 전류 증폭률은

$$\alpha \fallingdotseq 1-\frac{\rho_E}{\rho_B}\cdot\frac{w}{L_n}-\frac{1}{2}\left(\frac{w}{L_p}\right)^2$$

여기서

$$\rho_E=10^{-4}\,\Omega\cdot\mathrm{m},\ \ \rho_B=10^{-2}\,\Omega\cdot\mathrm{m}$$
$$L_n=\sqrt{D_n\tau_n}=\sqrt{9.3\times10^{-3}\times20\times10^{-6}}=4.31\times10^{-4}\ \mathrm{m}$$
$$L_p=\sqrt{D_p\tau_p}=\sqrt{4.4\times10^{-3}\times80\times10^{-6}}=5.93\times10^{-4}\ \mathrm{m}$$
$$w=50\times10^{-6}\ \mathrm{m}$$

이들 값을 위의 식에 대입하여

$$\alpha=1-\frac{10^{-4}}{10^{-2}}\cdot\frac{5\times10^{-5}}{4.31\times10^{-4}}-\frac{1}{2}\left(\frac{5\times10^{-5}}{5.93\times10^{-4}}\right)^2=0.995$$

9.6 일반적으로 α 차단주파수 f_a는 베이스 부분의 폭을 w, 전자 및 양공의 확산계수를 D_n, D_p라고 하면 식 (9.59)에서

$$f_a=\frac{D_n}{\pi w^2}\ \ \text{(np-n형일 경우)},$$

$$f_a=\frac{D_p}{\pi w^2}\ \ \text{(p-np형일 경우)}$$

로 주어진다. 또한 아인슈타인의 관계식에서

$$D_n = \frac{kT}{e}\mu_n, \qquad D_p = \frac{kT}{e}\mu_p$$

이기 때문에 n-p-n형에서는

$$f_a = \frac{kT\mu_n}{\pi e w^2} = \frac{1.38\times10^{-23}\times300\times0.35}{3.14\times1.6\times10^{-19}\times(2\times10^{-6})^2} = 721\times10^6\ \text{Hz}$$
$$= 721\ \text{MHz}$$

p-n-p형에서는

$$f_a = \frac{kT\mu_p}{\pi e w^2} = \frac{1.38\times10^{-23}\times300\times0.18}{3.14\times1.6\times10^{-19}\times(2\times10^{-6})^2} = 371\times10^6\ \text{Hz}$$
$$= 371\ \text{MHz}$$

Chapter 10

10.1 생략, 본문 참조

10.2 (i) 산화막의 두께 d, 비유전률을 ε_{0X}라고 하면 정전용량은 식 (10.39)에서

$$C_0 = \frac{\varepsilon_{0X}\varepsilon_0}{d} \tag{1}$$

로 주어진다. 공간전하층의 공간전하는 C_0에 직렬로 접속된 용량 C_s로서 작용하며 전체용량 C는 식 (10.43)에서

$$C = \frac{C_0 C_s}{C_0 + C_s} \tag{2}$$

이 된다. 한편, 캐리어 축적과 강한 반전상태의 증가에서의 바이어스 전압범위에서는 공간전하층 폭 w는 바이어스 전압 V_G의 함수가 된다. 식 (10.35)에서

$$V_G = -\frac{Q_s}{C_0} + \phi_s \tag{3}$$

또한, Q_s는 식 (7.32)에서

$$Q_s = Q_B = -eN_A w \tag{4}$$

공간전하층 폭 w는 식 (10.27)으로 주어지며

$$w = \left(\frac{2\varepsilon_s\varepsilon_0}{eN_A}\right)^{1/2}\sqrt{\phi_s} \tag{5}$$

위의 식을 변형하여

$$\phi_s = \frac{eN_A}{C_0^2} \tag{6}$$

식 (4)와 식 (6)을 식 (3)에 대입하여 w에 대해 풀면

$$V_G = \frac{eN_A w}{C_0} + \frac{eN_A}{2\varepsilon_s\varepsilon_0}w^2 \tag{7}$$

에서

$$w = \frac{\varepsilon_0\varepsilon_s}{C_0} + \frac{\varepsilon_s\varepsilon_0}{C_0}\sqrt{1 + \frac{2V_G}{e\varepsilon_s\varepsilon_0 N_A}C_0^2} \tag{8}$$

공간전하층의 용량 C_s는

$$C_s = \frac{\varepsilon_s\varepsilon_0}{w} \tag{9}$$

식 (9)에 식 (8)을 대입하여 식 (2)를 이용해 전체용량을 나타내면

$$C = \frac{C_0}{\sqrt{1 + 2\left(C_0^2/eM_A\varepsilon_s\varepsilon_0\right)V_G}} \tag{10}$$

이 된다.

(ii) 강한 반전에서는 공간전하층 폭은 식 (10.33)으로 주어지는

$$w_i = \sqrt{\frac{2\varepsilon_s\varepsilon_0}{eN_A}2\phi_f}$$

이 영역에서의 용량을 C_i라고 하면

$$C_i = \frac{\varepsilon_s\varepsilon_0}{w_i}$$

전체용량 C는

$$C = \frac{C_0 C_i}{C_0 + C_i}$$

식 (7.17.1)과 식 (10.12)에 대입하여 식 (10.13)을 이용하면 강한 반전영역의 전체용량은

$$C = \frac{C_0}{1 + C_0\sqrt{\left(\frac{2}{eN_A\varepsilon_s\varepsilon_0}\right)2\phi_f}} \tag{7.14}$$

가 된다.

10.3 식 (10.41)에서

$$e\varphi_f = -kT\ln\left(\frac{N_A}{n_i}\right) = 0.026\ln\left(\frac{4\times10^{14}}{1.5\times10^{10}}\right) = -0.265\ V$$

가령 반전상태를 가정한 경우, 공간전하층 폭은 식 (10.33)에서

$$w_i = \sqrt{\frac{2\varepsilon_s\varepsilon_0}{eN_A}}\sqrt{2\varphi_f} = \sqrt{\frac{2\times11.8\times8.85\times10^{-14}}{1.6\times10^{-19}\times4\times10^{14}}}\sqrt{2\times0.265}$$
$$= 1.3\times10^{-4}\ \text{cm}$$

공간전하 층내 전하 Q_B는 식 (10.32)에서

$$Q_B = -eN_Aw_i$$
$$= -1.6\times10^{-19}\times4\times10^{14}\times1.3\times10^{-4} = -8.3\times10^{-9}\ \text{C/cm}^2$$

또한, 산화막의 정전용량은 식 (10.39)에서

$$C_0 = \frac{\varepsilon_{0\times}\varepsilon_0}{d} = \frac{3.9\times8.85\times10^{-14}}{0.1\times10^{-4}} = 3.45\times10^{-8}\ \text{F/cm}^2$$

임계전압은 식 (10.36)에서

$$V_{th} = -\frac{Q_B}{C_0} + 2\varphi_f = \left(\frac{8.3\times10^{-9}}{3.45\times10^{-8}}\right) + 2\times0.265 = 0.77\text{V}$$

(a) $V_{th} = 0.77\ V$이기 때문에 게이트 전압 1 V가 인가되어 있으므로 반전은 일어난다.

(b) 식 (10.33)에서 $V_G = V_0 + \varphi_s$ 여기서 반전이 생기므로 $\varphi_s = 2\varphi_f$로서

$$V_0 = 1 - 2\times0.265 = 0.47\ \text{V}$$

10.4 (a) $V_G = -1 < 0$에 대해 이 구조는 전하축적 상태가 된다. 이 경우에는 Si 표면하에 공간

전하층이 없으며, 전체용량은 C_0와 동일하다.

따라서

$$C = C_0 = \frac{\varepsilon_0 \times \varepsilon_0}{d} = \frac{3.9 \times 8.85 \times 10^{-14}}{10^{-5}} = 3.45 \times 10^{-8}\ \mathrm{F/cm^2}$$

$$= 34.5\ \mathrm{nF/cm^2}$$

(b) 앞 문제로부터 $V_{th} = 0.77\ V$, $V_G > 0$이지만 $V_G < V_{th}$이기 때문에 이 구조는 전하고갈상태에 있다. 고주파 신호에 대해 문제 10.2 해답 식 (10.10)에서

$$C = \frac{3.45 \times 10^{-8}}{\sqrt{1 + 2\{(3.45 \times 10^{-8})^2/(1.6 \times 10^{-19} \times 4 \times 10^{14} \times 11.8 \times 8.85 \times 10^{-14})\}0.5}}$$

$$= 7.95 \times 10^{-9}\ \mathrm{F/cm^2} = 7.95\ \mathrm{nF/cm^2}$$

저주파 신호에서는

$$C = C_0 = 34.5 \times 10^{-9}\ \mathrm{F/cm^2} = 34.5\ \mathrm{nF/cm^2}$$

(c) $V_G = 1 > 0.77 = V_{th}$, 이 구조는 반전상태에 있다. 용량은 바이어스의 주파수에 의존한다. 저주파에서는

$$C = C_0 = 34.5 \times 10^{-9}\ \mathrm{F/m^2} = 34.5\ \mathrm{nF/cm^2}$$

고주파에서는 문제 10.2 해답 식 (10.14)에서

$$C = \frac{3.45 \times 10^{-8}}{1 + 3.45 \times 10^{-8}\sqrt{2 \times 0.53/1.6 \times 10^{-19} \times 4 \times 10^{14} \times 11.8 \times 8.85 \times 10^{-14}}}$$

$$= 6.45 \times 10^{-9}\ \mathrm{F/cm^2}$$

$$= 6.45\ \mathrm{nF/cm^2}$$

찾아보기

ㅅ

ㅇ

ㅎ

반도체공학

2010년 12월 15일 제1판 1쇄 발행
2017년 3월 15일 제1판 2쇄 발행

저 자 ◎ Taizo Irie·Saburo Endo
역 자 ◎ 유 순 재
발행자 ◎ 조 승 식
발행처 ◎ (주) 도서출판 북스힐
서울시 강북구 한천로 153길 17
등 록 ◎ 제 22-457 호

(02) 994-0071(代)
(02) 994-0073
bookswin@unitel.co.kr
www.bookshill.com

값 16,000 원

잘못된 책은 교환해 드립니다.

ISBN 978-89-5526-719-8